国家“双高计划”水利水电建筑工程专业群系列教材

工程力学基础

主　编　丁学所
副主编　顾　颖　夏　璐　刘　双

中国水利水电出版社
www.waterpub.com.cn
·北京·

内 容 提 要

本教材是国家“双高计划”水利水电建筑工程专业群系列教材，根据土木类专业人才培养方案制定的《工程力学基础》教学大纲编写完成的。全书共十一个项目，分为基础篇和提高篇，基础篇主要介绍工程力学的基础知识，包括绪论、静力学基本公理、结构计算简图和物体受力分析图，平面汇交力系合成与平衡、平面一般力系合成与平衡、等截面直杆强度与刚度计算、组合变形、压杆稳定；提高篇主要介绍静定结构的内力计算、静定结构的位移计算、超静定结构内力求解基本简介，为专升本教育和职业学生参加力学竞赛服务。

本教材适用于全国高职高专水利、建筑和市政类三年制水利水电建筑工程、水利工程、水利水电工程管理、建筑工程技术、道路桥梁工程技术、市政工程技术、工程监理、工程造价、灌溉排水技术等专业的学生；同样适用于专升本、成人高等教育相关专业和工程技术人员。

图书在版编目（CIP）数据

工程力学基础 / 丁学所主编. -- 北京 : 中国水利水电出版社, 2023.7
ISBN 978-7-5226-1677-3

Ⅰ. ①工… Ⅱ. ①丁… Ⅲ. ①工程力学－高等职业教育－教材 Ⅳ. ①TB12

中国国家版本馆CIP数据核字(2023)第141841号

书 名	**工程力学基础** GONGCHENG LIXUE JICHU
作 者	主 编 丁学所 副主编 顾 颖 夏 璐 刘 双
出版发行	中国水利水电出版社 （北京市海淀区玉渊潭南路1号D座 100038） 网址：www. waterpub. com. cn E－mail：sales@mwr. gov. cn 电话：（010）68545888（营销中心）
经 售	北京科水图书销售有限公司 电话：（010）68545874、63202643 全国各地新华书店和相关出版物销售网点
排 版	中国水利水电出版社微机排版中心
印 刷	北京市密东印刷有限公司
规 格	184mm×260mm 16开本 18印张 438千字
版 次	2023年7月第1版 2023年7月第1次印刷
印 数	0001—2000册
定 价	**59.00**元

前言

根据《中华人民共和国职业教育法》、《国务院关于加快发展现代职业教育的决定》（国发〔2014〕19号）、《教育部关于开展现代学徒制试点工作的意见》（教职成〔2014〕9号）、《国务院办公厅关于深化产教融合的若干意见》（国办发〔2017〕95号）、《教育部等六部门关于印发〈职业学校校企合作促进办法〉的通知》（教职成〔2018〕1号）、《国务院关于印发〈国家职业教育改革实施方案〉的通知》（国发〔2019〕4号）、《教育部办公厅关于全面推进现代学徒工作的通知》（教职成厅函〔2019〕12号）和教育部发布《关于职业院校专业人才培养方案制订与实施工作的指导意见》（教职成〔2019〕13号）等文件精神，我国高等教育已全面进入普及化阶段，职业教育迎来改革与发展的新机遇，“三教改革”促使职业教育工程力学教材内容体系改革和创新。

本教材是国家“双高计划”水利水电建筑工程专业群系列教材、安徽省一流教材。教材编写坚持以习近平新时代中国特色社会主义思想为指导，全面落实新时代中国特色社会主义思想进教材进课堂进头脑。全面贯彻党的教育方针，坚持够用为度的原则编写，以能力为本位，突出职业教育的类型特点，充分发挥教材建设在提高技术技能型人才培养质量中的基础性作用，培养德智体美劳全面发展的高素质技术技能型劳动者。

为了深化职业教育“三教改革”，将“三全育人”纳入课程育人中，本教材根据章节内容，实时融入课程思政元素，重点加强对学生日常管理与课程考核，引导学生养成教育，全面落实立德树人根本任务，积极培育和践行社会主义核心价值观，体现中华优秀传统文化、革命文化和社会主义先进文化，弘扬劳动光荣和技能宝贵的工匠精神；结合章节内容，形成课程研学、竞赛提升和B类证书为一体的活页式教材。

本教材围绕专业群统筹线上与线下教学资源，充分利用“互联网+工程力学”，线上已建立智慧职教等平台资源，方便学生自主学习；结合产教融合、校企合作，实施校企“双元”合作开发教材，校企资源得到很好共享；通过二维码，引用互联网虚拟仿真和工程应用试验视频进教材，缓解校内工程力学验证性实验困局。

本教材吸收工程技术人员参与编写，教材注重理论联系实践，根据职业学生不同阶段的认知特点，注重学生对工程结构的认识，结合建筑物和生活中的力学案例，帮助学生对工程力学的基本概念、基本理论理解，逐步消除学生对抽象概念理解的影响。本教材淡化理论及公式推导，内容紧凑、叙述简明、由浅入深，知识结构分层分阶段，满足不同层次学生学习的需要。

本教材将课程知识技能素养训练和学习笔记纳入信息管理，形成学、练、研为一体，通过教学研讨提升学生互帮互助的团队精神，通过研讨营造团队合作氛围，通过团结协作，使学生初步具有提出问题、分析问题、解决问题的能力，一定程度上为开展创新性教学提供空间。学、练、研不仅培养学生逐步养成良好的学习工作习惯，同时加强学生的专业素养提升。

将工程力学竞赛B级竞赛（X证书）引进教材，将岗课赛证纳入课程的教育教学环节，提升学生对工程力学的学习兴趣，并为学生的专本衔接奠定基础。

本教材建议授课学时分配表（60～90学时）如下：

建议授课学时分配表

序号	主要内容	学时分配	
		讲课	练习（实践）
	基础篇		
项目一	绪论	2	2
项目二	静力学基本公理	2	2
项目三	结构计算简图和物体受力分析图	8	2
项目四	平面汇交力系合成与平衡	4	2
项目五	平面一般力系合成与平衡	6	4
项目六	等截面直杆强度与刚度计算	8	2
项目七	组合变形	4	
项目八	压杆稳定	4	
	提高篇		
项目九	静定结构的内力计算	8	4
项目十	静定结构的位移计算	4	4
项目十一	超静定结构内力求解基本简介*	16	4

本教材编写人员及编写分工如下：项目一、项目二、项目三、项目十由安徽水利水电职业技术学院刘双编写；项目四、项目六、项目八、项目九由安徽水利水电职业技术学院顾颖编写；项目五、项目七、项目十一由安徽水利水电职业技术学院夏璐编写；项目七、项目八由肥西县乡村振兴集团有限公司（安徽水安建设集团股份有限公司）李蒙编写；项目三 、项目四、附录由安徽水利水电职业技术学院丁学所编写。本书由丁学所担任主编并负责全书统稿；顾颖、夏璐、刘双担任副主编；由安徽水利水电职业技术学院毕守一教授担任主审。

本书在编写过程中，引用文献资料有的未在书中一一注明出处，在此向有关文献的作者深表谢意，同时也向支持和帮助本书编写的其他高职高专院校土木类专业老师表示感谢！

限于编者的理论水平和实践经验所限，教材如有疏漏不妥之处，恳请读者批评指正。

编者

2023 年 5 月

数字资源索引

续表

所属章节	资源名称	资源类型	页码
项目六	视频：低碳钢拉伸过程	视频	103
	动画：钢筋的拉伸	动画	103
	视频：铸铁拉伸实验	视频	104
	进场钢筋的检测验收	视频+文本	104
	视频：进场钢筋的检测验收	视频	104
	动画：钢筋冷拉	动画	104
	视频：低碳钢压缩试验	视频	105
	视频：铸铁压缩	视频	105
	视频：试件压缩前后对比	视频	105
	视频：混凝土试块抗压强度检测	视频	105
	视频：螺栓连接	视频	106
	视频：螺钉连接	视频	106
	视频：铆接剖面	视频	106
	视频：键的连接形式	视频	106
	动画：剪切变形	动画	107
	视频：剪切试件安装	视频	107
	动画：铆钉单剪	动画	107
	动画：剪切破坏	动画	107
	动画：圆轴扭转变形	动画	108
	视频：扭转试件安装	视频	111
	视频：圆轴扭转实验	视频	111
	动画：弯曲	动画	113
	动画：简支梁（均布荷载）弯曲变形	动画	113
	视频：悬臂梁弯曲	视频	113
	视频：钢架弯曲变形	视频	113
	动画：纯弯曲梁变形	动画	128
	动画：钢结构冷弯试验	动画	132
	视频：纯弯曲梁的正应力实验应变片方位	视频	132
	视频：纯弯曲梁正应力实验	视频	132
	项目六专业知识技能素养训练	文本	148
	项目六参考答案	文本	148

续表

主 要 符 号 表

本书符号	符号意义	单位符号
$P(F)$	集中力（荷载）	N
q	线荷载	N/m
R	支反力（以所在位置为下标，如 R_{Ax}、R_{Ay}）、合力	N
m	约束反力偶（以所在位置为下标，如 m_A）	N·m
$M_o(F)$	力矩	N·m
m	力偶矩	N·m
R'	主矢	N
M	主矩、弯矩	N·m
σ	正应力	Pa
σ_p	比例极限	Pa
σ_e	弹性极限	Pa
σ_s	屈服极限	Pa
σ^+	拉应力	Pa
σ^-	压应力	Pa
$[\sigma]$	许用正应力	Pa
$[\sigma]^+$	许用拉应力	Pa
$[\sigma]^-$	许用压应力	Pa
τ	剪应力	Pa
$[\tau]$	许用剪应力	Pa
ε	纵向线应变	无量纲量
ε'	横向线应变	无量纲量
γ	剪应变	无量纲量
E	弹性模量	Pa
G	剪切弹性模量	Pa
δ	延伸率	无量纲量
Ψ	截面收缩率	无量纲量
μ	泊松比、压杆的长度系数、分配系数	无量纲量
i	线刚度	
M_n	扭矩	N·m

续表

本书符号	符号意义	单位符号
I_p，	极惯性矩	mm^4，m^4
W_z、W_y	抗弯截面模量	mm^3，m^3
i_y、i_z	惯性半径	mm，m
θ	单位长度扭转角	°/m
$[\theta]$	单位长度许用扭转角	°/m
θ	转角、角位移	rad
A	截面面积	m^2
z_c、y_c	形心	mm，m
S_z、S_y	静矩	m^3
I_z、I_y、I	惯性矩	m^4
λ	柔度（压杆的长细比）	无量纲量
N	轴力	N
P	功率	W
Q	剪力	N
f、y	梁的挠度	mm
$[y]$	梁的许可挠度	mm
Δ	广义位移（线位移、角位移）	
Δ_x、Δ_y	水平线位移、竖直线位移	mm，m
P_{cr}	临界力	N
σ_{cr}	临界应力	N·m
S	转动刚度	N·m
C	传递系数	无量纲量
b	截面宽度	mm，m
h	截面高度	mm，m
d	直径	mm，m
D	直径	mm，m
e	偏心距	mm，m
l	梁的跨度，杆的长度	mm，m
r	半径	mm，m

目录

提　高　篇

基　础　篇

项目一

绪　论

学习重点 • 工程力学的研究对象、任务；结构的强度、刚度、稳定性		
知识要求	能力要求	所占比重
构件、建筑结构	掌握工程力学的研究对象	10%
变形固体、弹性变形、塑性变形	掌握变形固体的定义	10%
均匀连续体、各向异性材料、小变形	(1) 理解均匀连续假设。 (2) 理解各向同性假设。 (3) 理解小变形假设	20%
杆及杆系结构	(1) 理解杆及杆系结构的定义。 (2) 理解杆及杆系结构的分类	30%
强度、刚度、稳定性	掌握强度、刚度和稳定性概念	30%

任务一　工程力学的任务和内容

一、工程力学的任务

工程力学所包含的内容极其广泛，本教材中所讨论的“工程力学”包含“静力学”、“材料力学”和“结构力学”三部分。“静力学”研究物体的受力和平衡规律，“材料力学”研究物体在外力作用下的变形和失效现象。“结构力学”研究结构受力和传力的规律。三者都是工程设计中的基本知识。

在工程建设中，为了满足不同的使用要求，需要建造各种各样的建筑物，如为了工作和生活的需要而建造的各种房屋，如图 1-1 所示；为跨越河流、沟渠而建造的各种桥梁，如图 1-2 所示；为兴利除害而兴建的各种水利工程等，如著名的三峡大坝，如图 1-3 所示。这些建筑物从开始建造，到建成使用的过程中，都要承受各种作用。力学应用对我们的生活和学习过程影响很大。随着经济快速发展，信息终端应用已经深入我们工作、学习和生活中，“低头族”长时间低头会对颈椎造成很大的伤害，如图 1－4 所示脊椎变形将会引起多种不适，甚至影响我们的正常工作和生活。

所谓“作用”是使结构或构件产生内力（应力）、变形（位移、应变）的各原因的总称。作用可分为两大类：当以力的形式作用于结构或构件上时，称为直接作用，也叫作结构的荷载；当以变形的形式作用于结构或构件上时，称为间接作用。工程实际常见的作用多数是直接作用。图 1－5 为某个单层工业厂房承重骨架的示意图，该单层工业厂房由屋面板、屋架、连系梁、吊车梁、柱子及基础等构件组成，每一个构件都起承受和传递荷载的作用。所谓“荷载”是施加在工程结构上使工程结构或构件产生效应的各种直接作用。如屋面板承受着屋面上的荷载并通过屋架将荷载传递给柱子，吊车荷载通过吊车梁将荷载传递给柱子，柱子将其受到的各种荷载传递给基础，最后将荷载传递给地基。屋面板、屋架、吊车梁和柱子之间架构合理搭配，使结构既经济又满足使用要求就需要掌握结构的力学性质。如何对材料进行选择，选择多大的材料，需要掌握材料的力学性质；组成结构的基本构件满足要求时，由构件组成的结构是否也满足要求，需要对其进行力学分析。所以在实际工程建造前必须有着严密的计算分析。这些与力学是分不开的。

图 1－1

图 1－2

图 1－3

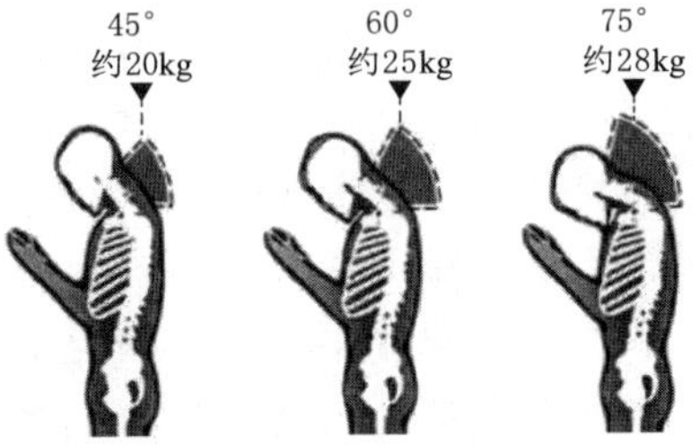

图 1－4

工程构件在外力作用下丧失正常功能的现象称为“失效”或“破坏”。工程构件的失效形式很多，但工程力学范畴内的失效通常可分为三类：强度失效、刚度失效和稳定失效。要使工程结构或构件安全可靠，就必须同时满足强度、刚度和稳定性三个方面的要求。

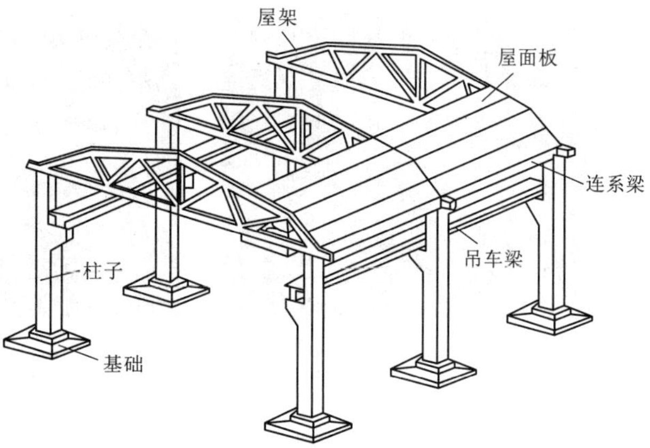

图 1－5

（一）强度

强度是指结构或构件抵抗破坏的能力。结构和构件能承受所受荷载而不破坏，就认为该结构或构件的强度满足要求。例如，在某景区的玻璃栈桥［图 1－6（a）］，就需要玻璃具有很高的强度，才能满足玻璃桥的正常使用。在工程建设中，如果混凝土、钢筋、玻璃等强度不满足要求，将会发生破坏事故。

2020 年 11 月 1 日，天津市滨海新区天津南环临港铁路发生一起桥梁垮塌事故［图 1－6（b）］，造成 8 人死亡、1 人重伤、5 人轻伤。

（a）

（b）

图 1－6

（二）刚度

刚度是指结构或构件抵抗变形的能力。任何结构和构件，在外力作用下都会产生变形，如果这种变形被限制在允许的范围内，就认为该结构或构件的刚度满足要求。结构与构件虽然有足够的强度不至于破坏，但由于产生过大的变形，也会影响它的正常使用；例如车床加工短轴，刚度变化不大，也就是变形不大，车削细长轴时，工件在切削力的作用下会发生变形，使加工出的轴出现中间粗两头细的情况，如图 1－7 所示。因此，设计时还要保证构件的变形不能超过正常工作所允许的范围。

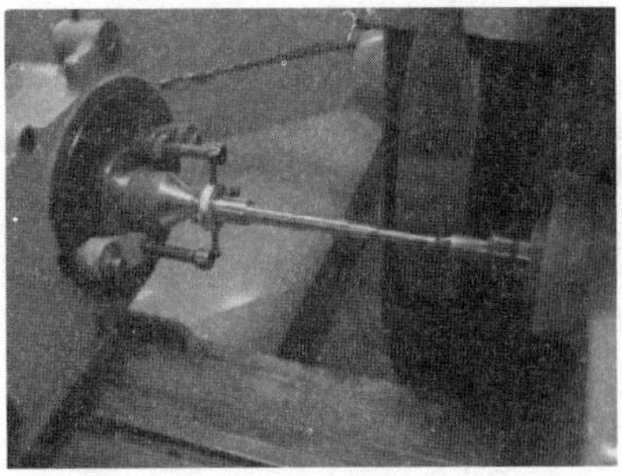

(a)

(b)

图 1－7

（三）稳定

稳定性是指结构或构件中的细长压杆保持原有直线平衡状态的能力。工程中任何结构或构件都不允许因改变原有的平衡状态而导致破坏，这就要求结构或构件必须具有足够的稳定性。在房屋建设、桥梁建设过程中，发生脚手架因失稳而造成脚手架坍塌；2020 年 12 月 25 日浙江海宁一工地房屋建设过程中发生脚手架坍塌事故，导致生命财产损失，如图 1－8（a）所示。印度当地时间 2022 年 1 月 2 日 16 时 15 分左右，考尔普尔市一处正在建设的桥梁脚手架倒塌，导致现场至少 13 人受伤，其中 2 人伤情较重，如图 1－8（b）所示。

对于细长的轴心受压构件或由这些构件组成的结构，当压力超过某一临界值时，它会突然地由直变弯，改变它原来的平衡状态直至弯曲破坏，这种现象叫丧失稳定。因此，设计时必须保持构件和结构有足够的稳定性。

(a)

(b)

图 1－8

为了保证结构能安全、正常地工作，要求结构中每一个构件都要有足够的强度、刚度和稳定性。工程上要求结构或构件必须满足强度、刚度、稳定性三方面综合性能，这就是工程力学的任务。

二、工程力学的内容

工程力学的内容非常丰富，按专业技术技能型人才培养方案和课程标准大纲的教学要求，本教材内容主要包含基础部分和提高部分，基础部分包括静力学基础及静定结构的内力计算、强度和刚度计算、组合变形和压杆稳定。提高部分包括相对复杂的静定结构内力计算、位移计算和简单的超静定结构内力计算。

（一）静力学基础及静定结构的内力计算

主要介绍静力学公理，研究作用在物体上的力系的合成及平衡问题和静定结构的内力计算等。

（二）强度和刚度计算

主要分析构件在轴向拉伸和压缩、扭转、剪切、弯曲四种基本变形中轴向拉伸（压缩）和弯曲两种形式下的应力、强度及计算方法，保证工程中的各种构件满足强度要求；其次分析静定结构的变形及计算方法，保证结构或构件满足刚度的要求，也为研究超静定结构奠定基础知识。

（三）稳定性分析

仅研究不同约束条件下轴向受压直杆的稳定性问题。

（四）相对复杂的静定结构内力及位移计算

主要介绍多跨静定梁、静定平面刚架、静定平面桁架、三铰拱结构的内力计算；用叠加法、单位荷载法、图乘法进行静定结构的位移计算。

（五）简单的超静定结构的内力计算

主要介绍力法、力矩分配法求解简单超静定结构的内力。

任务二　刚体、变形固体及其基本假设

在工程力学中将结构和构件抽象化为两种计算模型：刚体模型、理想变形固体模型。在外力作用下，物体任意两点间的距离保持不变，即形状和大小都不改变的物体称为刚体。实际上，任何物体受到力的作用都发生或大或小的变形，但在一些力学问题中，物体变形因素对所研究的问题影响甚微时，我们就可以不考虑物体的变形因素的影响，将物体视为刚体，从而使所研究的问题得到简化。在另一些力学问题中，物体变形这一因素是不可忽略的主要因素，如不予考虑就得不到问题的正确解答。这时，我们将物体视为理想变形固体。所谓理想变形固体，是将一般变形固体的材料加以理想化，作出以下假设。

1. 材料均匀连续假设

材料均匀连续假设认为构成材料的固体分子在各处的分布都是均匀的，物体内部毫无空隙地、密实地充满着物质，而且各处的力学性质完全一样。实际上物体都是由许多不连续的微粒所组成的，而且是不均匀的，但是由于我们所研究的尺寸比其构成的微粒大许多，所以可以认为材料是均匀连续的。

2. 材料各向同性假设

根据研究，单晶体物质的力学性质是有方向性的。一般物体的尺寸远大于晶粒，而且排列不规则；有些材料沿不同方向的力学性能是不同的，称为各向异性材料。本教材中仅研究各向同性材料，可以认为材料在各个不同方向都具有相同力学性能。

在工程中，各向同性材料有钢材、塑料、玻璃、铁、混凝土，如图 1－9

(a)、(b)、(c)、(d)、(e) 所示，各向异性材料有木材、胶合板、钢筋混凝土，如图 1－9 (f)、(g)、(h) 所示。

(a) (b) (c) (d) (e) (f) (g) (h)

图 1－9

3. 小变形假设

小变形假设认为构件受力后，其几何形状的改变与原尺寸比较起来是很微小的。因此，在建立平衡方程或在其他一些计算分析中，可以不考虑外力作用在物体变动时所产生的位移，从而使实际计算大为简化，这样计算所引起的误差是极其微小的。

按照均匀连续、各向同性和小变形假设而理想化了的物体称为理想变形固体。采用理想变形固体模型不但使理论分析和计算得到简化，而且所得结果得到实践检验，满足工程要求。

无论是刚体还是理想变形固体模型，都是针对所研究问题的性质略去一些次要因素，保留对问题起决定性作用的主要因素，而抽象化形成的理想物体，它们在生活和生产实践中可能不存在，但解决力学问题时，它们是构建理想化的力学模型必不可少的。

变形固体受力作用时将产生变形。当荷载值不超过一定范围时，荷载撤去后，变形随之消失，物体恢复原有形状。撤去荷载后能完全恢复的变形称为弹性变形。当荷载值超过一定范围时，荷载撤去后，一部分变形随之消失，而另一部分变形却保留下来，物体不能完全恢复原有形状。撤去荷载后不能完全恢复的变形称为塑性变形。在多数工程问题中，要求构件只发生弹性变形，也有些工程问题允许构件发生塑性变形。塑性变形是物体在一定的条件下，在外力的作用下产生形变，当施加的力撤除或消失后，该物体不能恢复原状的一种物理现象。一般来说，在锻工车间将金属材料锻造成某种形状的零件，就是利用金属材料的塑性。大部分的物料都可能会发生塑性变形，包括常见的金属、泥土、混凝土、泡沫、岩石、骨骼、皮肤等。本教材仅局限于研究弹性变形范围内的问题。

任务三　杆件及其变形的基本形式

一、工程构件的分类

工程构件的形状多种多样，根据几何形状和尺寸的不同，工程构件大致可以分为三种类型：杆系结构、薄壁结构和实体结构。

（一）杆系结构

杆件的几何特征是一个方向（轴向）的尺寸远大于另两个方向（横向）的尺寸的细长构件，如图 1－10（a）所示箱梁，其横截面尺寸远小于长度方向尺寸。

（二）薄壁结构

薄板、薄壳的几何特征是一个方向的尺寸（厚度）远小于另两个方向尺寸。平分厚度的面称为中面。板的中面为平面，壳的中面为曲面，图 1－10（b）为平面楼板，图 1－10（c）为国家大剧院曲面外壳。

（三）实体结构

几何特征是三个方向的尺寸基本为同量级的结构，图 1－10（d）为混凝土重力坝。

工程力学的研究对象以等截面直杆为主，但教材中介绍的基本概念和原理则同样适用于其他工程构件。板、壳及实体的研究属于“板壳理论”和“弹性力学”的范畴。

图 1－10

工程力学以杆系结构作为研究对象。杆件的形状和尺寸可由杆的横截面和轴线两个主要几何量来确定。横截面是指与杆轴线方向垂直的截面，而此轴线是各横截面中（形）心的连线，如图 1－11（a）所示。杆系结构中的杆件其轴线多为直线，也有轴线为曲线和折线的杆件，它们分别称为直杆、曲杆和折杆，如图 1－11 所示，本教材主要研究直杆。

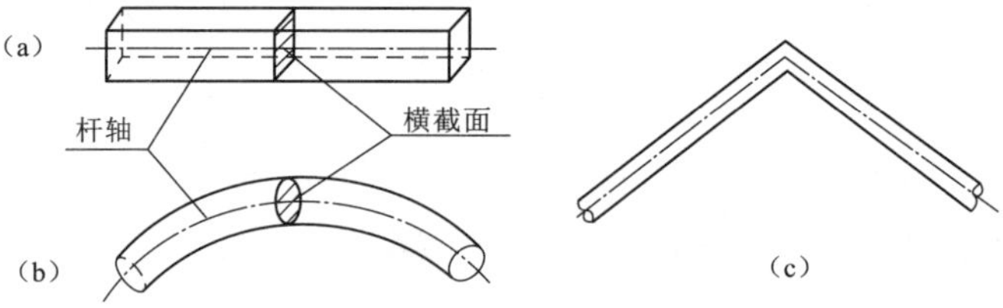

图 1－11

二、杆件的变形形式

杆件受外力作用将产生变形。变形形式是复杂多样的，它与外力施加的方式有关。直杆的四种基本变形形式包括：轴向拉伸或压缩变形、剪切变形、扭转变形和弯曲变形。无论何种形式的变形，都可归结为四种基本变形形式之一，或者是四种基本变形形式中的两个或以上组合变形。

（一）轴向拉伸或压缩变形

一对方向相反的外力沿轴线作用于杆件，杆件的变形主要表现为长度发生伸长或缩短。这种变形形式称为轴向拉伸变形或轴向压缩变形，如图 1－12 所示。工程中三角支架如图 1－13 所示，图中水平横杆为轴向拉杆，简称拉杆；倾斜支撑杆为轴向压缩变形，简称压杆。

视频：轴向拉伸或压缩变形

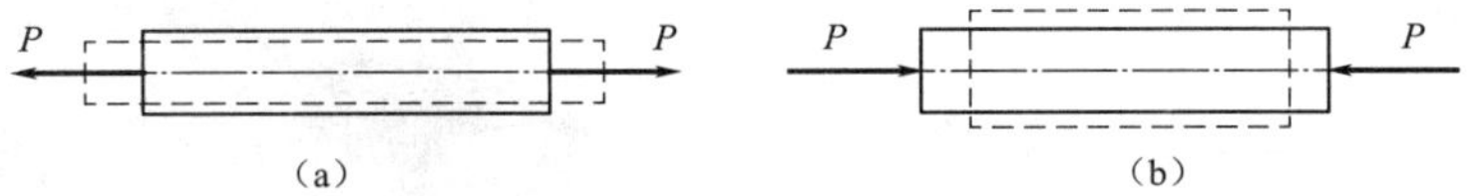

图 1－12

（二）剪切变形

一对大小相等、方向相反，作用线相距很近的平行力沿横向（垂直于轴线方向）作用于杆件，杆件的变形主要表现为横截面沿力作用方向发生错动。这种变形形式称为剪切变形，如图 1－14 所示。工程中螺栓变形属于剪切变形，如图 1－15 所示。

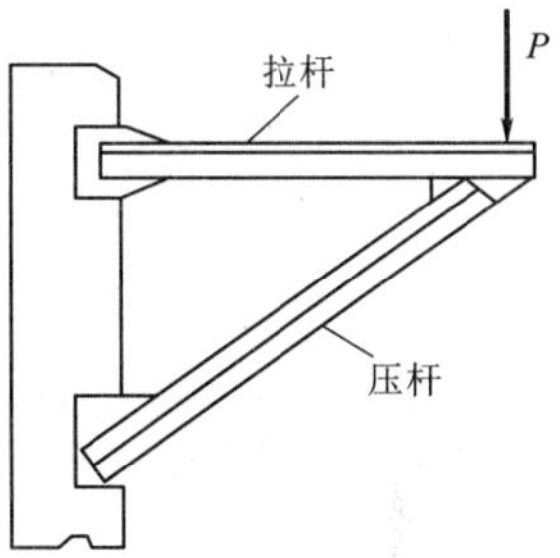

图 1－13

视频：剪切变形

（三）扭转变形

一对大小相等，方向相反的力偶作用在垂直于杆轴线的两平面内，杆件的任意两个横截面绕轴线发生相对转动。这种变形形式称为扭转变形，图 1－16 为汽车传动轴变形；图 1－17 为电动机传动轴的变形。

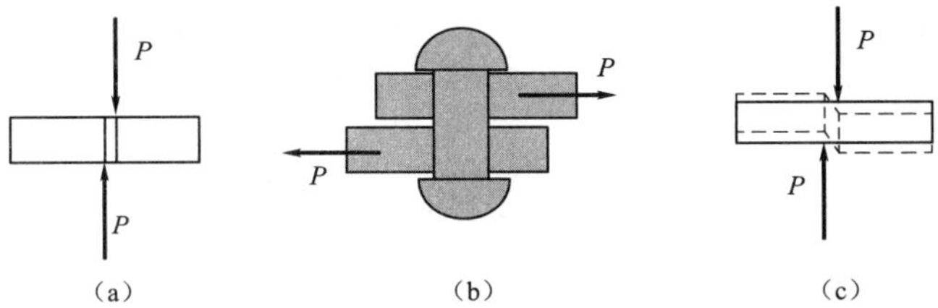

图 1－14

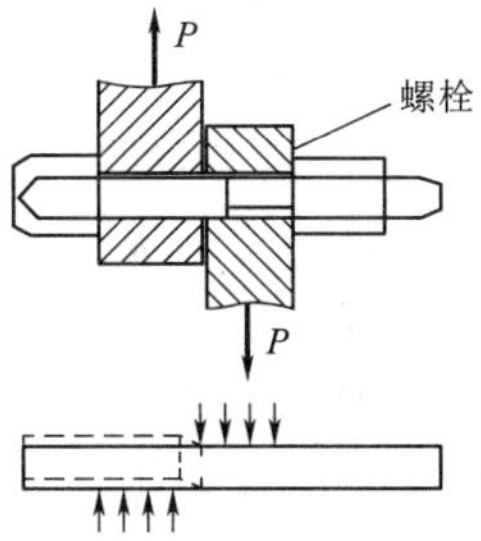

图 1－15

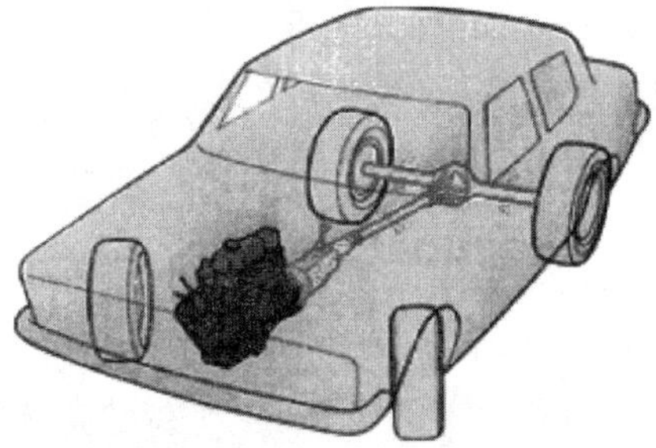

图 1－16

图 1－17

（四）弯曲变形

一对大小相等，方向相反的力偶作用于杆件的纵向平面（通过杆件轴线的平面）内，杆件的轴线由直线变为曲线。这种变形形式称为弯曲变形，如图 1－18 所示。工人作业经过简易跳板所产生的弯曲变形，如图 1－19 所示。

视频：扭转变形

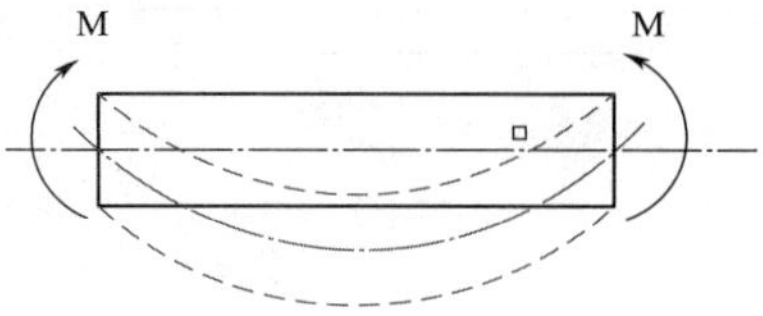

图 1－18

图 1－19

以上四种基本变形形式都是在特定的受力状态下发生的，杆件正常工作时的实际受力状态往往不同于上述特定的受力状态，所以，实际工程中杆件的变形多为四种基本变形形式两种或以上的组合。当某一种基本变形形式起绝对主要作用时，可按这种基本变形形式进行分析计算，否则，即属于组合变形的问题（见项目七）。

任务四 荷载的分类

视频：弯曲变形

施加在工程结构上使工程结构或构件产生效应的各种直接作用称为荷载。确定实际结构所承受的荷载是进行结构受力分析的前提，必须慎重对待。如果将荷载估计偏高，则所设计的构件截面偏大，使用材料就多，因而造成浪费；如果将荷载估计偏低，则所设计的构件截面就偏小，构件就不安全，甚至会因不能承受实际荷载而引起破坏等严重的工程事故。结构承受的荷载可根据《建筑结构荷载规范》（GB 50009—2019）确定其数值。

实际结构受到的荷载是相当复杂的，形式多种多样，为了便于分析，可从不同角度将荷载分类如下。

一、按荷载作用的范围分类

按荷载作用的范围可分为分布荷载和集中荷载，如图 1－20 所示。

（一）分布荷载

分布荷载是作用于整个物体或其某部分上的荷载，作用范围不能忽略。分布作用在体积、面积和线段上的荷载分别称为体荷载、面荷载和线荷载，统称为分布荷载。

体荷载是分布在物体的体积内的荷载，如重力分布属于体荷载，如图 1－20（a）所示。面荷载是连续分布在物体的表面上的荷载，如楼板上的荷载；水坝上的水压力；风、雪的压力等属于面荷载，如图 1－20（b）所示。线荷载是连续分布在一个狭长的体积内或狭长的面积上的荷载，则可以把它简化为沿狭长方向的中心线分布的荷载，如分布在梁上的荷载［图 1－20（c）］。

本教材中局限于研究由杆件组成的结构，可将杆件所受的分布荷载视为作用在杆件的轴线上。这样，杆件所受的分布荷载均为线性分布荷载，简称线荷载。

分布荷载的大小用集度表示，荷载集度只是表示荷载分布的密集程度。单位体积、单位面积或单位长度上所承受的荷载，分别称为体荷载集度、面荷载集度或线荷载集度，分别用 γ、p、q 表示，它们的单位分别为 N/m^3、N/m^2、N/m。

分布荷载按其分布是否均匀，又可分为均布荷载和非均布荷载。均布荷载是荷载连续作用在结构上，而且大小处处相同的荷载，如板、梁的自重和渡槽的水平底面所受的水压力。非均布荷载是荷载连续作用在结构上，但大小各处都不相同的荷载。渡槽侧壁所受到的水压力为按三角形分布的非均布荷载，如图 1－20（d）所示。

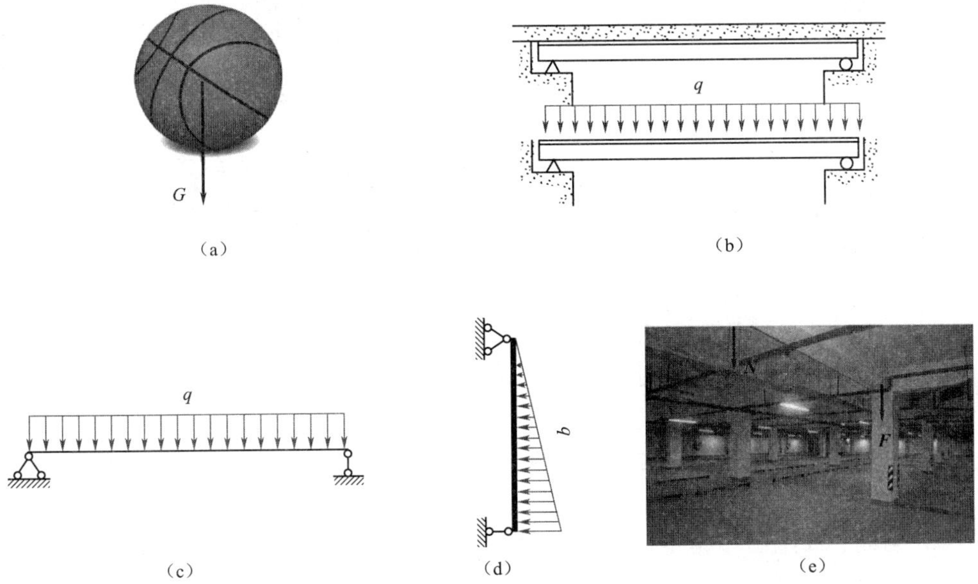

图 1－20

必须强调：荷载集度只表示分布荷载的密集程度，并不表示某一点受多大的荷载。例如渡槽侧壁某点的荷载集度 $q=5.2kN/m$，这并不是说该点就承受着 5.2kN 的力（荷载），而是指将该点的荷载集度按其大小不变扩展到 1m 长度时，总共才有 5.2kN。荷载集度要乘以相应分布的体积或面积或长度后，才是力（荷载），又称为分布荷载的合力。

（二）集中荷载

如果荷载作用的范围与构件的尺寸相比十分微小，这时可认为荷载集中作用于一点，并称之为集中荷载。

集中荷载是指荷载作用的范围很小，可以近似地看成作用在一点上的荷载，如梁端对墙或柱的压力、管道对支架的压力等，如图 1－20（e）所示。

二、按荷载作用时间的长短分类

按荷载作用时间的长短可分为恒荷载和活荷载。恒荷载是指长期作用在结构上的不变荷载，如结构的自重、挡土墙的土压力、固定在结构上的永久性设备重量等。活荷载是指在建筑物施工和使用期间可能存在着的可变化的荷载，如风荷载、雪荷载、人群荷载、吊车荷载或施工荷载等。

三、按荷载作用的性质分类

按荷载作用的性质可分为静荷载和动荷载。静荷载是逐渐缓慢地加在结构上的荷载。其特点是由零逐渐增加到最后确定值，它的大小、位置和方向不再随时间而变化，如构件自重为静荷载。动荷载是急剧地施加在结构上的荷载。其大小、位置和方向（或其中一项）是随着时间而迅速变化的，如机器设备的运动所产生的干扰力、爆炸所产生的冲击力、地震波使地面运动在结构上产生的惯性力等荷载均属于动荷载。

小　　结

1. 作用可分为直接作用和间接作用两大类。

2. 要使结构或构件安全可靠，就必须同时满足强度、刚度和稳定性三个方面的要求。

3. 工程力学的内容。

（1）静力学基础及静定结构的内力计算。

（2）静定结构的强度和刚度计算。

（3）压杆的稳定。

（4）相对复杂的静定结构内力计算。

（5）简单的超静定结构的内力计算。

4. 刚体、变形固体基本概念。

5. 变形固体基本假设。

（1）材料均匀连续假设。

（2）材料各向同性假设。

（3）小变形假设。

6. 直杆的四种基本变形形式是轴向拉伸（压缩）变形、剪切变形、扭转变形和弯曲变形。

7. 荷载的分类。

（1）按荷载作用的范围可分为分布荷载和集中荷载。

（2）按荷载作用时间的长短可分为恒荷载和活荷载。

（3）按荷载作用的性质可分为静荷载和动荷载。

项目一专业知识技能素养训练

项目一参考答案

项目一课堂（读书）学习笔记（4 学时）

学号________ 姓名________ 时间：________ 年________月________日

课题学习内容（2 学时）____________________	
课堂 （读书）学习 笔记及学 习心得	
课题学习内容（2 学时）____________________	
课堂 （读书）学习 笔记及学 习心得	

项目二

静力学基本公理

学习重点 • 静力学公理及推论		
知识要求	能力要求	所占比重
力的基本概念	掌握力的三要素及力的表示方法	10%
二力平衡公理	熟练运用二力平衡公理，判定二力构件，重点掌握二力杆以及其在工程中的实际应用	20%
加减平衡力系公理及推论	运用加减平衡力系公理及力的可传性原理	10%
平行四边形法则公理及推论	熟练运用平行四边形法则求合力，掌握三力汇交应用	30%
作用和反作用公理	重点掌握作用力与反作用力及在工程中的实际应用	30%

任务一　力的相关概念

一、力

（一）力的概念

力是人们在长期的生产劳动和日常生活中逐步建立起来，并在实践中逐渐形成的概念。例如，当人推小车时由于肌肉紧张收缩，人对小车施加了力，使小车由静止到运动或使小车的运动速度发生变化，同时会感到小车也在推人，如图 2－1 所示；手用力拉弹簧时，使弹簧发生伸长变形，同时感到弹簧也在拉手，这种力的作用是物体与物体之间所发生的，如图 2－2 所示；自空中下落的物体由于受到地球的引力作用而运动速度加快，如图 2－3 所示；桥梁受行驶车辆的作用而产生弯曲变形，如图 2－4 所示。这都是人们对力所产生的感性认识。

随着生产的发展，人们又进一步认识到：物体机械运动状态的改变和物体形状大小的改变，都是由于其他物体对该物体施加力的结果。例如，水流冲击水轮机叶片带动发电机转子的转动，如图 2－5 所示；工程起重机起吊构件，如图 2－6 所示；牛顿定律给出了力的科学定义：力是物体间相互的机械作用，这种作用使物体的运动状态发生改变（外效应），或者使物体的形状发生改变（内效应）。既然力是物体与物体之间的相互作用，因此力不可能脱离周围的物体而单独存在。也就是说，存在受力物体就必然存在施力物体。

图 2－1

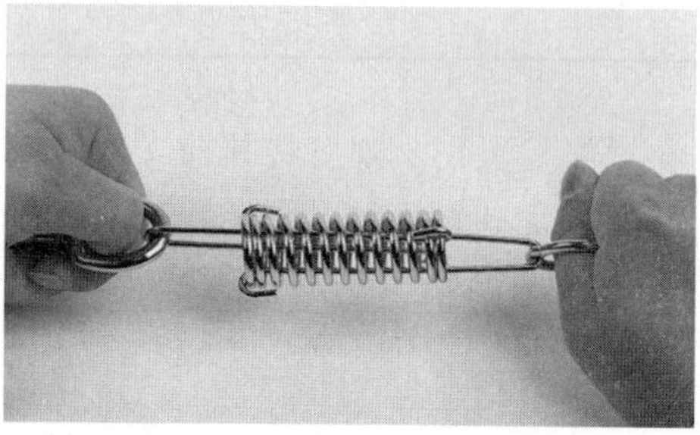

图 2－2

图 2－3

图 2－4

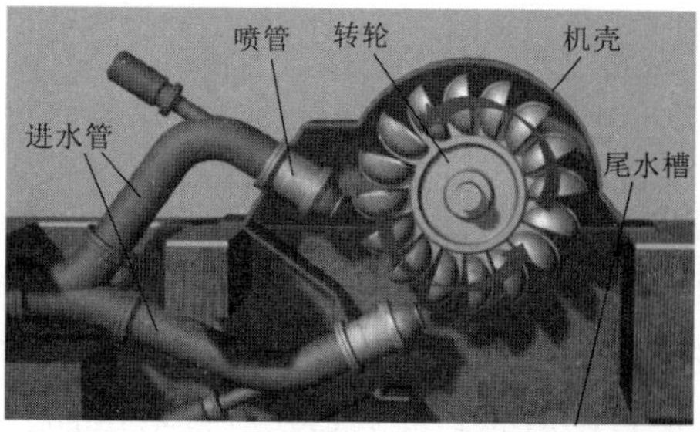

图 2－5

图 2－6

在工程力学中，力的作用方式一般有两种情况：一种是两物体相互接触时，它们之间相互产生的拉力或压力；另一种是物体与地球之间相互产生的吸引力，对物体来说，这种吸引力就是重力。

（二）力的三要素

实践证明，力对物体的作用效应取决于力的大小、方向和作用点，即力的三要素。力的大小表示物体间机械作用的强弱程度，它可通过力的运动效应或变形效应来度量，在静力学中常用测力器和弹性变形来测量。在国际单位制中，力的单位是牛顿（N）或千牛顿（kN），1kN＝1000N。物体间的机械作用具有方向性，它包含方位和指向两层含义。如重力“铅直向下”，其中的“铅直”是指力的作用线在空间的方位，“向下”是指力沿作用线的指向。力的作用点是指力作用在物体上的位置。实际上，物体接触处总占有一定面积，力总是分布作用于物体的一定面积上的。这个面积很小，则可将其抽象为一个点，称为力的作用点，这时的作用力称为集中力；反之，如接触面积比较大，力在整个接触面上分布作用，这时作用力称为分布力。

（三）力的表示法

力的三要素说明，力可以用一带箭头的线段来表示，这种表示方法称为力的图示法。如图 2－7 所示，线段的长度（按选定的比例）表示力的大小；线段与某定直线的夹角表示力的方位，箭头表示力的指向；带箭头线段的起点 A（或终点 B）表示力的作用点。通过力的作用点沿力方向的直线 L，称为力的作用线。在印刷体中，用大写加粗字母表示，如 $\boldsymbol{F}$、$\boldsymbol{P}$、$\boldsymbol{R}$ 等；手写用大写字母头上加一横线表示，如 $\overline{F}$、$\overline{P}$、$\overline{R}$。

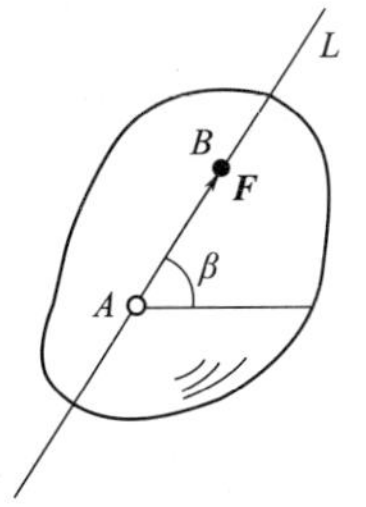

图 2－7

二、常用的概念

（一）力系

在一般情况下，一个物体总是同时受到若干个力的作用。我们把作用于一物体上的一群力统称为力系；使物体保持平衡的力系，称为平衡力系。

根据力系中各力作用线的分布情况可将力系分为平面力系和空间力系两大类。各力作用线位于同一平面内的力系称为平面力系，如图 2－8（a）所示；各力作用线不在同一平面内的力系称为空间力系，如图 2－8（b）所示。（空间力系可参阅相关工程力学资料。）

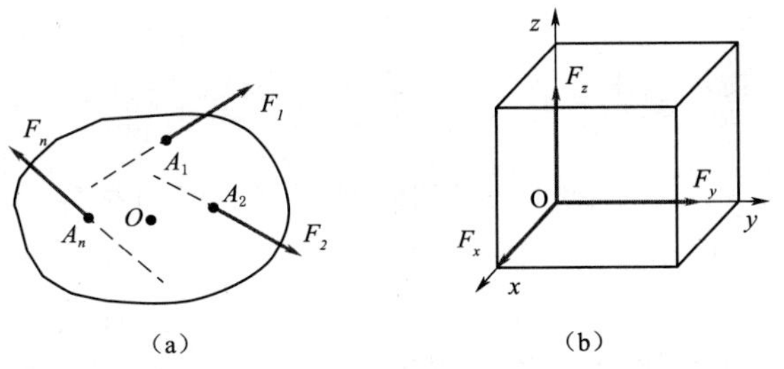

图 2－8

在静力学中具体讨论两个问题：力系的简化和力系的平衡条件。在一般情况下，物体受到力系的作用，会使运动状态发生变化，只有当力系满足某些条件时，才能使物体处于平衡状态。如起吊构件时，绳索的拉力大于或小于构件的重力时，构件就加速直线上升或减速直线上升，只有当拉力与重力相等时，构件才会匀速直线上升或静止，即构件处于平衡。物体在力系作用下处于平衡时，力系应该满足的条件，称为力系的平衡条件，这是静力学讨论的主要问题。在讨论力系的平衡条件中，往往需要把作用在物体上的复杂的力系用一个与原力系作用效果相同的简单的力系来代替，使得讨论平衡条件时比较方便，这种对力系作用效果作等效代换，称为力系的简化，或称为力系的合成。若两个力系分别作用于同一物体上时，其效应完全相同，则称这两个力系为等效力系。在特殊情况下，如果一个力与一个力系等效，则称此力为该力系的合力，而力系中的各力称为此合力的分力。

（二）平衡

一般将地球作为参照系，物体相对于惯性参考系保持静止或作匀速直线运动，则物体处于平衡状态。平衡是物体机械运动的一种特殊形式。例如，房屋、水库大坝、桥梁等相对于地球是保持静止的，在直线轨道上作匀速运动的火车，沿直线匀速起吊的构件，它们相对于地球作匀速直线运动，这些都是平衡的实例。

构成建筑物中的各个构件在正常情况下都是处于平衡状态，因此，工程力学首要是研究物体的平衡问题。

任务二　静 力 学 公 理

静力学是研究物体在力作用下处于平衡的规律的一门科学。一物体在力的作用下，其内部任意两点间的距离始终保持不变，这样的物体称为刚体。它是一个抽象化的力学模型。实际上物体在力的作用下，都会产生程度不同的变形，因此绝对的刚体是不存在的。例如建筑物中的梁，在自重等荷载的作用下，它在中点处最大的下垂一般只有梁长度的1/300，由于梁的变形很小，在研究平衡时可忽略不计。因此，当一个物体在力的作用下变形很小，这样微小的变形，对于讨论物体的平衡问题影响甚少，可以忽略不计，因而可将其看成是不变形的理想物体。

静力学研究的物体只限于刚体，故称为刚体静力学，它是研究变形体的力学基础。

静力学公理是人们在长期的生产和生活实践中，经过反复观察和实验总结出来的普遍规律，它不需证明即被人们所公认。它阐述了力的一些基本性质，是静力学理论的基础。

在静力学研究中，对研究对象如没有特别强调的情况下，一般分析时不再考虑杆件的自重，自重的表达方式与中学物理关于力学分析中有很大不同。

一、二力平衡公理

公理：一平面刚体在两个力作用下，该刚体处于平衡状态，其必要和充分条件是：这两个力的大小相等、方向相反，作用在同一条直线上，如图2-9所示。

在同一平面上只受两个力作用而处于平衡状态的杆件或构件称为二力杆或二力构件。二力杆上的两个力的作用线必为这两个力作用点的连线，如图2-10所示

AB 杆、AC 杆均为二力杆。

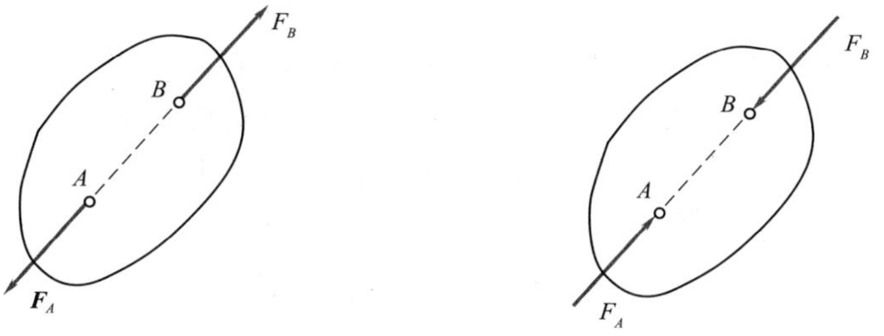

图 2-9

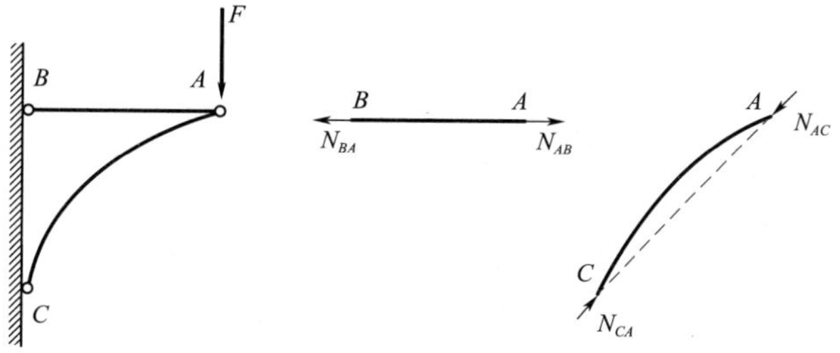

图 2-10

二、加减平衡力系公理及推论

公理：作用在平面刚体上的任意力系中，加上或减少一个平衡力系，并不改变原力系对刚体的作用效应。

如图 2-11（a）所示，F 作用线上 B 处，加上一平衡力系 $F_1=F_2=F$，则图 2-11（a）与图 2-11（b）为等效。

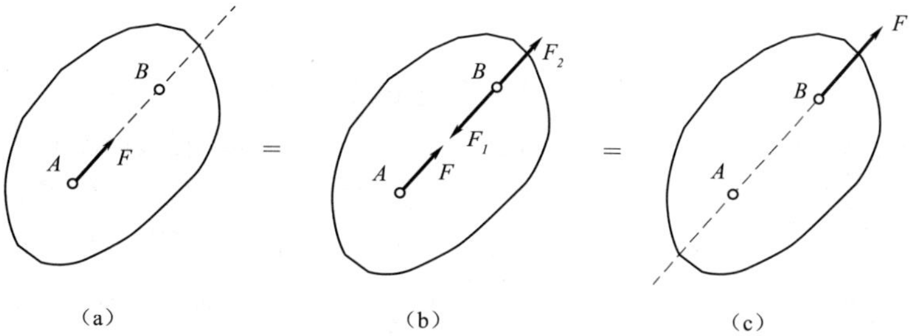

图 2-11

推论Ⅰ：力的可传性原理。作用在平面刚体上某点的力，可沿其作用线任意移动至刚体上的任意一点，而不改变它对刚体的作用效应。

如图 2-11（a）所示，设力 F 作用在物体的 A 点，根据加减平衡力系公理，可在力的作用线上任取一点 B，加上等值、反向、共线的 F_1 和 F_2 两个力，并且使 $F_2=-F_1=F$，如图 2-11（b）所示。在图 2-11（b）中，F 和 F_1 是一个平衡力系，故可去掉，于是只剩下作用在 B 点的力 F_2，如图 2-11（c）所示。又因为力 F_2 与原力 F 等效，这就相当于把作用于 A 点的力 F 沿其作用线移到了 B 点。

力的可传性原理告诉我们，力对刚体的效应与力的作用点在作用线上的位置无关。因此，力的三要素描述为：力的大小、方向和作用线。

必须指出：加减平衡力系公理和力的可传性原理都只适用于刚体，不适用于变形体。因为在物体上加上或去掉一个平衡力系，或将力沿其作用线移动，不改变力对物体的外效应，但会改变力对物体的内效应。例如图 2-12 所示的杆件，直杆 AB 的两端分别受到两个等值、反向、共线的力（$F_A=-F_B$）作用而处于平衡状态。如果将这两个力沿其作用线分别移到杆的另一端，显然，直杆 AB 仍处于平衡状态。这说明力沿其作用线移动并不改变力的外效应。但是直杆由如图 2-5（a）所示的拉伸变形转变为如图 2-5（b）所示的压缩变形。可见力对直杆的内效应由于力沿其作用线的移动而发生了变形形式的改变。这说明对变形体而言，力的可传性原理是不适用。

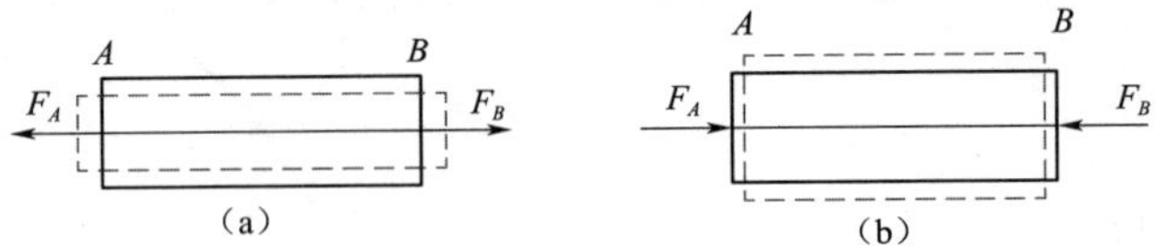

图 2-12

三、平行四边形法则公理

公理：作用于物体上同一点的两个力，可以合成为一个合力，其合力作用线通过该点，合力的大小和方向由这两个力为邻边所构成的平行四边形由该点出发的对角线表示。该公理又称为平行四边形法则。

如图 2-13（a）所示，F_1、F_2 为作用于物体上 A 点的两个力，以 F_1 和 F_2 为邻边作平行四边形 $ABCD$，其对角线 AC 表示两共点力 F_1 与 F_2 的合力 R。用矢量表达式表示为

$$R=F_1+F_2 \tag{2-1}$$

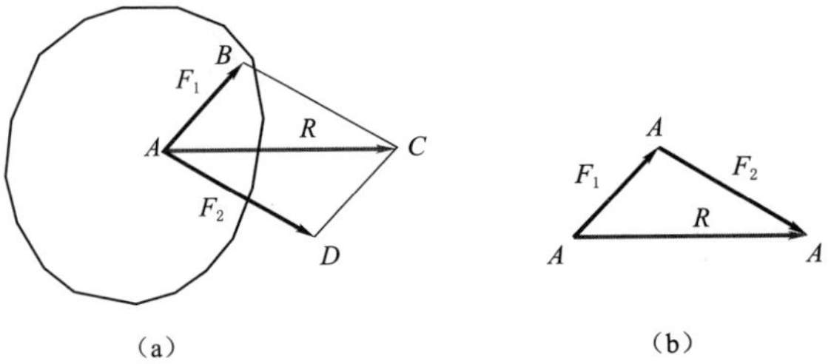

图 2-13

这个公理说明力的合成遵循矢量加法，只有当两力共线时，才能用代数加法。由于平行四边形对应边相等，则力的平行四边形法则还可简化为力的三角形法则，如图 2-13（b）所示。力的三角形的两边由两分力首尾相接组成，第三边即为合力，它由第一个分力的起点指向第二个分力的终点，即合力的作用点仍在两分力的交点处。

应当指出：力的平行四边形法则既是两个共点力的合成法则，又是力的分解法则。但将一个力按此法则进行分解时，若无条件限制，则有无穷多个解。因为由一条对角线可作出无穷多个平行四边形，如图 2-14（a）所示。也就是说，合力的分

力有无穷多个，分力的合力只有一个。

要将一个力分解为两个力，必须给予附加条件。通常是将一个力分解为方向已知的两个分力。

设有一个作用于 A 点的力 R，如图 2-14（b）所示，现将此力沿直线 AK 和 AL 方向分解，应用力的平行四边形法则，过 R 的终点 B 作两直线分别平行于 AK 和 AL，得交点 C 和 D，则 F_1 和 F_2 即为所求分力。

为了计算方便，在工程实际中，常将一个力 R 沿水平 x 轴和铅垂 y 轴方向进行分解，如图 2-14（c）所示，得出互相垂直的两个分力 F_x 和 F_y。这样可用简单的三角函数关系求得每个分力大小为

$$\begin{cases} F_x = R\cos\alpha \\ F_y = R\sin\alpha \end{cases} \tag{2-2}$$

式中，α 为 R 和 x 轴正方向之间的夹角。

力的平行四边形法则是力系简化的依据之一。

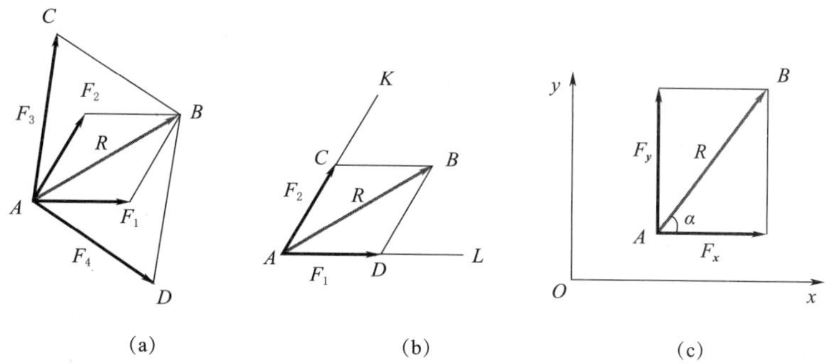

图 2-14

推论Ⅱ：三力平衡汇交定理

一平面刚体受三个共面不平行的力作用而处于平衡时，则这三力的作用线必汇交于一点。

如图 2-15 所示，设有共面不平行的三个力 F_1、F_2、F_3 分别作用在一平面刚体上的 A_1、A_2、A_3 三点而使刚体平衡。

（1）根据力的可传性原理，将力 F_1、F_2 滑移到该两力作用线的交点 O 点。

（2）再用力的平行四边形法则将力 F_1、F_2 合成为合力 R_{12}，R_{12} 作用为 O 点。

（3）因为 F_1、F_2、F_3 三力平衡，所以 R_{12} 应与力 F_3 平衡。根据二力平衡公理可知，力 F_3 和 R_{12} 一定是大小相等、方向相反、且作用在同一直线上，这就是说，力 F_3 必通过力 F_1、F_2 的交点 O，即证明 F_1、F_2、F_3 三力的作用线必汇于一点。

三力平衡汇交定理常用来确定物体在共面不平行的三个力作用下平衡时，其中一个未知力的作用线。

四、作用和反作用公理

公理：两物体间相互作用的力，总是大小相等、方向相反，且沿同一直线，分别作用在两个物体上。

这个公理说明了两物体间相互作用力之间的关系。力总是成对出现的，有作用力就必有反作用力，且总是同时产生又同时消失。

如图 2-16（a）中物体 A 放置在物体 B 上，N_1 是物体 A 对物体 B 的作用力，作用在物体 B 上，N 是物体 B 对物体 A 的反作用力，作用在物体 A 上。N_1 和 N 是作用力与反作用力的关系，即大小相等 $N_1=N$，方向相反，沿同一直线 KL，如图 2-16（b）所示。

注意，二力平衡公理与作用与反作用公理是不同的。区别在于：二力平衡公理中的二力是作用在同一物体上，而作用与反作用公理中的二力是分别作用在相互作用的两个不同物体上。

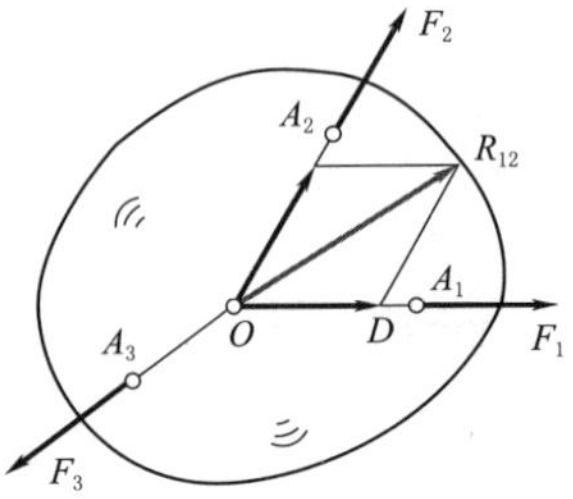

图 2-15

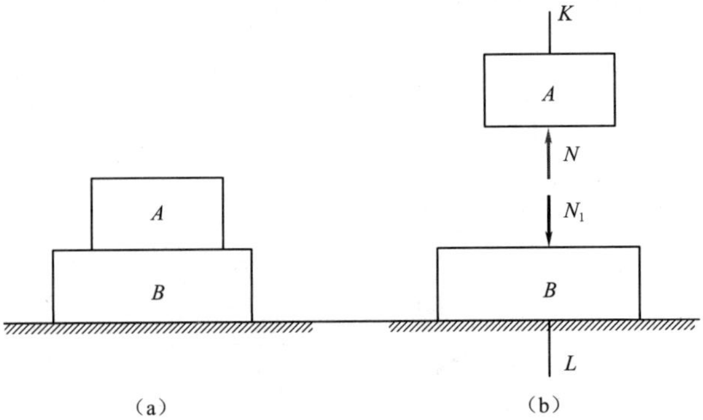

图 2-16

小　　结

本项目主要介绍了力的基本概念、静力学基本公理及其推论。

1. 力是物体间的相互机械作用。

力对物体的作用效应有两种：运动效应（外效应）和变形效应（内效应）。力的效应取决于力的三要素：大小，方向、作用点。

2. 静力学基本公理。

（1）二力平衡公理又称二力平衡条件，它是刚体平衡最基本的规律，是推证力系平衡条件的理论依据。

平衡是指物体相对于地球处于静止或匀速直线运动的状态。使刚体处于平衡状态的力系对刚体的效应等于零。

（2）加减平衡力系公理是力系简化的重要理论依据。加减平衡力系公理和力的可传性推论只适用于刚体。

（3）力的平行四边形公理表明，作用在平面刚体上同一点的两个力可以用平行四边形法则合成。反过来，一个力也可以用平行四边形法则分解为两个分力。平行四边形法则是所有用矢量表示的物理量相加的法则。

三力平衡汇交定理阐明了平面刚体在受三个不平行的力作用下平衡的必要条件。

（4）作用与反作用定律反映了力是物体间相互机械作用这一最基本的性质，说明了作用与反作用总是成对出现且作用在两个不同的物体上。

项目二专业知识技能素养训练

项目二参考答案

项目二课堂（读书）学习笔记（4学时）

学号________ 姓名________ 时间：________ 年________月________日

<table>
<tr><td colspan="2">课题学习内容（2学时）________________</td></tr>
<tr><td>课堂
（读书）学习
笔记及学
习心得</td><td></td></tr>
<tr><td colspan="2">课题学习内容（2学时）________________</td></tr>
<tr><td>课堂
（读书）学习
笔记及学
习心得</td><td></td></tr>
</table>

项目三

结构计算简图和物体受力分析图

学习重点 • 工程中常见的几种约束及约束反力、单个物体及物体系统的受力图		
知识要求	能力要求	所占比重
结构计算简图的简化方法	根据工程案例进行平面、杆件、结点、支座及荷载简化等	10%
平面杆系结构	掌握梁式结构、钢架结构和桁架结构，以及了解静定结构的约束反力和内力	15%
约束、约束反力，常见的几种约束对应的约束反力	能正确画出常见的几种约束及约束反力	25%
物体的受力分析	掌握物体受力分析基本步骤，能熟练绘制单个物体和物体系统的受力分析图	50%

任务一　结构计算简图及其分类

一、结构计算简图的简化原则

实际结构复杂多样，完全按照结构的实际工作状态进行力学分析是不可能的，也是没有必要的。因此，在对实际结构进行力学分析之前，必须加以简化，略去次要的因素，突出其主要特点。用一个简化的力学模型或图形来代替实际结构，这个简化的力学模型或图形称为结构的计算简图。

结构计算简图的选择是力学计算的基础。选取计算简图的过程，是对实际结构的构造和受力状态进行分析和简化的过程。合理的计算简图，是人们对实际结构进行科学抽象的结果，反映了实际结构在受力方面的基本特征。因此，选取计算简图必须遵循如下两个原则：

（1）计算简图要反映实际结构的主要特征。

（2）计算简图要便于计算且有足够的精确性。

二、结构计算简图的简化方法

结构计算简图的简化方法包括平面简化、杆件简化及结点简化等内容。

（一）平面简化

一般结构实际上都是空间结构，各部相连成为空间整体，以承受各方向可能出现的荷载。我们可以把空间结构分解为几个平面结构进行计算，使得每一个平面内的杆件结构承受该平面内的荷载。这种简化称为结构的平面简化。

（二）杆件简化

在计算简图中，杆件用其纵向轴线代替。如梁、柱等构件的轴线为直线，就用相应的直线表示；拱、曲杆等构件的轴线为曲线，则用相应的曲线来表示。

（三）结点简化

结构中两根或两根以上杆件联结处称为结点。根据结点的实际构造，在计算简图中可归纳为铰结点、刚结点两种形式。

1. 铰结点

铰结点的特点是它所联结的各杆件可绕结点中心相对转动。它的受力特点是铰结处的杆端不受转动约束作用。在工程结构中，用铰联结杆件的实例很少，但从实际构造和受力特点来分析，许多结点可近似地简化为铰结点。

如图 3-1 所示木屋面架的端结点，横杆与斜杆之间用螺栓联结，显然这两根杆件并不能任意自由转动，但由于联结不可能十分严密牢固，杆件可作微小的转动，所以在计算中可假定为铰结点，如图 3-1 所示简化图。

如图 3-2 中的屋面架的端结点，屋面架的竖杆和横杆中间用钢板固定，将钢板焊接在一起构成结点。由于屋面架竖杆和横杆之间不能发生相对移动，但可发生微小的相对转动，故可将此结点简化为铰结点。

通常木、钢组合结构的结点都简化为铰结点。

图 3-1

图 3-2

2. 刚结点

刚结点的特点是汇交于刚结点处的各杆件之间不发生相对移动，也不发生相对转动，所联结的各杆之间的夹角在结构变形前后均保持不变。刚结点的受力状态是结点对杆端有抗转约束作用。

图 3-3 为门式钢架结构厂房，它是由各种不同型号的工字钢焊接在一起，梁与梁、柱与梁之间的结点的受力和变形情况基本上符合刚结点的特点，所以在计算中通常简化为刚结点。

通常杆件间的连接区域简化成为两种理想情况：

(1) 铰结点：各杆端连接，相互间产生约束，这种相互约束不能产生相对移动，但可相对转动；可以传递力，不能传递力矩。

(2) 刚结点：各杆端连接，相互间产生约束，这种相互既不能产生相对移动，又不能产生相对转动；既可以传递力，又可传递力矩。

图 3-3

(四) 支座的简化

结构与基础相连接起来的装置称为支座。在平面结构中，支座的实际构造型式很多，但根据其对结构的约束作用，支座一般可简化为可动铰支座、固定铰支座、固定端支座三种形式。

图 3-4 (a) 为一钢筋混凝土梁，两端支承在墙上。两端支承面上的反力分布是很复杂的，而且有一定的分布长度。但是为了简化计算，通常将其一端简化为固定铰支座、另一端为可动铰支座。梁本身由其轴线代替。这样便得到梁的结构计算简图，如图 3-4 (b) 所示。经过这样的简化后，梁的计算便简单多了，计算结果也有足够的精度。

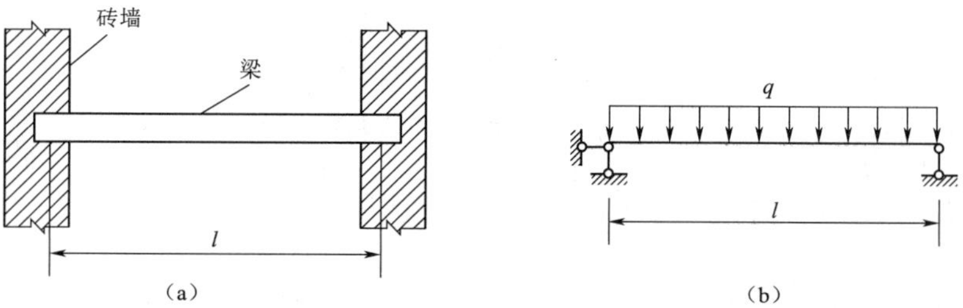

图 3-4

图 3-5 (a) 和 (c) 表示预制柱与杯形基础的两种连接方法。杯口四周用沥青麻丝填实时，柱端可以发生微小转动，所以可简化为固定铰支座，如图 3-5 (b) 所示；杯口四周用细石混凝土填实时，柱不能产生转动，所以可简化为固定端支座，如图 3-5 (d) 所示。

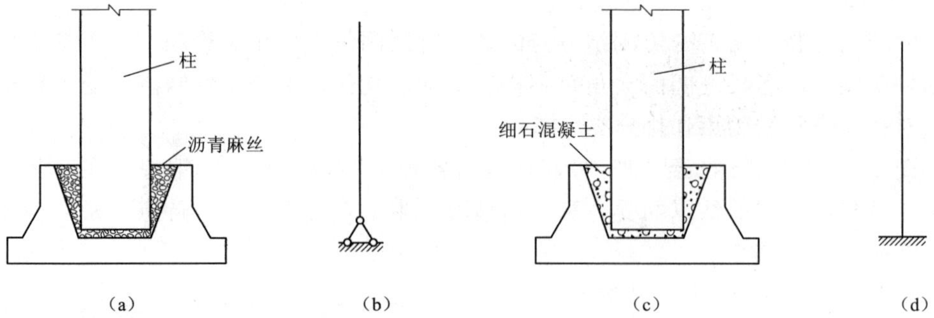

图 3-5

(五) 荷载的简化

实际结构上的荷载，有结构自重、水压力、土压力、人群重量以及附属物的重量等，一般分为体积力和表面力两大类。体积力是作用在结构杆件内各点的荷载，如结构自重。表面力是作用在结构表面的荷载，如水压力、土压力等。在杆系结构中，杆件用其纵轴线表示，因此不管是体积力还是表面力，都简化为分布在杆件轴线上的线荷载。依其分布状况，通常分为集中荷载（集中力、集中力偶）和分布荷载（均匀分布、直线分布、曲线分布）。

计算简图是工程力学对工程中的结构或构件进行分析和计算的依据。建立力学计算简图，实际上就是建立力学与结构的分析模型，不仅需要必要的力学基础知识，而且需要具备一定的工程结构知识。

下面通过一个简单例子来说明计算简图的选取。

【例 3-1】 图 3-6（a）为一厂房结构，预制钢筋混凝土柱插入杯形基础，杯口用 C20 细石混凝土灌缝。薄腹梁与柱顶用预埋件焊接。屋面传来的荷载为 q，左右两侧墙体传给柱的水平荷载分别为 q_1 和 q_2。试绘出结构的计算简图。

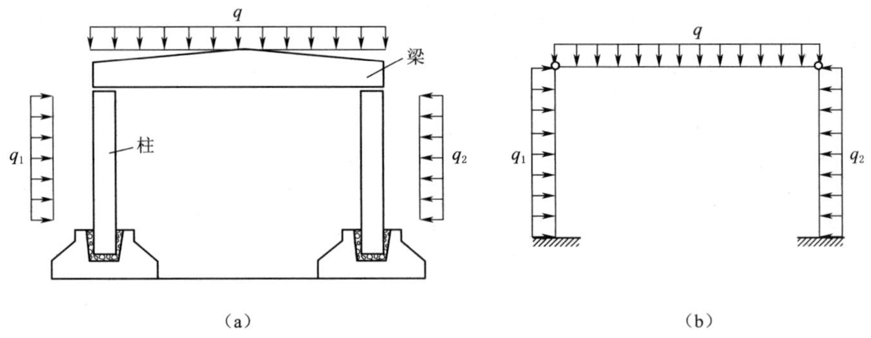

图 3-6

解： 在选取计算简图时，可将柱与基础的联结视为固定端支座。薄腹梁与柱顶的联结视为铰结点，因为仅靠焊缝不能阻止横梁因弯曲变形而绕柱顶的微小转动，但能阻止梁沿水平方向和竖直方向移动。分别用柱和梁的轴线代替柱和梁，其计算简图如图 3-6（b）所示。

最后应该指出：本节简要介绍选取计算简图的原则和计算简图的概念，而实际上计算简图的确定是很复杂的，尤其是对一些新型结构，必须通过多次的分析与实践才能得出合理的计算简图。

三、平面杆系结构的分类

（一）按结构形式分

1. 梁式结构

（1）基本形式。梁式结构的基本形式有简支梁［图 3－7（a）］、简支外伸梁［图 3－7（b）］和悬臂梁［图 3－7（c）］。

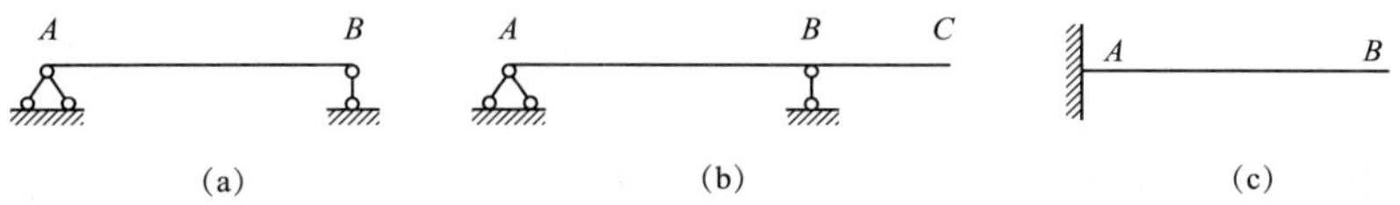

图 3－7

（2）其他形式。其他形式的梁式结构有多跨静定梁［图 3－8（a）］和连续梁［图 3－8（b）］。

图 3－8

梁式结构的特点：梁式结构在竖向荷载作用下，梁的内力为弯矩和剪力，故梁是一种受弯构件。

2. 刚架结构

刚架结构的形式有悬臂刚架［图 3－9（a）］、简支刚架［图 3－9（b）］和三铰刚架［图 3－9（c）］。

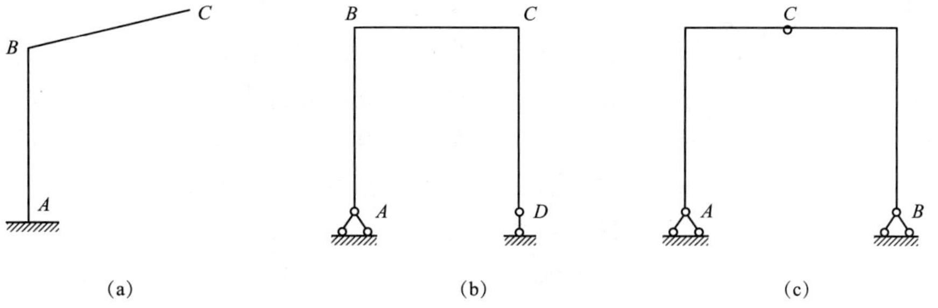

图 3－9

刚架结构的特点：刚架结构是由梁和柱在其杆端通过刚性结点（或某些铰结点）连接而构成。刚结点可起到承受和传递弯矩的作用，杆件的内力有弯矩、剪力和轴力。

3. 桁架结构

桁架结构的形式最常见有平行弦桁架［图 3－10（a）］和三角形桁架［图 3－10（b）］。

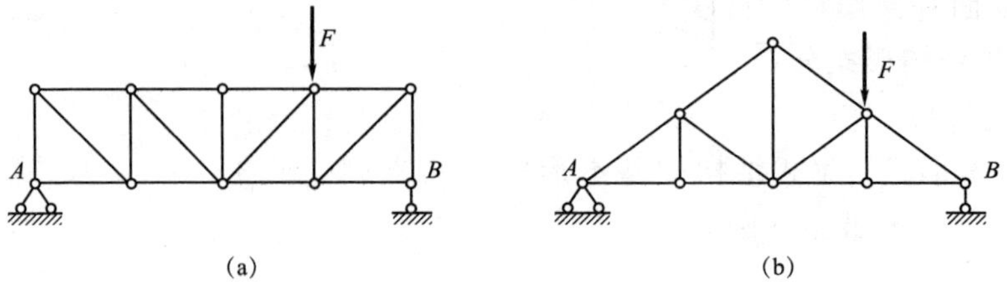

图 3－10

桁架的特点：组成结构的各杆端可简化为理想的光滑铰相连接，不计杆件自重，荷载作用在结点上，杆的内力为轴力。结构优点是自重较轻，承载能力大，适用于大跨度空间建筑。

4. 拱结构

（1）实体拱。常见实体拱有三铰拱［图 3－11（a）］、两铰拱［图 3－11（b）］和无铰拱［图 3－11（c）］三种结构形式。

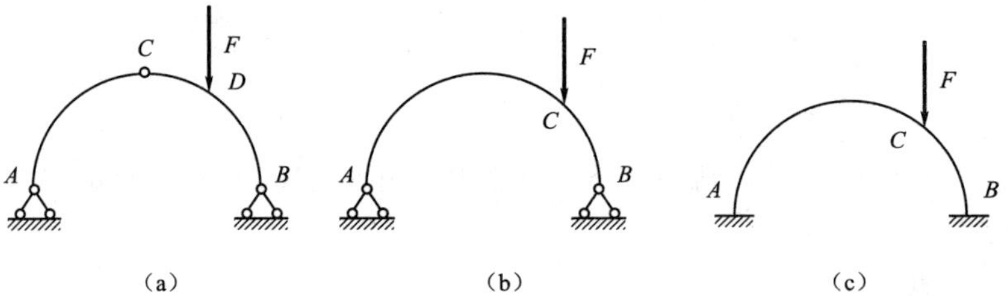

图 3－11

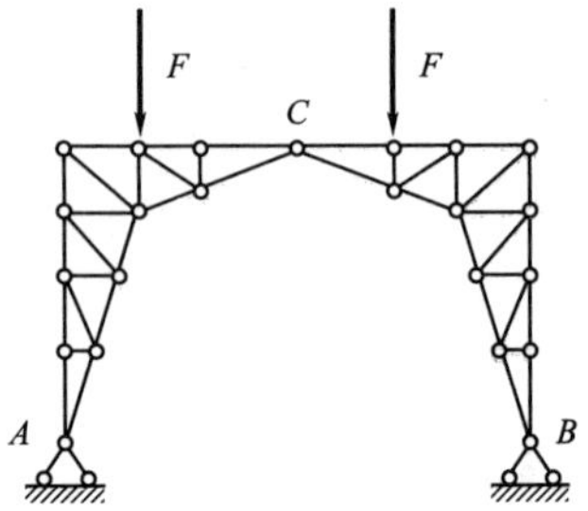

图 3－12

（2）其他拱。其他拱的结构形式如图 3－12 所示。

拱结构的特点：拱结构在竖向荷载作用下，拱脚处产生水平推力，也称为推力结构，由于水平推力的作用，故拱内主要内力是轴向压力，而弯矩和剪力较同跨简支梁的弯矩和剪力要小得多。所以，利用脆性材料建造的拱，能充分发挥脆性材料抗压强度高的力学性能，如石拱桥可以就地取材，比较经济，例如著名的赵州桥。

5. 组合结构*

组合结构的形式有静定组合结构［图 3－13（a）］和超静定组合结构［图 3－13（b）］。

组合结构的特点：组合结构是由梁式杆和铰结杆组合而成的，梁式杆承受弯矩、剪力和轴力，而铰结杆只有轴力。

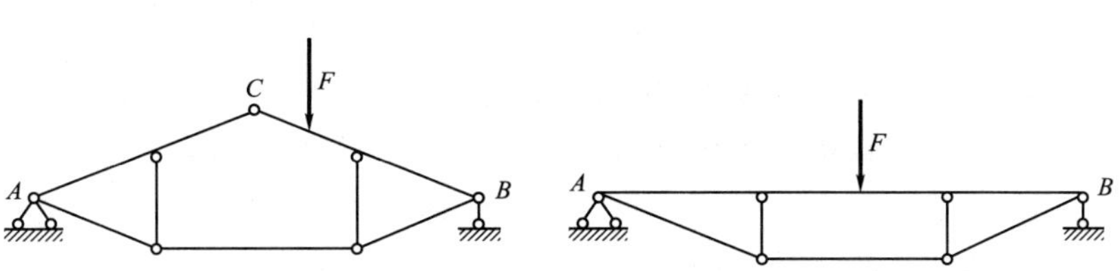

(a) (b)

图 3－13

(二) 按计算条件分

1. 静定结构

静定结构的形式有静定梁［图 3－14（a)］和静定刚架［图 3－14（b)］。

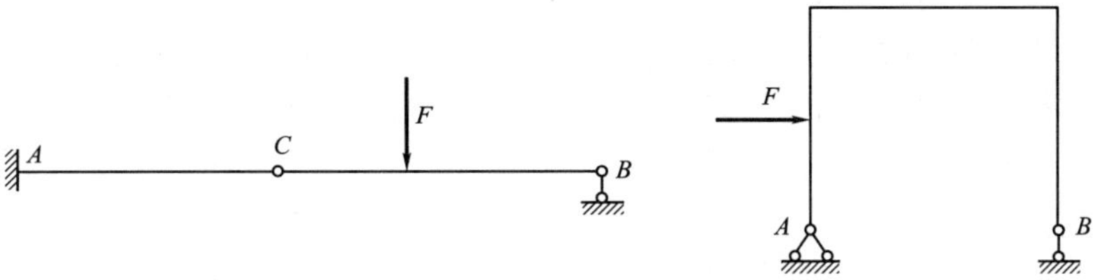

(a) (b)

图 3－14

静定结构的特点：用静力平衡条件（方程）就可求出结构的全部约束反力和内力。

2. 超静定结构*

超静定结构的形式有多跨连续梁［图 3－15（a)］和超静定刚架［图 3－15（b)］。

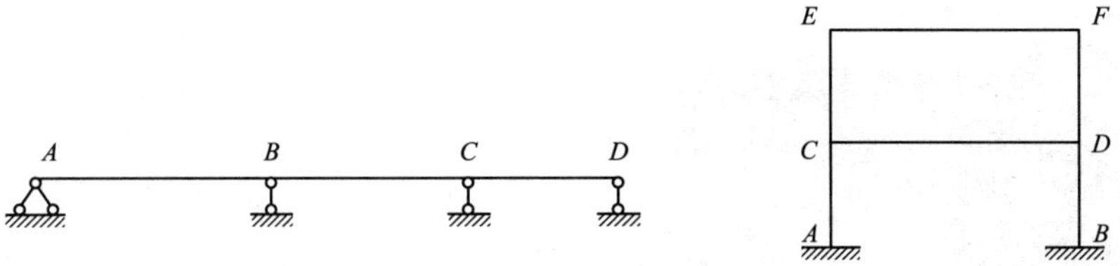

(a) (b)

图 3－15

超静定结构的特点：不能直接用静力平衡条件求出结构的全部约束反力和内力，还需要通过变形等其他协调条件方可求解其约束反力及内力。

任务二 约束与约束反力

自然界中物体一般分为自由体和非自由体。可以自由运动的物体称为自由体，其运动不受任何其他物体的限制。如飞行的飞机是自由体，它可以任意移动和旋转。平面中的自由体可以左右移动，也可以上下移动，还可以转动。不能自由地运动，其某些方向的移动和转动因受其他物体的限制而不能任意发生移动和转动的物体，称为非自由体。工程中组成建筑物的各物体之间是相互联系的，联系的方式是复杂多样的，一般都是非自由体，限制非自由体运动的联系称为约束。约束的功能就是限制非自由体的某些运动。例如，桌子放在地面上，地面具有限制桌子向下移动的功能，桌子是非自由体，地面是桌子的约束。桥梁受到桥墩的约束而静止不动，桥梁是非自由体，桥墩是桥梁的约束。约束对非自由体的作用力称为约束反力。显然，约束反力的方向总是与它所限制的运动方向相反。地面限制桌子向下移动，地面给桌子的约束反力是向上。为了便于理论分析和计算，只考虑其主要的约束，忽略其次要的约束，便可得到一些理想化的约束形式。这里所讨论的正是这些理想化的约束，它们在力学分析和结构设计中被广泛采用。

约束限制了物体的运动，物体必然受到约束给予力的作用，这种力称为约束反力。相反，使物体运动或有运动趋势的力，称为主动力。

建筑结构都要受到主动力和约束反力的作用，若对结构进行力学计算，就要分析这两方面的力。通常，主动力是已知的，约束反力是未知的。因此，约束反力的确定是对结构进行受力分析和计算的首要工作，而约束反力的确定又与约束类型有关，现将工程中常见的几种约束及约束反力介绍如下。

一、柔性约束

诸如绳索、链条和皮带等柔性物体用于限制物体运动时，称为柔性约束。

这类约束只能限制物体沿着柔性约束伸长的方向运动，而不能限制其他方向的运动。所以柔性约束的约束反力通过接触点，其方向沿着柔性约束中心线背离物体，即为拉力。柔性约束反力用 F_T 表示，如图 3－16（a）所示传动皮带为柔性约束，其约束反力如图 3－16（b）所示。

(a)

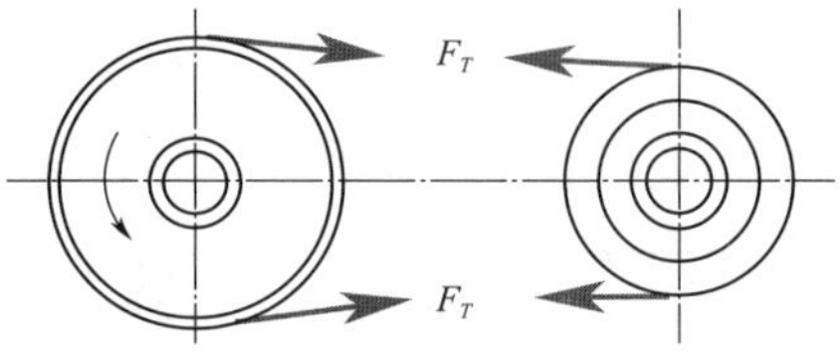

(b)

图 3－16

二、光滑面约束

物体与另一物体相互接触，当接触处的摩擦力很小可略去不计时，两物体彼此的约束就是光滑面约束。这种约束不论接触面的形状如何，都不能限制物体沿光滑接触面的公切线或离开接触面的运动，只能限制物体沿接触面的公法线指向接触面的运动，所以，光滑面的约束反力通过接触点，沿着接触面的公法线指向被约束的物体，且为压力。通常以 N 表示，如图 3－17（a）所示齿轮传动为光滑面约束，其约束反力如图 3 - 17（b）所示，注意图中仅分析 A 轮与 B 轮之间接触处 C 处相互作用力。

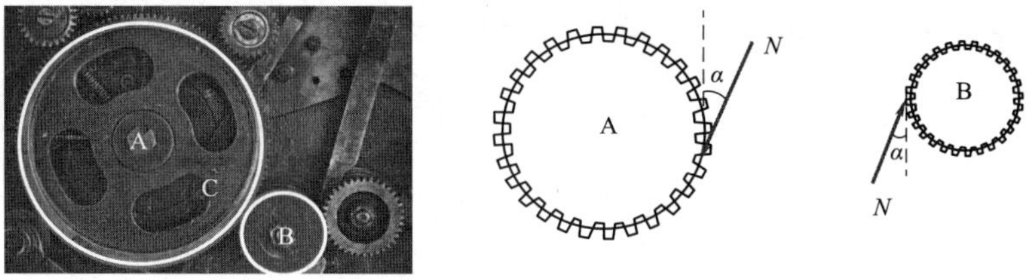

(a) (b)

图 3 - 17

三、圆柱铰链约束

圆柱铰链是由一个圆柱形销钉插入两个物体的圆孔中构成的［图 3 - 18（a）］，且认为销钉与圆孔的表面很光滑，其计算简图如图 3 - 18（b）所示。

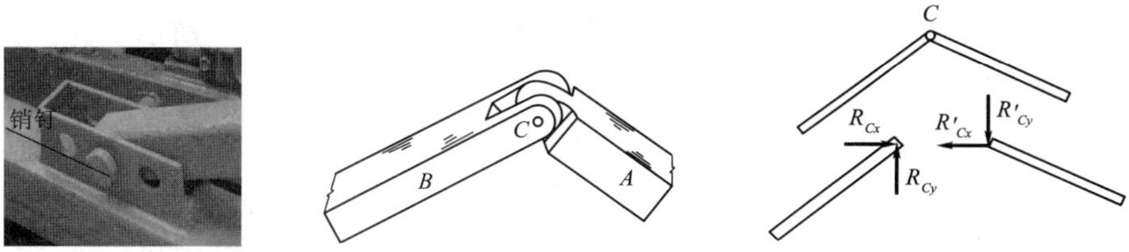

(a) (b) (c)

图 3 - 18

圆柱铰链约束只能限制物体在垂直于销钉轴线的平面内沿任意方向的相对移动，而不能限制物体绕销钉作相对转动，还不能限制物体沿销钉轴线移动，如图 3 - 18（a）所示。

当物体相对于另一物体有运动趋势时，销钉与圆孔壁便在某处光滑接触，由光滑接触面约束反力的特点可知，销钉反力应沿接触点与销钉中心的连线作用，如图 3 - 18（b）所示。但由于接触点的位置一般不能预先确定，所以约束反力的方向也不能预先确定。也就是说，圆柱铰链的约束反力 R_C 在垂直于销钉轴线的平面内，通过销钉中心，方向未定，通常将 R_C 分解为两个相互垂直的分力 R_{Cx} 和 R_{Cy} 表示，两个分力的指向可作假设，如图 3 - 18（c）所示。

四、链杆约束

杆两端与其他物体用光滑铰链连接，杆中间不受力，且杆件的自重不计，称为链杆。它可以是直杆，也可以是曲杆或折杆。

例如，图 3 - 19（a）、(b）所示的支架，横杆 *AD* 在 *A* 端用铰链与墙连接，在图 3 - 19（a）中 *B* 处由 *BC* 直杆支承，而在图 3 - 19（b）中 *B* 处由 *BC* 曲杆支承。*BC* 杆不论是直杆还是曲杆，均可以看成是 *AD* 杆的链杆约束。

链杆只能限制物体沿着链杆中心线方向靠近或离开，而不能限制其他方向的运

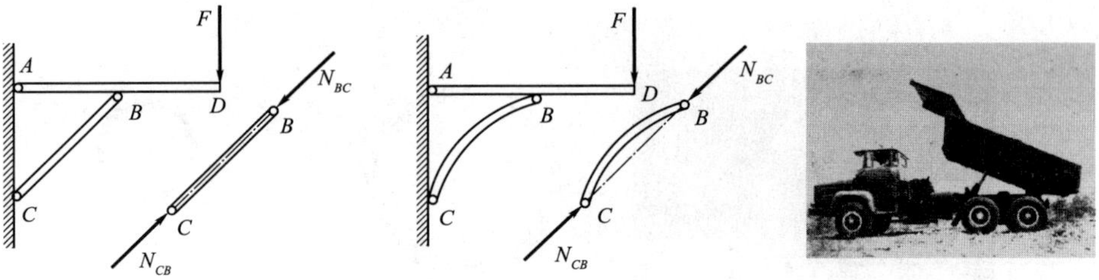

(a) (b) (c)

图 3-19

动。由二力平衡公理可知，当链杆处于平衡状态时，其上所受的两个力必定大小相等、方向相反、作用在链杆两铰链中心的连线上。因此，按作用与反作用定律，链杆对物体的约束反力沿链杆两铰链中心的连线，其指向未定，N 的指向是假定，如图 3-19（a）（b）所示 BC 杆。由于链杆只在两铰链处受力，因此，链杆又属二力杆。工程中常用的自卸车支杆属于链杆约束，如图 3-19（c）所示。

五、固定铰支座

结构与基础相连接起来的装置称为支座。用光滑圆柱铰链把结构或构件与支承底板连接，并将底板固定在支承物上而构成的支座，称为固定铰支座，这种支座只能限制构件沿垂直于销轴轴线平面内任意方向的移动，但不能限制物体绕销轴发生转动。

视频：固定铰支座

为避免在构件上穿孔而影响构件的强度，通常在构件上固结另一穿孔的物体，称为上摇座，而将底板称为下摇座，其构造示意图如图 3-20（b）所示，而结构简图如图 3-20（c）所示。

工程中固定铰支座如图 3-20（a）所示。由此可见，固定铰支座的约束性能与圆柱铰链是相同的，所不同的是两个铰链的物体，其中一个是完全固定的。所以，固定铰支座的约束反力作用于接触点，垂直于销轴，并通过销轴轴线，其方向未定，可用 R_A 和一未知方向的 α 角表示，也可用一个水平力 R_{Ax} 和竖垂力 R_{Ay} 表示，如图 3-20（d）所示。

六、可动铰支座

在固定铰支座底板与支承面之间安装若干个辊轴，使支座可沿支承面移动，但支座的连接使它不能离开支承面，构成了可移动的铰支座，又称为辊轴支座。工程中的可动铰支座，如图 3-21（a）所示。可动铰支座构造示意图如图 3-21（b）所示，而结构简图如图 3-21（c）所示，此结构支承也称短连杆支座。

可动铰支座除了能限制物体沿着支承面法线指向支承面的运动以外，通常还附有特殊装置，使之也能限制物体沿着支承面法线背离支承面的运动，但不能限制物体沿支承面方向的运动，也不能限制物体绕销钉转动。所以可动铰支座的约束反力 R_A 通过销钉中心，垂直于支承面，指向可作假定，如图 3-21（d）所示。

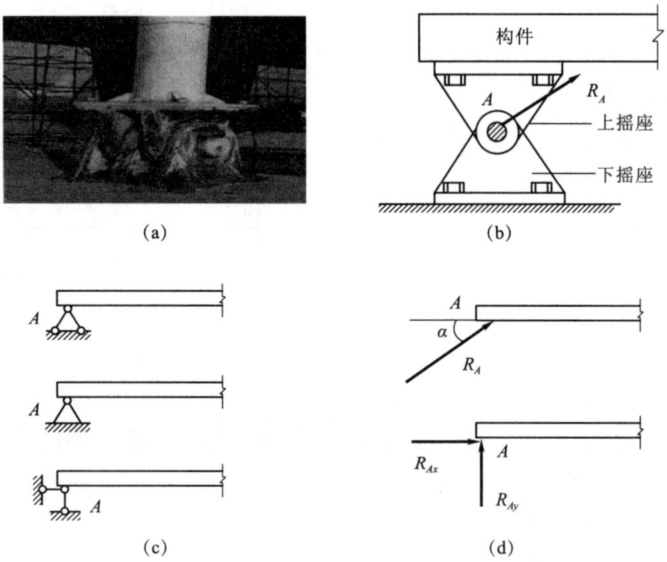

图 3－20

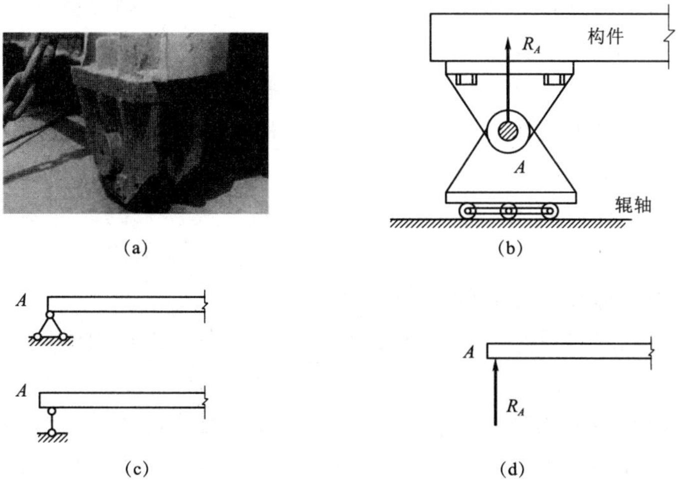

图 3－21

视频：可动铰支座

七、固定端支座

固定端支座也是工程结构中常见的一种支座，它是将构件的一端插入一固定物而构成。例如：房屋结构中的雨篷、阳台的挑梁［图 3－22（a）］，挑梁一端插入墙内，另一端悬空的。如果构件插入墙内有足够的长度，嵌固得足够牢固，则砖墙与构件连接处就称为是固定端支座。

这种支座约束的特点是：构件在连接处不发生任何相对移动和转动。

固定端支座约束反力分布较为复杂，但在平面问题中，可简化为阻止构件不能

移动的两个分力 R_{Ax}、R_{Ay} 和阻止构件不能转动的约束反力偶矩 m_A，其阻移力的指向和阻转力偶矩的转向均可作假定，如图 3－22（b）所示。

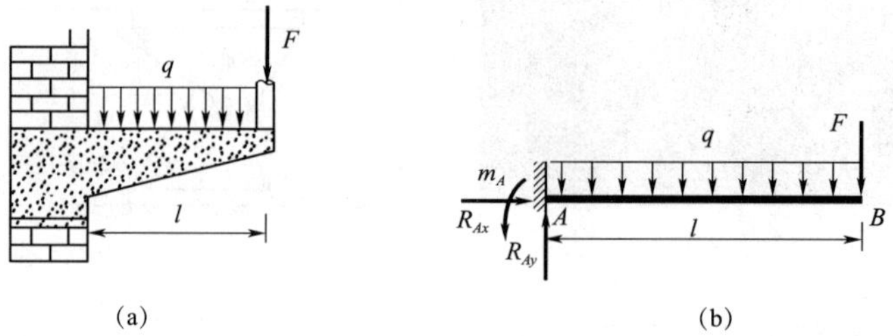

图 3－22

任务三　物体的受力分析与受力分析图

一、物体的受力分析

在工程中常将若干构件通过各种约束相互连接组成机构或结构，用以承受或传递荷载。组成的结构体系统称为物体系统。

研究各构件的工程力学问题，首先要分析构件的受哪些力作用，哪些是已知力，哪些是未知力，然后对所研究的物体进行力学计算，确定其未知力的大小和方向，这个过程称为物体的受力分析。

二、受力分析图

在对物体进行受力分析时，所研究的构件称为研究对象。为了清晰地表明构件的受力情况，必须解除研究对象周围的全部约束，并将其从周围的物体中分离出来，单独画出它的计算简图，这种解除了约束被分离出来的研究对象称为分离体。在分离体上画出周围物体对它的全部作用力（包括主动力和约束反力），用以表示物体受力情况的图形称为分离体的受力分析图。

选取合适的研究对象与正确画出受力分析图是解决工程力学问题的依据，如果物体的受力分析图画不出，则工程力学分析计算无法进行；如果受力分析图画错了，对实际问题就不可能进行正确的分析和求解。因此，画受力分析图是一项认真细致的工作，是解决工程力学问题的关键，计算依据是物体的受力分析图，因此，受力分析图是进行结构力学分析计算的依据，必须熟练掌握。

三、画物体受力分析图的基本步骤

对物体系统或其组成构件进行受力分析，基本步骤如下：

（1）根据研究目的确定研究对象，并将研究对象从物体系统中分离出来，研究对象可以是一个物体（或物体的一部分）或几个物体组成的物体系统。

（2）在研究对象上画出作用在研究对象上所有的主动力（荷载）。

（3）分析研究对象周围的约束性质，解除约束，对应画出相应的约束反力。

完成上述三个步骤后所得到的受力图即为所研究对象的受力分析图。

注意：在画物体的受力分析图时，不要运用力的等效变换或力的可传性改变力的作用位置，否则会改变物体的变形效应。

【例 3-2】 简支梁两端分别为固定铰支座和可动铰支座，在 C 截面处作用一集中力 P，如图 3-23（a）所示。不计梁自重，试画出梁 AB 的受力图。

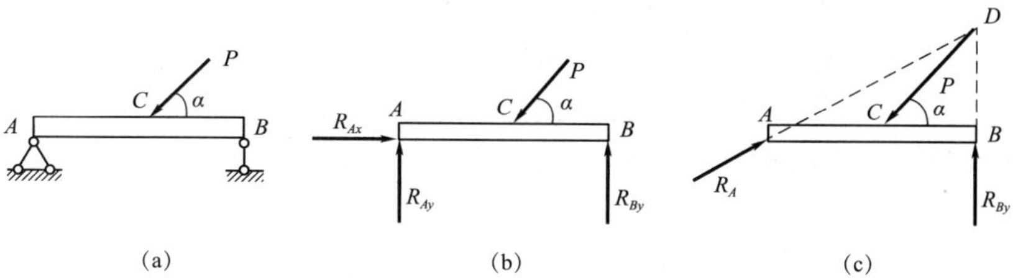

图 3-23

解：（1）以梁 AB 为研究对象，并将 AB 从系统中分离出来，如图 3-23（b）所示。

（2）在研究对象 AB 上画出主动力 P。

（3）根据 AB 周围的约束性质分别画出约束反力。

画法 1：可动铰支座 B 的约束反力 R_{By} 铅直向上，固定铰支座 A 的约束反力用过 A 点的两个正交分力 R_{Ax}、R_{Ay} 表示。画出梁 AB 的受力图如图 3-23（b）所示。

画法 2：由于该梁受三个力作用处于平衡，应用三力平衡汇交定理可确定 A 端支座反力 R_A 的方向，即主动力 P 与 B 端支座反力 R_{By} 两力作用线交于 D 点，而 R_A 的作用线必通过 D 点，画出梁 AB 的受力图如图 3-23（c）所示。

【例 3-3】 在图 3-24（a）所示的结构中，AD 杆 D 端受一力 P 作用，若不计杆件自重，试分别画出 AD 杆和 BC 杆的受力图。

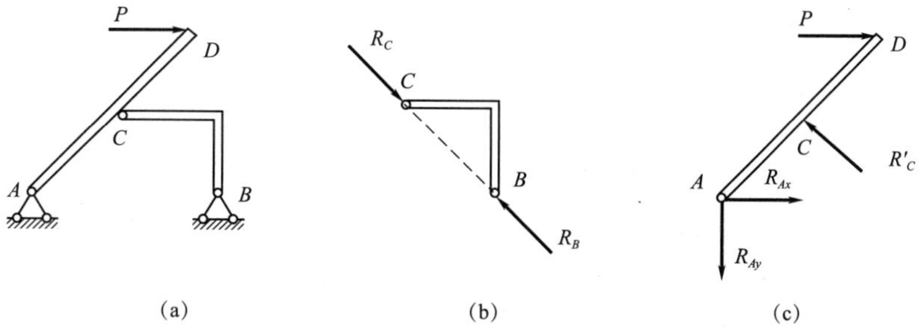

图 3-24

解：（1）画折杆 BC 的受力图。

1）以折杆 BC 为研究对象，将折杆 BC 分离出来，如图 3-24（b）所示。

2）在分离体上画出 BC 所受的主动力；因杆 BC 的自重不计，又无主动力作用，故无主动力画出。

3）在分离体 BC 上画出其约束反力；因杆 BC 两端为铰链约束，在无主动力作用时该杆为二力杆，根据二力平衡条件，可知 C、B 两铰链处的约束反力 R_B 和

R_C 必定大小相等，方向相反，作用线沿两铰链中心的连线，指向可先假定，画出受力图如图 3－24（b）所示。

（2）画杆 AD 的受力图。

1）以 AD 杆为研究对象，将 AD 从系统中分离出来。

2）在分离体上画出所受的主动力 P。

3）在分离体 AD 上分别画出其约束反力；铰 C 处的约束反力 R'_C 按与 R_C 是作用力与反作用的关系画出，固定铰 A 处的约束反力的用两个正交分力 R_{Ax} 和 R_{Ay} 表示，指向可作假定，画出受力图如图 3－24（c）所示。

学生还可以利用三力平衡汇交画出 AD 杆的受力图。

【例 3－4】 重量为 W 的圆管放置在图 3－25（a）所示的简易构架中，AB 杆的自重为 G，A 端用固定铰支座与墙面连接，B 端用绳水平系于墙面的 C 点上，若所有接触面都是光滑的，试分别画出圆管和 AB 杆的受力图。

解：（1）画圆管的受力图。

1）以圆管为研究对象，将圆管从系统中分离出来，如图 3－25（b）所示。

2）在圆管上画出所受的主动力 W。

3）在圆管上分别画出其约束反力 N_D、N_E，D、E 点的约束反力 N_D、N_E 力的作用线均沿其接触面的公法线，通过圆管横截面的中心，并指向圆管。圆管的受力图如图 3－25（b）所示。

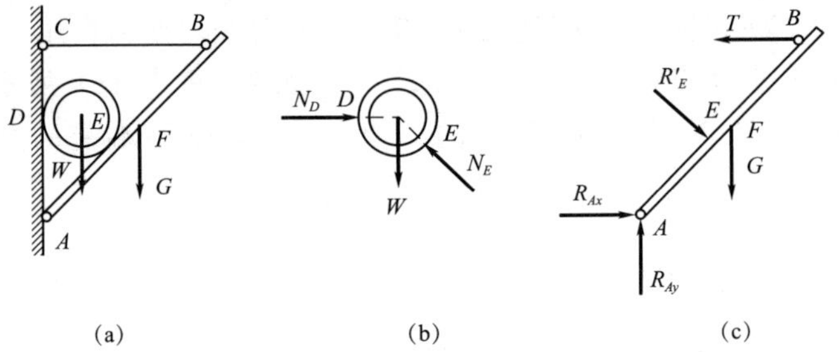

图 3－25

（2）画 AB 杆的受力图。

1）以杆 AB 为研究对象，将杆 AB 从系统中分离出来，如图 3－25（c）所示。

2）在 AB 上画出所受的主动力 G。

3）在 AB 上分别画出其约束反力。

E 点的约束反力 N'_E 与 N_E 为作用力与反作用力，以等值、反向画出；杆 AB 的 B 端为绳索约束，约束反力用 T 表示，其方向沿绳索中心线背离分离体；A 端固定铰支座的约束反力用两个正交分力 R_{Ax} 和 R_{Ay} 表示，指向可作假定。最后画出 AB 杆的受力图如图 3－25（c）所示。

【例 3－5】 图 3－26（a）为连轩活塞式压力机示意图。曲柄 OA 在 A 处受力 F_1 的作用，滑块 B 受阻力 F_2 的作用。若不计各构件的自重，并略去滑块与压缸间的摩擦。试画出连杆 AB 和滑块 B 的受力图。

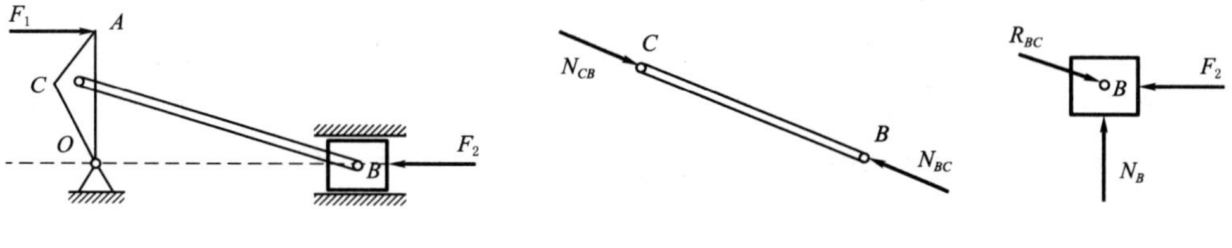

(a) (b) (c)

图 3 - 26

解：(1) 画连杆 AB 的受力图。

1) 以连杆 AB 为研究对象，将连杆 AB 从系统中分离出来，如图 3 - 26 (b) 所示。

2) 因连杆 AB 为二力构件，其约束反力 R_B、R_C 必沿 B、C 两铰链中心连线方向，指向连杆 AB，画出连杆 AB 的受力图，如图 3 - 26 (b) 所示。

(2) 画滑块 BD 的受力图。

1) 以滑块 BD 为研究对象，将滑块 BD 从系统中分离出来，如图 3 - 26 (c) 所示。

2) 在分离体 BD 上画出所受的主动力 F_2。

3) 在分离体 BD 上分别画出其约束反力，如图 3 - 26 (c) 所示。

四、画物体受力分析图的注意事项

在分析物体系统受力时应注意三点：

(1) 当研究对象为整体或为其中某几个物体的组合时，没有解除约束的位置，不必画出相应的约束反力，靠约束本身限制物体的运动。

(2) 分析两物体间相互作用力时，应遵循作用与反作用关系，作用力方向一经确定，则反作用力方向必与之相反，不可再假设指向。

(3) 同一个约束反力在局部和整体受力图上的表示要完全一致。

小　　结

1. 约束反力即约束作用于被约束物体上的力。因而约束反力的方向总是与约束所能阻碍的被约束物体的运动（或运动趋势）的方向相反。

2. 常用七种约束：柔性约束；光滑接触面约束；圆柱铰链约束；链杆约束；固定铰支座；可动铰支座；固定端支座。

在一般情况下，圆柱铰链和固定铰支座的约束反力的方向不能预先确定，可用两个相互垂直的分力表示。

3. 画物体受力分析图的基本步骤。

(1) 确定研究对象，并将研究对象从系统中取分离出来。

(2) 在研究对象上画出所受的主动力（荷载）。

(3) 分析研究对象周围的约束性质，解除约束画出相应的约束反力。

4. 画受力分析图时还应该注意以下问题。

（1）只画研究对象所受到的力，不画研究对象施加给其他物体的力。

（2）只画外力不画内力。

（3）画作用力与反作用力时，二力必须满足大小相等、作用在一条直线上、指向相反、作用在两个物体上。

（4）同一个约束反力同时出现在物体系统的整体受力分析图和拆开画的隔离体受力分析图时，它的指向必须一致。

（5）作用于结构或构件上的主动力即为荷载。

项目三专业知识技能素养训练

项目三参考答案

项目三课堂（读书）学习笔记（10 学时）

学号________ 姓名________ 时间：________ 年________月________日

课题学习内容（2 学时）____________________	
课堂 （读书）学习 笔记及学 习心得	
课题学习内容（2 学时）____________________	
课堂 （读书）学习 笔记及学 习心得	

课题学习内容（2 学时）________________	
课堂 （读书）学习 笔记及学 习心得	
课题学习内容（2 学时）________________	
课堂 （读书）学习 笔记及学 习心得	

课题学习内容（2 学时）______________________	
课堂（读书）学习笔记及学习心得	

项目四

平面汇交力系合成与平衡

<table>
<tr><td colspan="3">学习重点
• 平面汇交力系的合成和平衡条件及其应用
• 平面力偶系的简化等问题的分析</td></tr>
<tr><td>知识要求</td><td>能力要求</td><td>所占比重</td></tr>
<tr><td>力在坐标轴上的投影、合力投影定理、平面汇交力系的合力、汇交力系的解析条件</td><td>(1) 用力的多边形、解析法求解平面汇交力系的合力。
(2) 力在坐标轴上的投影。
(3) 掌握解析法求解平面汇交力系</td><td>25%</td></tr>
<tr><td>力矩的单位及其正负号、力偶及基本性质、平面力偶系的合力偶与平衡条件</td><td>(1) 理解力矩的定义。
(2) 力对点之矩的计算。
(3) 理解力偶及基本性质。
(4) 掌握平面力偶系的合力偶与平面力偶系平衡</td><td>60%</td></tr>
<tr><td>力的平移定理</td><td>掌握力的简化</td><td>15%</td></tr>
</table>

在日常生活中，左手提一较重的物体时，身体向左侧斜，人感到很吃力。要把物体分成两半，分别用两只手提，人感到较为轻松。这是为什么？

任务一 力 系

作用在物体上的一组力称为力系。在静力学中，为便于研究问题，通常按力系中各力作用线分布情况的不同分为平面力系和空间力系两大类。各力的作用线均在同一平面上的力系称为平面力系；作用线不全在同一平面上的力系称为空间力系。

在平面力系中，各力的作用线均汇交于一点的力系，称为平面汇交力系，如图 4－1 (a) 所示，用力 F 拉动碾子压平路面，当受到石块的阻碍而停止前进时，碾子受到拉力 F、重力 P、地面反力 N_B 以及石块的反力 N_A 的作用，以上各力的作用线都在铅垂平面内且汇交于碾子中心 C 点，这是平面汇交力系。

各力的作用线互相平行的力系称为平面平行力系，如图 4－1（b）所示汽车起重机，机车体重 G_1，吊臂重 G_2，起重机旋转和固定部分生 G_3，起重重量 G，车轮与地面接触约束反力 N_A 与 N_B，这几个力的作用线在同一平面内且互相平行，构成平面平行力系。

各力的作用线不全汇交于一点，也不全互相平行的力系称为平面一般力系，如图 4－1（c）中钢桁架桥平面计算简图，桥面受到车辆荷载传递的力 P_1、P_2、P_3，受到两端支座的约束反力 F_{Ax}、F_{Ay} 和 F_{Ey}，几个力在同一个平面内构成平面一般力系。

由各力构成多个力偶的力系，称为平面力偶系，如图 4－1（d）中多头钻床在水平工件上钻孔，每个钻头作用于工件上的切削力在由螺栓 A、B 固定的平面内构成三个力偶，分别为 M_1、M_2、M_3，这三个力偶在同一个平面内构成平面力偶系。

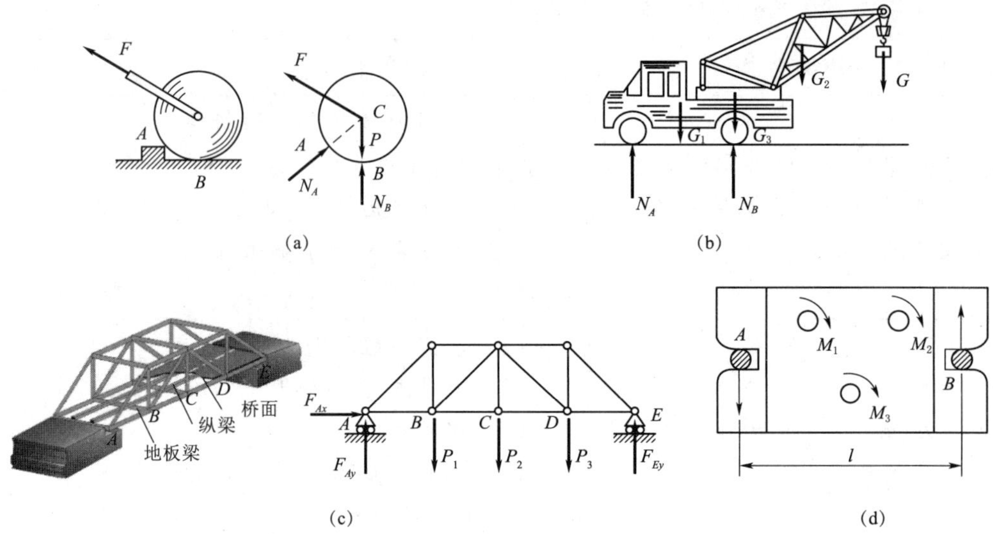

图 4－1

在空间力系中，对应的平面力系可分为空间汇交力系、空间平行力系、空间一般力系和空间力偶系。

在工程实际中，大多数力系都是空间力系，但由于空间力系中的各力处在空间的不同位置，给研究和分析计算带来许多不便，因此，为了便于计算，通常将空间力系简化为平面力系来分析计算，本教材主要介绍平面力系的合成与平衡一般问题，不再介绍空间力系的合成与平衡问题，对空间力系认识可参考相关资料自学。

任务二　力在直角坐标轴上的投影

将铅笔水平和与水平面成 30°倾斜放置，如图 4－2 所示，用铅垂向下的光线投射，则在桌面上的投影如何变化？

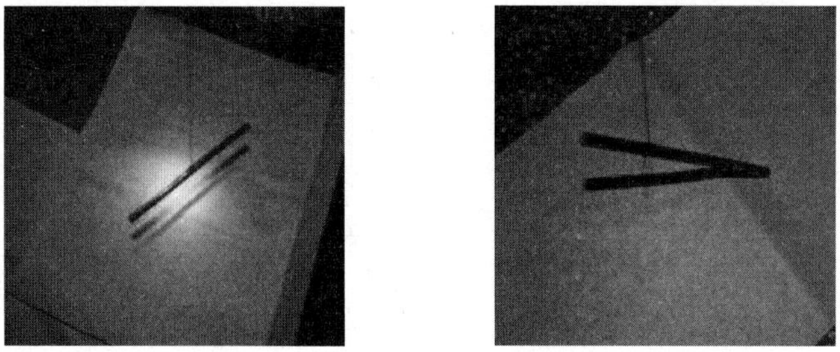

(a) (b)

图 4-2

一支正立放置的铅笔，用一手电筒的光线从不同角度照射，如图 4-3 所示，在桌面上得到的投影有何特点？为什么？

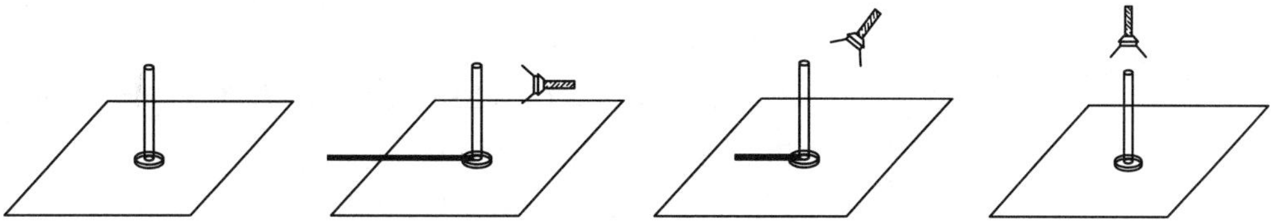

图 4-3

这都是日常生活中用到的投影。那工程中力的投影如何求解？

解析法是求解平面力系问题时常用到的方法，它是以力在坐标轴上的投影为基础的，为此，先介绍力在坐标轴上的投影。

一、力在直角坐标轴上的投影

设力 F 作用于物体的 A 点，如图 4-4 所示。在力 F 用线所在平面内取直角坐标系 xoy，从力 F 的起点 A 和终点 B 分别向 x 轴和 y 轴作垂线，得垂足 a、b 和 a'、b'，线段 ab 加上正负号，称为力 F 在 x 轴上的投影，用 F_x 表示。线段 $a'b'$ 加上正负号，称为力 F 在 y 轴上的投影，用 F_y 表示。规定：从力的起点投影（a 或 a'）到终点投影（b 或 b'）的方向与投影轴的正向一致时，力的投影取正值；反之，取负值。力在坐标轴上的投影是代数量。

已知力 F 的大小及其作用线与 x 轴所夹的锐角 α，则力 F 在坐标轴上的投影 F_x 和 F_y 可按下式计算：

$$\begin{cases} F_x = \pm F\cos\alpha \\ F_y = \pm F\sin\alpha \end{cases} \tag{4-1}$$

力投影特点如下：

(1) 力平移后在坐标轴上投影不变。

(2) 力垂直于某轴，力在该轴上投影为零。

(3) 力平行于某轴，力在该轴上投影的绝对值为力的大小。

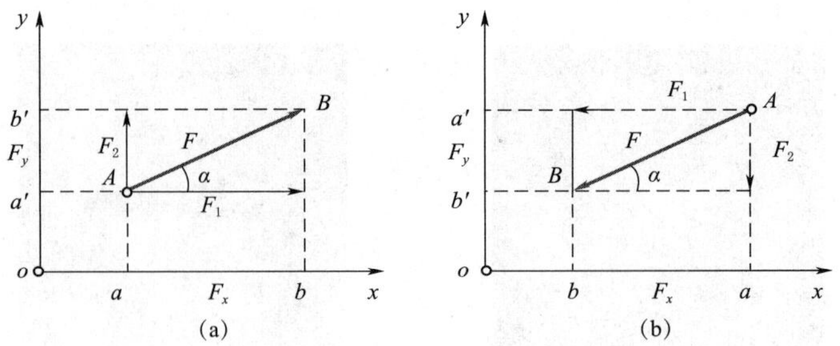

图 4-4

特别提示：力的投影与力的分解是不相同的，前者是标量，后者是矢量；投影无作用点，而分力必须作用在原力的作用点。在图 4-4 中，力 F 沿直角坐标轴分解为 F_x 和 F_y，两个分力，其大小分别等于该力在相应坐标轴上的投影 F_x 和 F_y 的绝对值，但其分力是矢量 $\overrightarrow{F_x}$ 和 $\overrightarrow{F_y}$。

【例 4-1】 试分别求出图 4-5 中各力在 x 轴和 y 轴上的投影。已知 $F_1=100\text{N}$，$F_2=150\text{N}$，$F_3=F_4=200\text{N}$，各力的方向如图 4-5 所示。

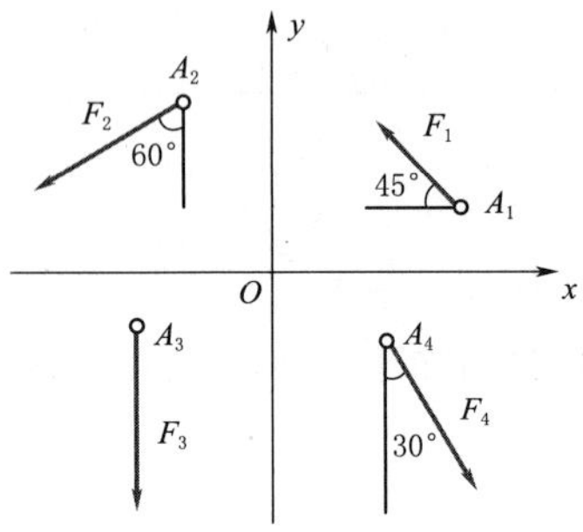

图 4-5

解：由式（4-1）可得出各力在 x 轴、y 轴上的投影为

$F_{1y}=F_1\sin45°=100\times0.707=70.7$（N）

$F_{1x}=-F_1\cos45°=-100\times0.707=-70.7$（N）

$F_{2x}=-F_2\cos30°=-150\times0.866=-129.9$（N）

$F_{2y}=-F_2\sin30°=-150\times0.5=-75$（N）

$F_{3y}=-F_3\sin90°=-200\times1=-200$（N）

$F_{3x}=F_3\cos90°=200\times0=0$

$F_{4y}=-F_4\sin60°=-200\times0.866=-173.2$（N）

$F_{4x}=F_4\cos60°=200\times0.5=100$（N）

（1）当力 F 的方向与 x 轴（或 y 轴）平行时，F 的投影 F_x（或 F_y）的值与 F 的大小相等；当力 F 的方向与 x 轴（或 y 轴）垂直时，F 的投影 F_x（或 F_y）的值为零。

（2）计算时需注意准确判断投影的正负号。

二、合力投影定理

合力投影定理建立了合力在轴上的投影与各分力在同一轴上投影之间的关系。这种关系是：力系的合力在任一轴上的投影，等于力系中的各分力在同一轴上的投影的代数和。这就是合力投影定理（推导过程略）。即：

$$\begin{cases}\sum X=R_x=F_{1x}+F_{2x}+\cdots+F_{nx}=\sum\limits_{i=1}^{n}F_{ix}\\ \sum Y=R_y=F_{1y}+F_{2y}+\cdots+F_{ny}=\sum\limits_{i=1}^{n}F_{iy}\end{cases}\tag{4-2}$$

【例 4-2】 分别求出图 4-6 中各力的合力在 x 轴和 y 轴上投影。已知 $F_1=20\text{kN}$，$F_2=40\text{kN}$，$F_3=50\text{kN}$，各力方向如图 4-6 所示。

解： 由式（4-2）可得出各力的合力在 x 轴、y 轴上的投影为

$$\sum X=F_1\cos 90°-F_2\cos 0°+F_3\times\frac{3}{\sqrt{3^2+4^2}}$$

$$=0-40+50\times\frac{3}{5}=-10(\text{kN})$$

$$\sum Y=F_1\sin 90°+F_2\sin 0°-F_3\times\frac{4}{\sqrt{3^2+4^2}}$$

$$=20+0-50\times\frac{4}{5}=-20(\text{kN})$$

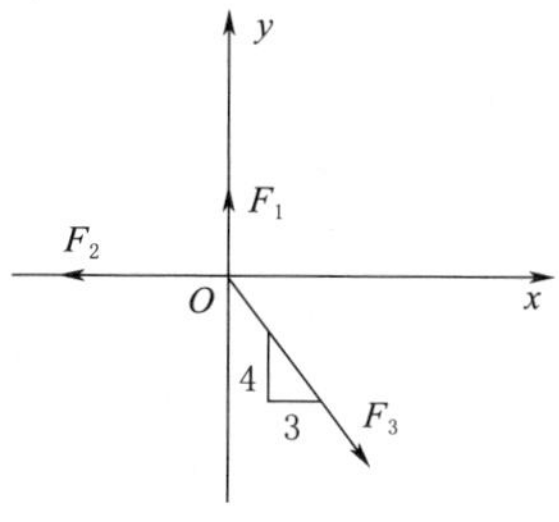

图 4-6

任务三 平面汇交力系合成与平衡

平面力系的研究与讨论，不仅在理论上，而且在工程实际中都有着重要的意义。首先，平面力系概括了平面内各种特殊力系，同时又是研究空间力系的基础。其次，平面力系是工程中最常见的一种力系，如实际工程中许多结构（或构件）和受力都具有同一对称面，此时作用力就可简化为作用在对称面内的平面力系。

各力的作用线都汇交于一点的平面力系称为平面汇交力系，如图 4-7（a）塔吊顶部结构、图 4-7（b）交通信号灯平面中 B、C 点，图 4-7（c）屋架中某一结点所受的力均构成一个平面汇交力系。

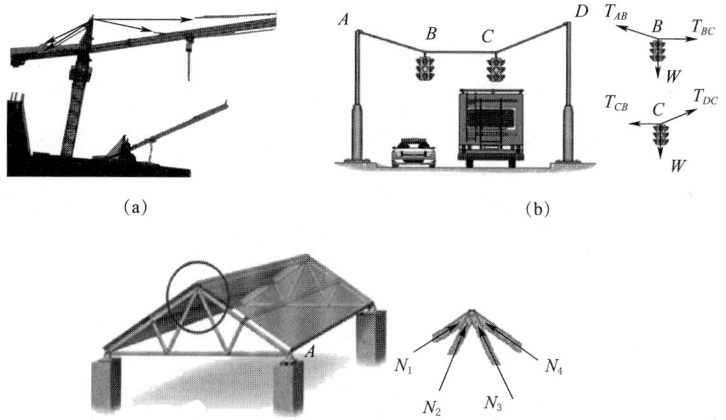

(a) (b) (c)

图 4-7

平面汇交力系的合成通常有几何法和解析法，本教材主要介绍平面汇交力系的合成的解析法。平面汇交力系合成的解析法，是应用力在直角坐标轴上的投影来计

算合力的大小，确定合力的方向。

作用于 o 点的平面汇交力系由 F_1、F_2、F_3、F_4 组成，如图 4－8（a）所示，以汇交点 o 为原点建立直角坐标系 xoy，按合力投影定理求合力在 x、y 轴上的投影如图 4－8（b）所示。

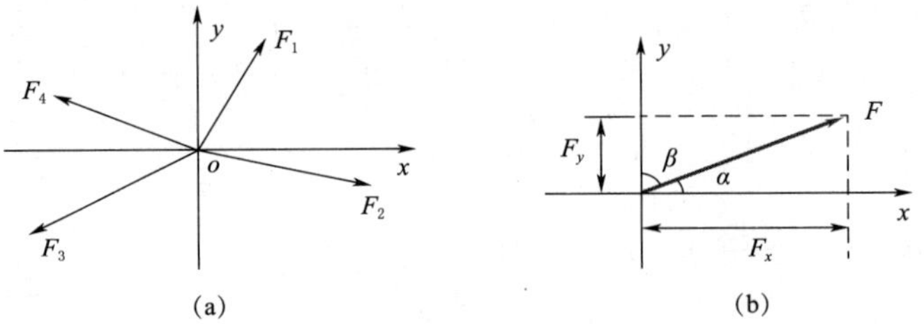

图 4－8

在平面汇交力系中建立直角坐标系，将力向两坐标轴分别投影得

$$\begin{cases}\sum X=F_x=F_{1x}+F_{2x}+\cdots+F_{nx}=\sum_{i=1}^{n}F_{ix}\\ \sum Y=F_y=F_{1y}+F_{2y}+\cdots+F_{ny}=\sum_{i=1}^{n}F_{iy}\end{cases}\tag{4-3}$$

则合力的大小和方向：

$$\begin{cases}R=\sqrt{F_x^2+F_y^2}=\sqrt{(\sum X)^2+(\sum Y)^2}\\ \tan\alpha=\left|\dfrac{F_y}{F_x}\right|=\left|\dfrac{\sum Y}{\sum X}\right|\end{cases}\tag{4-4}$$

式中，α 为合力 R 与 x 轴之间的锐角。合力 R 的指向可以由投影的正负号来确定。

【例 4－3】 如图 4－9（a）所示的平面汇交力系中，各力的大小分别为 $F_1=30\text{kN}$，$F_2=100\text{kN}$，$F_3=20\text{kN}$，各力的方向如图所示，o 点为平面汇交力系的汇交点。求该力系的合力。

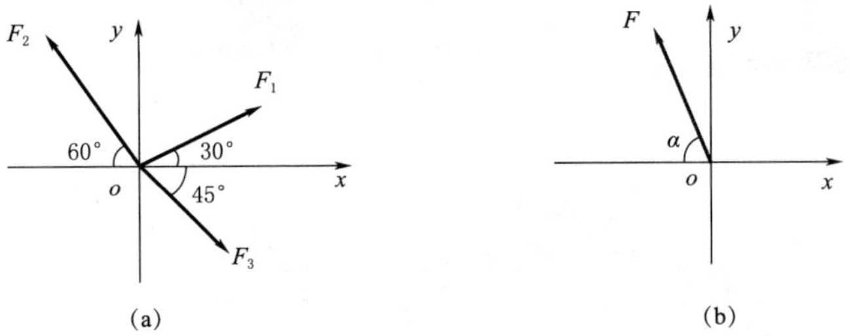

图 4－9

解： 取直角坐标系 xoy，各力矢在坐标系中的角度如图 4－9（a）所示。按式（4－3）有合力在各坐标轴上的投影分别为

$$R_x=\sum X=F_1\cos30°-F_2\cos60°+F_3\cos45°$$

$$=30\times\frac{\sqrt{3}}{2}-100\times\frac{1}{2}+20\times\frac{\sqrt{2}}{2}=-9.88(\text{N})$$

$$R_y = \sum Y = F_1 \sin 30° + F_2 \sin 60° - F_3 \sin 45°$$
$$= 30 \times \frac{1}{2} + 100 \times \frac{\sqrt{3}}{2} - 20 \times \frac{\sqrt{2}}{2} = 87.46(\text{N})$$
$$R = \sqrt{(\sum X)^2 + (\sum Y)^2} = \sqrt{(-9.88)^2 + (87.46)^2} = 88.02(\text{N})$$
$$\alpha = \arctan\left|\frac{87.46}{-9.88}\right| = 83.55°$$

由于 R_x 是负值，R_y 是正值，因此合力 R 方向在第二象限，如图 4－9（b）所示，R 作用在力系的汇交点 o 上。

案例点评如下：

（1）在求解合力 R 时，各分力的方向（正负号）必须注意，否则将出现合力计算错误。

（2）在求解合力方向时，需根据 $\sum X$ 和 $\sum Y$ 的正负号判断合力所在象限，其夹角大小由计算公式确定。

任务四　平面汇交力系的平衡条件及应用

平面汇交力系平衡的充分和必要条件是：该力系的合力等于零，即力系中各力的代数和为零：

$$R = 0$$

即

$$R = \sqrt{F_x^2 + F_y^2} = \sqrt{(\sum X)^2 + (\sum Y)^2} = 0$$

该式等价于

$$\begin{cases} \sum X = 0 \\ \sum Y = 0 \end{cases} \tag{4-5}$$

于是，平面汇交力系平衡的充分与必要条件：力系中各力在两个坐标轴上投影的代数和分别为零。式（4－5）称为平面汇交力系的平衡方程。平面汇交力系有两个独立的平衡方程，可以求解两个未知量。

在实际工程中应用平衡方程分析问题时，应恰当地选取投影轴，尽可能使一个方程中只包含一个未知量，避免解联立方程。另外，利用平衡方程求解平衡问题时，受力分析图中未知力的指向可以任意假设，若计算结果为正值，表示假设的指向就是实际的指向；若计算结果为负值，表示假设的指向与实际指向相反。

【例 4－4】 用绳 AC 和 BC 吊起一重物如图 4－10（a）所示，重物重 $F_G=10\text{kN}$，绳与水平面的夹角都等于 45°。试求绳的拉力 F_{T1}、F_{T2}。

解： 方法一：（1）取重物为研究对象，选坐标轴如图 4－10（b）所示。

（2）画受力图，重物重 F_G，绳子 AC 和 BC 的约束反力分别为 F_{T1}、F_{T2}。

（3）列平衡方程。

$$\sum X = 0$$

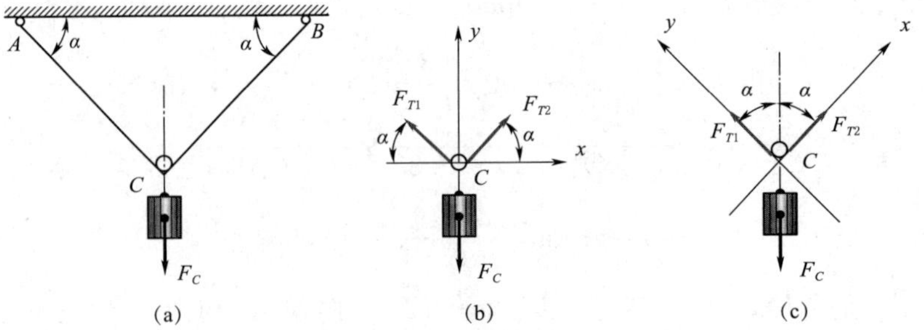

图 4-10

$$F_{T1}\cos45°-F_{T2}\cos45°=0$$

$$\sum Y=0$$

$$F_{T1}\sin45°+F_{T2}\sin45°-F_G=0$$

（4）联立方程求未知量。

$$F_{T1}=F_{T2}$$

$$2F_{T1}\sin45°-F_G=0$$

$$F_{T1}=F_{T2}=\frac{\sqrt{2}}{2}F_G=\frac{\sqrt{2}}{2}\times10=7.07(\text{kN})$$

方法二：由于 BC 和 AC 相互垂直，若取坐标轴 x 轴、y 轴分别通过 BC 和 AC，如图 4-10（c）所示，则解题时可以直接求出 F_{T1}、F_{T2}，比较简便。

$$\sum X=0 \qquad F_{T1}-F_G\cos45°=0$$

$$\sum Y=0 \qquad F_{T2}-F_G\sin45°=0$$

$$F_{T1}=F_G\cos45°=7.07(\text{kN})$$

$$F_{T2}=F_G\sin45°=7.07(\text{kN})$$

【例 4-5】 图 4-11 所示构架由 AB 和 AC 组成，A、B、C 三点为铰接，A 点悬挂自重为 F_G 的重物，若杆 AB 和 AC 自重忽略不计，试求杆 AB 和 AC 所受内力。

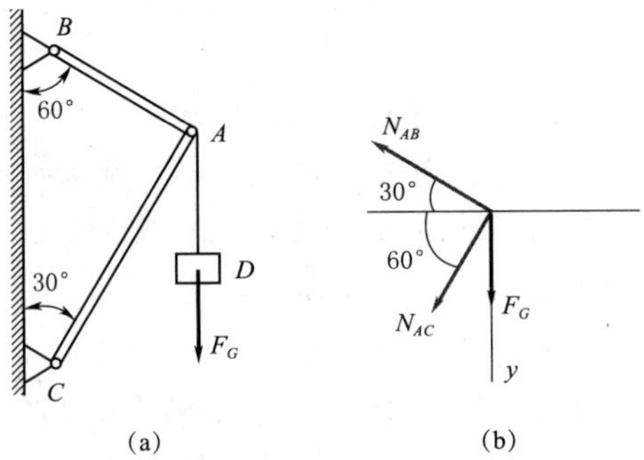

图 4-11

解：（1）取结点 A 为研究对象，选坐标轴如图 4-11（b）所示。

（2）画受力图，重物自重 F_G，杆件 AB 和 AC 约束反力分别为 N_{AB}、N_{AC}。

（3）列平衡方程。

由平衡方程得

$$\sum X=0$$

$$-N_{AC}\cos60°-N_{AB}\cos30°=0$$

$$\sum Y=0$$

$$-N_{AC}\sin60°+N_{AB}\sin30°-F_G=0$$

（4）解方程求未知量。

$$N_{AB}=\frac{F_G}{2}$$

$$N_{AC}=-\sqrt{3}N_{AB}=-\frac{\sqrt{3}}{2}F_G$$

（1）【例 4－5】中，在画受力图时，假设 AB 和 AC 杆都为拉杆，由平衡条件得到计算结果 AB 杆为正，说明杆件实际受力方向与假设方向相同，AB 杆是拉杆；而 AC 杆计算结果为负，说明杆件实际受力方向与假设方向相反，AC 杆为压杆。

（2）在建立坐标系时，也可取 AB 所在轴线为 x 轴，AC 所在轴线为 y 轴，计算结果是一样的。

任务五　力 矩 与 力 偶

一、力对点之矩

从实践中知道，力对物体的作用效果除了能使物体移动外，还能使物体转动，力矩就是度量力使物体转动效果的物理量。

力使物体产生转动效应与哪些因素有关呢？现以扳手拧螺帽为例，如图 4－12 所示。手加在扳手上的力 F，使扳手带动螺帽绕中心 O 转动。力 F 越大，转动越快；力的作用线离转动中心越远，转动也越快；如果力的作用线与力的作用点到转动中心 O 点的连线不垂直，则转动的效果就差；当力的作用线通过转动中心 O 时，无论力 F 多大也不能扳动螺帽，只有当力的作用线垂直于转动中心与力的作用点的连线时，转动效果最好。另外，当力的大小和作用线不变而指向相反时，将使物体向相反的方向转动。在建筑工地上使用撬杠抬起重物、使用滑轮组起吊重物等也是实际的例子。

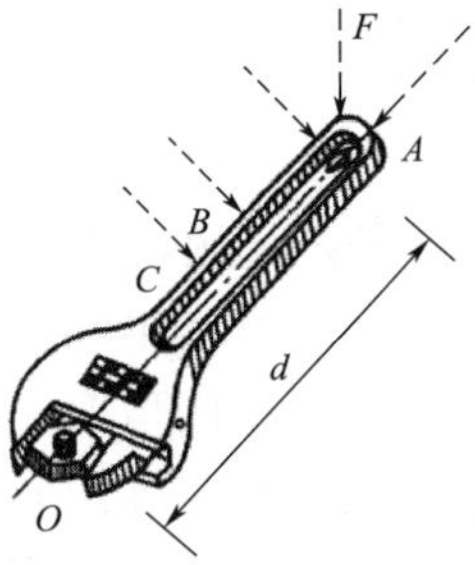

图 4－12

通过大量的实践总结出以下的规律：力使物体绕某点转动的效果，与力的大小成正比，与转动中心到力的作用线的垂直距离 d 也成正比。这个垂直距离称为力臂，转动中心称为力矩中心（简称矩心）。力的大小与力臂的乘积称为力 F 对点 O 之矩（简称力矩），记作 $M_O(F)$。计算公式可写为

$$M_O(F)=\pm F\cdot d \tag{4-6}$$

式中：O 为矩心；d 为力臂。

式中的正负号表示力矩的转向。在平面内规定：力使物体绕矩心作逆时针方向转动时，力矩为正；力使物体作顺时针方向转动时，力矩为负。力矩是个代数量，单位是 N·m 或 kN·m，其中 $1kN \cdot m = 10^3 N \cdot m = 10^6 N \cdot mm$。

由力矩的定义可以得到如下力矩的性质：

(1) 力 F 对点 O 的矩，不仅决定于力的大小，同时与矩心的位置有关，矩心的位置不同，力矩随之不同。

(2) 相互平衡的两个力对同一点的矩的代数和等于零。

(3) 力沿其作用线移动时，因为力的大小、方向和力臂均没有改变，所以力矩不变。

在计算力矩时，重要的是确定矩心与力臂。同一个力对不同的矩心有不同的力臂，因而会产生力矩的大小不同，转向可能相同也可能不相同。

视频：力矩

注意： 一般来说，同一个力对不同点产生的力矩是不同的，因此不指明矩心而求力矩是无任何意义的；在表示力矩时，必须标明矩心。也就是说力矩与矩心的位置有关。

详解力矩和力偶矩的正负

【例 4-6】 在工程实践中，大小相等的三个力，以不同的方向加在扳手的 A 端，如图 4-13 所示。若 $F=100N$，$d=200mm$，$\theta=30°$，其他尺寸如图 4-13 所示，试求三种情形下力对 O 点之矩。

“手机脖”

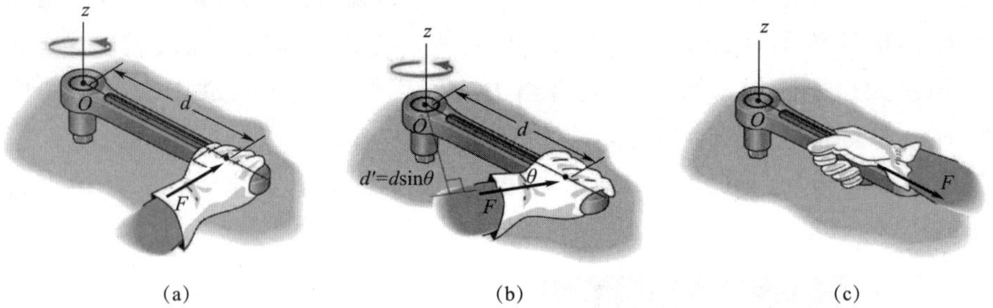

(a) (b) (c)

图 4-13

解： 三种情形下，虽然力的大小。作用点均相同，矩心也相同，但由于力的作用线方向不同，因此力臂 d 不同，所以力对点之矩也不同。

对于图 4-13 (a) 中的情况，力臂 $d=200mm$，故力对 O 点之矩为

$$M_O(F)=Fd=100\times200\times10^{-3}=20(N \cdot m)$$

对于图 4-13 (b) 中的情况，力臂 $d=200 \cdot \sin30°$，故力对 O 点之矩为

$$M_O(F)=Fd=100\times200\sin30°\times10^{-3}=10(N \cdot m)$$

对于图 4-13 (c) 中的情况，力臂 $d=0$，故力对 O 点之矩为 $M_O(F)=-Fd=0$

案例点评如下：由此可见，在三种情形中，以图 4-13 (c) 中的力对 O 点之矩数值最大，工作效应最高，这与实践经验是一致的。

【例 4-7】 图 4-14 所示的挡土墙受自重 $G=75kN$，铅垂土压力 $F_V=120kN$，水平土压力 $F_H=90kN$。试分别求这三个力对 A 点的矩，并校核该挡土墙的抗倾

稳定性。

解：(1) 计算各力对 A 点的矩

$$M_A(G)=-G\cdot 11=-75\times 11=-825(\text{kN}\cdot\text{m})$$

$$M_A(F_V)=-F_V\cdot(3-1)=-120\times 2=-240(\text{kN}\cdot\text{m})$$

$$M_A(F_H)=F_H\cdot 1.6=90\times 1.6=144(\text{kN}\cdot\text{m})$$

(2) 校核该挡土墙抗倾稳定性。挡土墙在自重和土压力作用下会不会倾倒主要看挡土墙会不会绕 A 点发生转动。考虑挡土墙倾倒的极限状态（即挡土墙脱离基面瞬间，地基反力为零的状态），则使挡土墙绕 A 点产生倾覆的力矩为

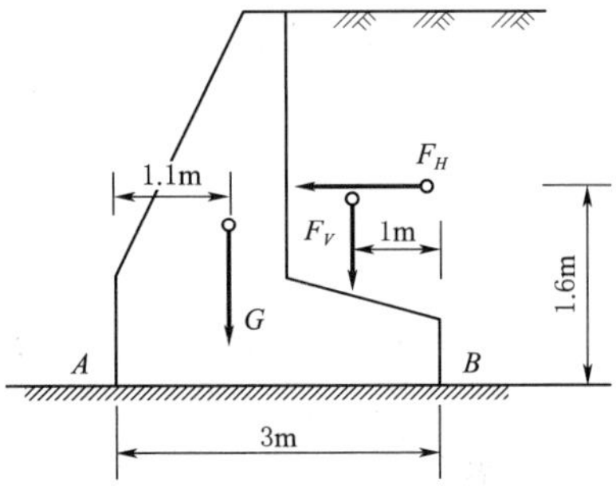

图 4-14

$$M_{倾覆}=M_A(F_H)=144(\text{kN}\cdot\text{m})$$

而挡土墙绕 A 点的抗倾覆力矩为

$$M_{抗倾}=M_A(G)+M_A(F_V)$$
$$=-82.5+(-240)=-322.5(\text{kN}\cdot\text{m})$$

显然，$|M_{抗倾}|>M_{倾覆}$，故该挡土墙满足抗倾稳定性要求。

二、合力矩定理

计算力矩时，最重要的是确定矩心和力臂，而力臂的计算有时比较麻烦，应用合力矩定理可以简化力矩的计算。

一个力系的合力产生的效应和力系中各个分力产生的总效应是一样的。因此，平面力系的合力对平面内任一点的矩等于它的所有分力对同一点的矩的代数和。这就是平面力系的“合力矩定理”，表达式如下：

$$M_O(R)=M_O(F_1)+M_O(F_2)+\cdots+M_O(F_n)=\sum_{i=1}^{n}M_O(F_i) \qquad (4-7)$$

因此，在求一个力对某点的矩时，若力臂不易计算，可将该力分解为两个相互垂直的分力，使两分力对某点的力臂容易计算，求出两分力对该点矩的代数和。

【例 4-8】 图 4-15 所示某齿轮受到与它相啮合的另一齿轮的作用力 $N=1000\text{N}$，齿轮节圆直径 $D=1.6\text{m}$，压力角（啮合力与齿轮节圆切线间的夹角）$\alpha=20°$，求啮合力 N 对轮心 O 之矩。

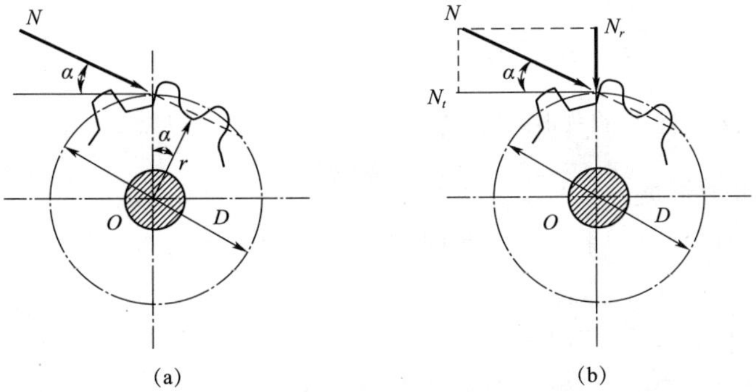

图 4-15

解：方法一：按力对点的矩定义式计算。

$$M_O(N)=-Nr_O=-N\frac{D}{2}\cos\alpha=-1000\times\frac{160\times10^{-3}}{2}\cos20°=-75.2(\mathrm{N\cdot m})$$

方法二：利用合力矩定理计算。

将合力 N 在齿轮啮合点处分解为圆周力 N_t 和 N_r，则 $N_t=N\cos\alpha$，$N_r=N\sin\alpha$

由合力矩定理得：

$$\begin{aligned}M_O(N)&=M_O(N_t)+M_O(N_r)\\&=-N_t\frac{D}{2}+0=-(N_n\cos\alpha)\frac{D}{2}\\&=-1000\times\frac{160\times10^{-3}}{2}\cos20°=-75.2(\mathrm{N\cdot m})\end{aligned}$$

［思考］如图 4－16（a）所示三角形分布荷载，合力的大小及作用线位置如何？

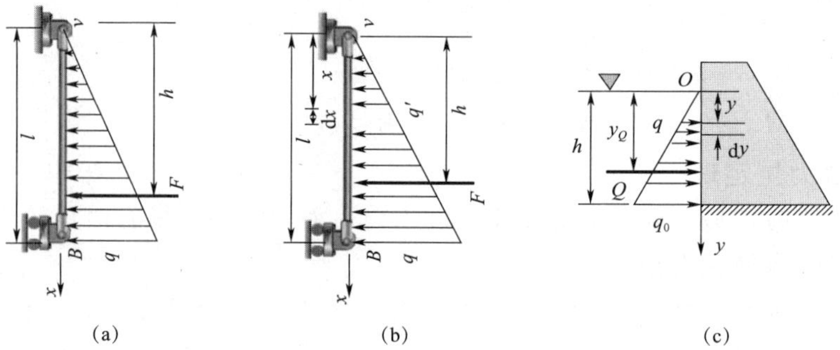

图 4－16

解：

$$q'=\frac{x}{l}\cdot q$$

$$F=\int_0^l\frac{x}{l}\cdot q\cdot \mathrm{d}x=\frac{1}{2}ql$$

$$F\cdot h=\int_0^l q'\cdot \mathrm{d}x\cdot x=\int_0^l\frac{x^2}{l}\cdot q\cdot \mathrm{d}x$$

$$\Rightarrow h=\frac{2}{3}l$$

如图 4－16（c）中水坝所受的静水压力最大荷载集度为 q（N/m），液面高为 h，线性分布荷载的合力的作用线位置 $y_Q=\frac{2}{3}h$。

三、力偶和力偶矩

如图 4－17(a) 所示，手开水龙头时，两个手指的用力有何特点？图 4－17(b) 中拧干衣服时，两个手对衣服的用力又有何特点？那么在工程中，有没有类似的使物体转动或阻止物体转动的情况？

在日常生活和工程中，经常会遇到物体受到大小相等、方向相反、作用线互相

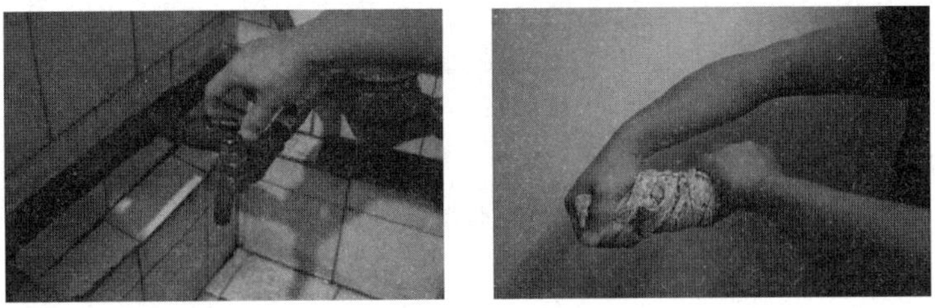
(a) (b)

图 4-17

平行的两个力作用的情况。图 4-18（a）中拧水龙头时，人手作用在开关上的两个力 F 和 F'；图 4-18（b）中，汽车司机用两只手操纵方向盘驾驶汽车前进；图 4-18（c）中如需将螺丝转入物体内，需在起子上作用两个大小相等的反向平行力（F，F'）。

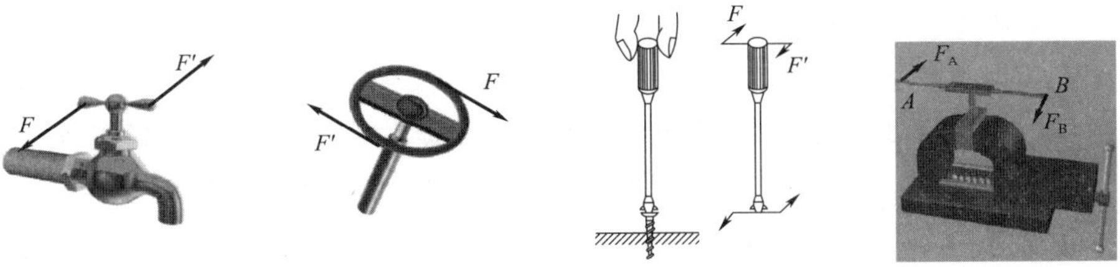

(a) (b) (c) (d)

图 4-18

（一）力偶

在力学中把这种作用在同一物体上的大小相等、方向相反、作用线平行而不共线的两个力所组成的力学基本元素称为力偶，用符号（F，F'）表示，如图 4-19 所示。力偶与力一样，也是力学中的一种基本物理量。力偶不能再简化成比力更简单的形式，所以力偶与力一样被看成是组成力系的基本元素。力偶所在的平面称为力偶作用面，力偶作用面不同，力偶对物体的作用效果也不相同。力偶的二力间的垂直距离称为力偶臂。

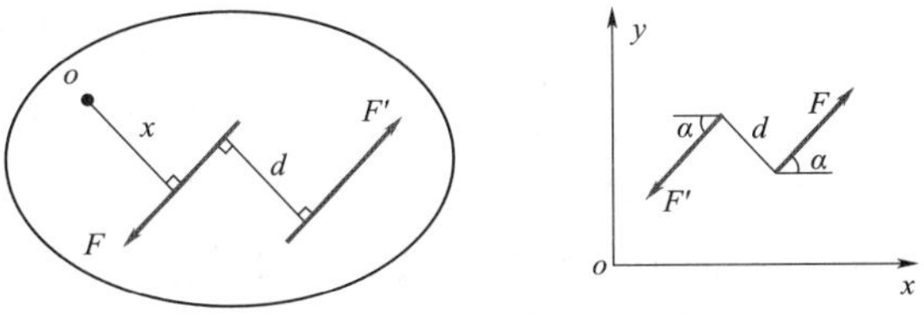

(a) (b)

图 4-19

（二）力偶矩

力偶中一个力大小和力偶臂的乘积并冠以适当正负号（以示转向）来度量力偶对物体的转动效应，称为力偶矩，用 m 表示。即

$$m = \pm Fd \tag{4-8}$$

使物体逆时针方向转动时，力偶矩为正，反之为负。力偶矩是代数量，它的单

位与力矩的单位相同，常用 N·m 或 kN·m，也采用符号 N·mm 表示。

度量力偶对物体转动效应的三要素是：力偶矩的大小、力偶的转向、力偶的作用面。不同的力偶只要它们的三要素相同，对物体的转动效应就是一样的。

（三）力偶的基本性质

性质 1：力偶没有合力，所以力偶不能用一个力来代替，也不能与一个力来平衡。

性质 2：力偶对其作用面内任一点之矩恒等于力偶矩，即与矩心位置无关。

性质 3：在同一平面内的两个力偶，如果它们的力偶矩大小相等，转向相同，则这两个力偶等效，称为力偶的等效条件。

从以上性质可以得到两个推论。

推论 1：力偶可在其作用面内任意转移，而不改变它对物体的转动效应，即力偶对物体的转动效应与它在作用面内的位置无关。

推论 2：在力偶矩大小不变的条件下，可以改变力偶中的力的大小和力偶臂的长短；而不改变它对物体的转动效应。

从上面两个推论可知，在研究与力偶有关的问题时，不必考虑力偶在平面内的作用位置，也不必考虑力偶中力和力偶臂的大小，只需考虑力偶的大小和转向。因此常用带箭头的弧线表示力偶，箭头方向表示力偶的转向，弧线旁的字母 m 或数值表示力偶矩的大小，力偶矩 $m=240\text{N}\cdot\text{cm}$ 可表示为图 4-20 所示多种情形。

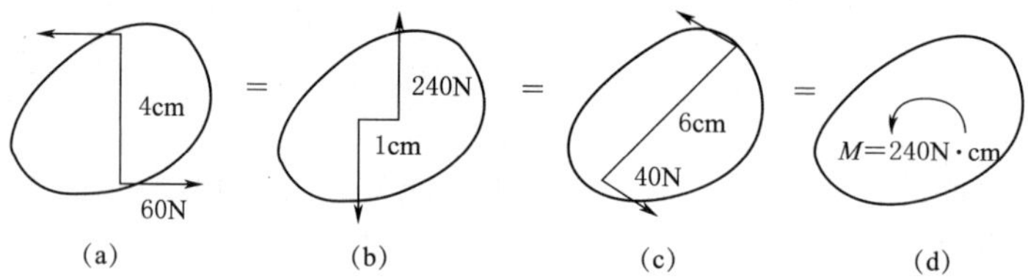

图 4-20

必须指出，力偶的移动或用等效力偶替代，对物体的运动效应没有影响，但影响对物体的变形效应。

四、平面力偶系的合成与平衡

（一）平面力偶系的合成

平面力偶系指物体的同一平面内若作用有 n 个力偶所组成的系统。

由于力偶无合力，所以一个力偶不能用一个力来代替。同理，平面力偶系对物体的总效应也不能用一个力来代替。这就说明平面力偶系合成结果不可能是一个力，必定还是一个力偶，这个力偶叫作平面力偶系的“合力偶”。

一个力偶对物体的转动效应是由力偶矩（包括大小、转向）来度量的，所以，平面力偶系的总效应也应由合力偶来度量。显然，合力偶等于同一个平面内的所有各分力偶矩的代数和，即

$$m=m_1+m_2+\cdots+m_n=\sum_{i=1}^{n}m_i \tag{4-9}$$

【例 4－9】 如图 4－21 所示，用多轴钻床在一工件上同时钻出四个直径相同的孔。每一钻头作用于工件的钻削力偶，其矩估值为 $m=16\text{N}\cdot\text{m}$。求作用于工件的总的钻削力偶矩。

解： 作用于工件上的四个力偶，各力偶矩的大小相等、转向相同且在同一平面内，根据式（4－9）可求出合力偶矩（总的钻削力偶矩）为

$$m=m_1+m_2+m_3+m_4=60\text{N}\cdot\text{m}$$

【例 4－10】 如图 4－22 所示，在物体的某平面内受到三个力偶的作用。设 $F_1=200\text{N}$，$F_2=600\text{N}$，$m=100\text{N}\cdot\text{m}$，求其合力偶。

解： 各分力偶矩为

$$m_1=F_1\cdot d_1=2000\times1=200(\text{N}\cdot\text{m})$$

$$m_2=F_2\cdot d_2=6000\times\frac{0.25}{\sin30^\circ}=300(\text{N}\cdot\text{m})$$

$$m_3=-m=-100(\text{N}\cdot\text{m})$$

由式（4－9）得合力偶矩为

$$m=m_1+m_2+m_3=200+300-100=400(\text{N}\cdot\text{m})$$

即合力偶的矩的大小等于 400N·m，转向为逆时针方向，与原力偶系共面。

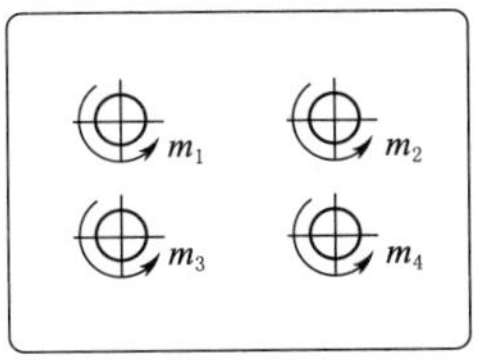

图 4－21

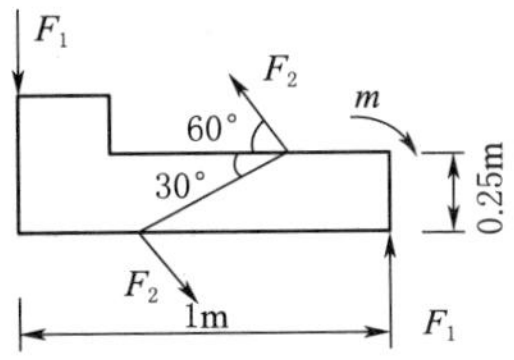

图 4－22

（二）平面力偶系的平衡

平面力偶系平衡的充分和必要条件是：合力偶矩等于零。

$$m=m_1+m_2+\cdots+m_n=\sum_{i=1}^{n}m_i=0 \tag{4-10}$$

式（4－10）说明：物体在平面力偶系作用下保持平衡时，各分力偶矩的代数和必定等于零。这是平面力偶系的平衡条件。

一个平面力偶系只有一个独立的平衡方程，只能求解一个未知数；力偶系平衡问题求解是力偶应由力偶来平衡，所以，约束反力应该是成对出现，并且是两个大小相等，方向相反的一对平行力。

【例 4－11】 如图 4－23（a）所示梁 AB 在梁上作用两个力，求梁的支座反力。

解： 按力偶只能由力偶平衡的性质得

（1）画受力图如图 4－23（b）所示

$$R_{Ay}=-R_{By}$$

（2）列解平衡方程

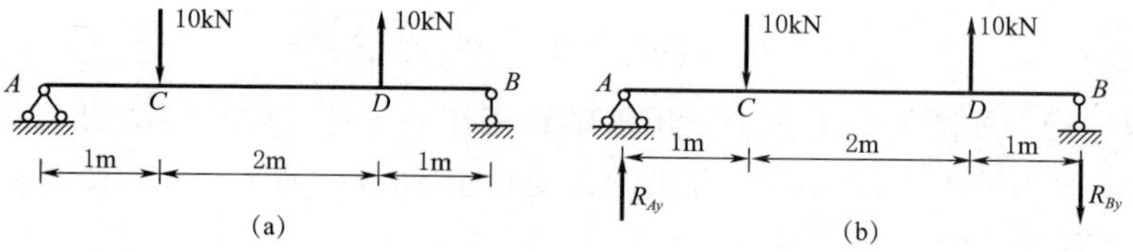

图 4-23

$$\sum_{i=1}^{n} m_i = 0$$

$$R_{Ay} \times 4 - 10 \times 2 = 0 \Rightarrow R_{Ay} = 5\text{kN} = -R_{By}$$

结果为正数，反力方向与假设方向相同。

五、力的平移定理

在作用效果等效的前提下，用最简单的力系来代替原力系对刚体的作用，称为力系的简化。为了便于研究任意力系对刚体的作用效应，常需进行力系的简化。

设在刚体上某点作用一个力 F，现要将它平行移动到刚体内任一点 O，如图 4-24（a）所示，而不改变 F 对刚体的效应。

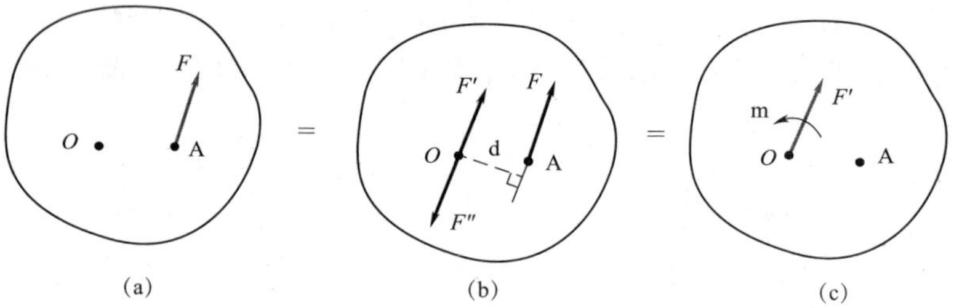

图 4-24

为此，可在 O 点加上一对平衡力 F' 和 F''，并使它们的作用线与力 F 的作用线平行，且 $F'=F''=F$，如图 4-24（b）所示。

根据加减平衡力系公理，三个力 F、F'、F'' 与原力 F 对刚体的效应相同。力 F、F'' 组成一个力偶 m，其力偶矩等于为

$$m = F \cdot d$$

这样，就把作用于 A 点的力 F 平行移动到了任一点 O，但同时必须附加一个相应的力偶，称为附加力偶，如图 4-24（c）所示。

由此得到力的平移定理：作用于刚体上的力可以平行移动到刚体内任一指定点，但必须同时附加一个力偶，此附加力偶的矩等于原力对指定点之矩。

根据力向一点平移的逆过程，总可以将同平面内的一个力 F 和力偶矩为 m 的力偶简化为一个力 F'，此力 F' 与原力 F 大小相等、方向相同、作用线间的距离为 $d=m/F$，至于 F' 在 F 的哪一侧，则视 F 的方向和 m 的转向而定。

力的平移定理不仅是力系向一点简化的理论依据，而且也是分析力对物体作用效应的一个重要方法。

图 4－25（a）所示工业厂房牛腿柱可简化为图 4－25（b）所示的力学模型。力 F 作用于牛腿上的，如果将 F 平移到柱子的轴线上，如图 4－25（c）所示，力 F' 沿柱轴线使柱产生压缩，力偶矩 m 将使柱弯曲，且 $m=F\cdot e$。

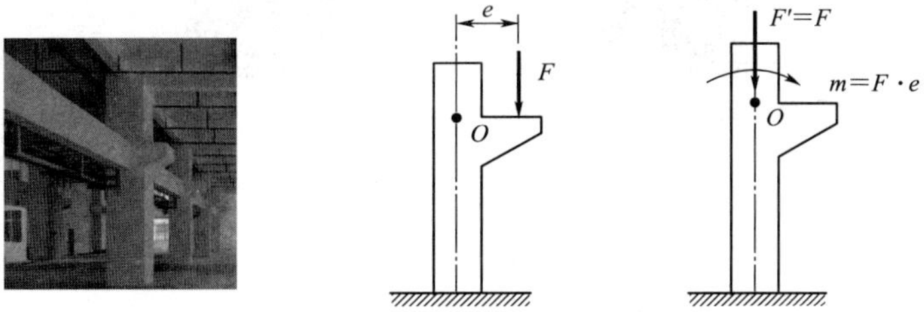

(a)　　(b)　　(c)

图 4－25

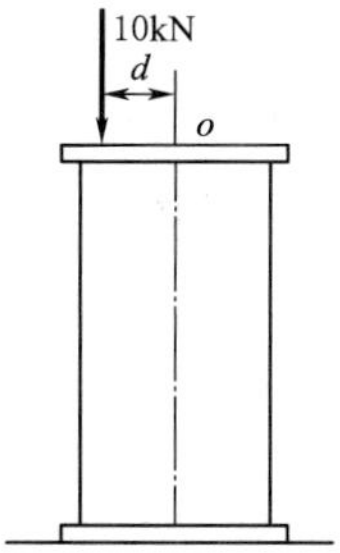

图 4－26

【例 4－12】 钢柱受到 20kN 的力作用，如图 4－26 所示。若将此力向钢柱中心线平移，得到一力和一力偶。已知力偶矩为 800N·m，求原力至中心线的距离 d。

解： 根据力的平移定理，力的大小方向不变。附加力偶矩 m 等于力对钢柱中心线的力矩。

$$m=m_o(F)=F\cdot d$$

$$d=\frac{m}{F}=\frac{800\times10^{-3}}{10}=8\times10^{-2}(\text{m})=8(\text{cm})$$

小　　结

本项目主要研究平面汇交力系、平面力偶系的合成、分解与平衡问题。

1. 平面汇交力系的合成结果是一个合力，这个力等于力系中所有各力的代数和。

2. 平面汇交力系的平衡条件是合力为零。

3. 力偶是力学中的一个基本量，它在直角坐标轴上的投影恒等于零；力偶对任意点之矩为一常量，等于力偶中力的大小与力偶臂的乘积；力偶不能与力平衡，只能与力偶平衡；力偶在作用面内任意移转；而且能同时改变力偶中力的大小和力偶臂的长短而不改变力偶的作用效应。

4. 平面力偶系的合成结果是一个合力偶，其大小等于力系中所有各力偶矩的代数和。

5. 平面力偶系的平衡：合力偶矩为零。

6. 合力对某点之矩等于各分力对同一点力矩的代数和。力矩的大小和其作用点位置相关，随着作用点位置的改变而改变。

7. 作用在刚体上的力可以平移到刚体上任意一个指定位置，但必须在该力和指定点所决定的平面内附加一个力偶，附加力偶的矩等于原力对指定点之矩。这个结论称为力的平移定理。力的平移定理是力系简化的基础。

项目四专业知识技能素养训练　　项目四参考答案

项目四课堂（读书）学习笔记（6 学时）

学号________ 姓名________ 时间：________ 年________月________日

<table>
<tr><td colspan="2">课题学习内容（2 学时）____________________</td></tr>
<tr><td>课堂
（读书）学习
笔记及学
习心得</td><td></td></tr>
<tr><td colspan="2">课题学习内容（2 学时）____________________</td></tr>
<tr><td>课堂
（读书）学习
笔记及学
习心得</td><td></td></tr>
</table>

续表

课题学习内容（2学时）____________________	
课堂（读书）学习笔记及学习心得	

项目五

平面一般力系合成与平衡

学习重点		
• 重点掌握平面一般力系向一点的简化过程 • 重点掌握平面一般力系的平衡方程及其灵活应用 • 了解平面一般力系平衡方程的其他形式		
知识目标	技能素养	比重
平面一般力系的概念、主矢、主矩的概念	掌握平面一般力系的主矢、主矩计算	15%
平面一般力系简化结果讨论，平面一般力系平衡基本方程应用	掌握单个物体的平衡问题进行分析，熟练运用平衡方程求解平衡问题	45%
物体系统平衡求解	掌握对物体系统的平衡问题分析，并利用平衡方程求解较复杂的平衡问题	40%

任务一 平面一般力系

平面一般力系是指各力的作用线同在一个平面内，作用线既不汇交于一点也不相互平行的力系，又称为平面任意力系，如图 5-1 所示平面简支刚架和桁架。项目四所介绍的平面汇交力系和平面力偶系是平面一般力系的特殊情况。实际工程中，其厚度远小于其他两个方向的尺寸，可以忽略其厚度而将它们看成平面结构。平面结构上承受荷载分析一般都可简化为平面一般力系，如图 5-2 所示的重力坝。分析和解决平面一般力系问题的方法具有普遍性，因此对平面一般力系的研究具有重要意义。

一、平面一般力系向一点的简化

如图 5-3（a）所示，设物体受平面一般力系作用，该力系由 F_1、F_2、F_3 三个力组成。由力的平移定理，将力系中各力 F_1、F_2、F_3 平移至 O 点，组成汇交

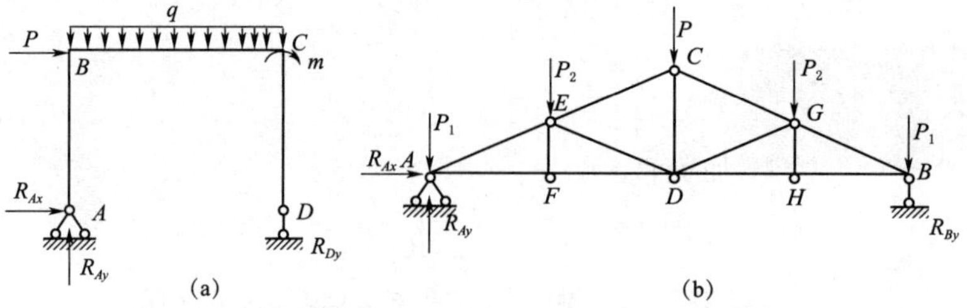

图 5 - 1

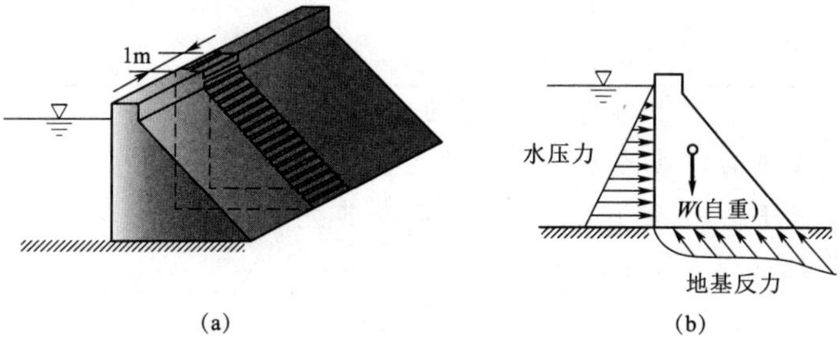

图 5 - 2

力系 F_1'、F_2'、F_3'，同时加上相应的附加力偶，附加力偶矩分别为

$$m_1=M_O(F_1),m_2=M_O(F_2),m_3=M_O(F_3)$$

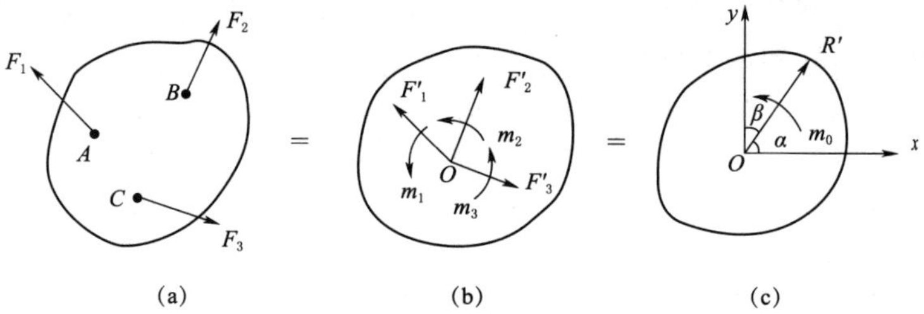

图 5 - 3

如图 5 - 3（b）所示，则原力系可以用作用在 O 点的汇交力系 F_1'、F_2'、F_3'和力偶系 m_1、m_2、m_3 代替，O 点称为简化中心。

对作用于 o 点的汇交力系，可合成为作用于简化中心 o 的一个力 R'，该力的矢量等于各汇交力的矢量和，如式（5 - 1）所示。

$$\overline{R'}=\overline{F_1'}+\overline{F_2'}+\cdots+\overline{F_n'}=\sum_{i=1}^{n}\overline{F'_i} \qquad (5-1)$$

R'称为平面一般力系的主矢。其中，$F_1=F_1',F_2=F_2',\cdots,F_n=F_n'$。$R'$的大小和方向可用解析法计算，通过 O 点作直角坐标系 xOy，由合力的投影定理得

$$R_x'=F_{1x}'+F_{2x}'+\cdots+F_{nx}'=F_{1x}+F_{2x}+\cdots+F_{nx}=\sum X$$

$$R_y'=F_{1y}'+F_{2y}'+\cdots+F_{ny}'=F_{1y}+F_{2y}+\cdots+F_{ny}=\sum Y$$

于是求得主矢 R'的大小和方向为

$$\begin{cases}R'=\sqrt{R_x'^2+R_y'^2}=\sqrt{(\sum X)^2+(\sum Y)^2}\\ \tan\alpha=\left|\dfrac{R_y'}{R_x'}\right|=\left|\dfrac{\sum Y}{\sum X}\right|\end{cases} \tag{5-2}$$

对作用于 O 点的附加力偶所组成的平面力偶系，可合成为一个合力偶，合力偶矩用 M 表示。M 称为平面一般力系相对于简化中心 O 点的主矩，其大小等于力系中各力对简化中心 O 点之矩的代数和，逆时针转向为正，如式（5－3）所示。

$$M=m_1+m_2+m_3=\sum_{i=1}^{n}m_O(F_i) \tag{5-3}$$

由此可见，平面一般力系向其作用面内任一点简化后，一般得到一个力和一个力偶矩，如图 5－3（c）所示。这个力（主矢）等于力系中各力的矢量和，这个力偶矩（主矩）等于力系中各力对简化中心 O 点力矩的代数和。选取不同的简化中心，主矢的大小和方向不改变，但主矩一般会改变。

二、平面一般力系简化结果讨论

平面一般力系向任意点简化，一般可得主矢 R'与主矩 M，根据主矢与主矩组合可能出现以下四种情况：

（1）$R'\neq 0$，$M\neq 0$，此时力系没有简化为最简单的形式，根据力平移定理的逆过程，可将它们进一步合成为一个合力，合力 $R=R'$，合力至简化中心的距离为 $d=\left|\dfrac{M}{R}\right|$，如图 5－4 所示。

合力 R 在 O 点的哪一侧，由 R 对 O 点的矩的转向与主矩 M 的转向相一致来确定。当 $M>0$ 时，顺着 R'的方向看，则合力 R 在主矢 R'的右侧；当 $M<0$ 时，则合力 R 在主矢 R'的左侧。

（2）$R'\neq 0$，$M=0$，此时主矢为原力系的合力，即原力系合力的作用线通过简化中心。

（3）$R'=0$，$M\neq 0$，此时主矩可单独代表原力系，原力系可合成为一合力偶，此时的简化结果与简化中心的位置无关。

（4）$R'=0$，$M=0$，物体在此力系作用下处于平衡状态，属平衡力系。

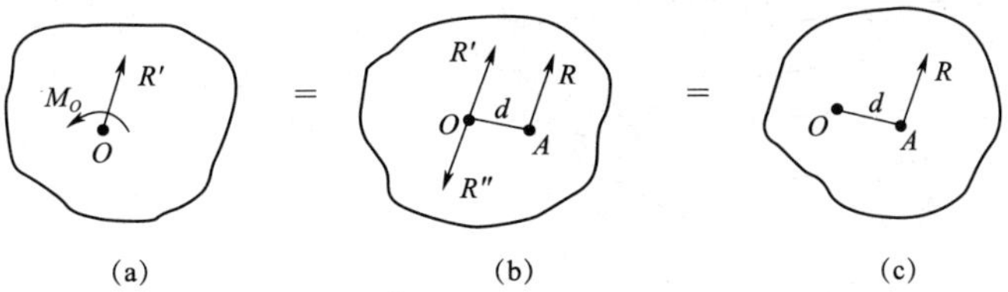

图 5－4

【例 5－1】 某厂房柱高 9m，柱上段 BC 重 $P_1=8$kN，下段 CO 重 $P_2=37$kN，柱顶水平力 $Q=6$kN，各力作用位置如图 5－5（a）所示，求以柱底中心 O 为简化中心的简化结果。

解：（1）选取直角坐标如图 5－5（b）所示，O 点为简化中心，计算主矢 R'

$$R'_x=\sum X=-Q=-6(\text{kN})$$

$$R'_y=\sum Y=-P_1-P_2=-8-37=-45(\text{kN})$$

$$R'=\sqrt{(\sum X)^2+(\sum Y)^2}=\sqrt{(-6)^2+(-45)^2}=45.4(\text{kN})$$

R'的指向由投影R'_x和R'_y的正负号来确定，如图 5－5（b）中虚线所示。

（2）计算主矩 M。

$$M=\sum m_o(F)=-P_1\times 0.1-Q\times 9$$

$$=-0.8-54=-54.8(\text{kN}\cdot\text{m})$$

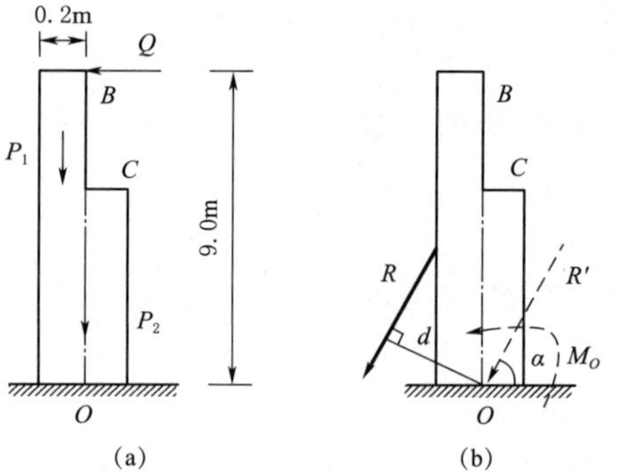

图 5－5

M 的转向由计算结果的正负号来确定，如图 5－5（b）中虚线所示。

（3）确定合力 R 的作用位置。

因 $R'\neq 0$，$M\neq 0$，可将它们进一步合成为一个合力，合力 $R=R'$，合力至简化中心 O 的距离

$$d=\left|\frac{M}{R}\right|=\frac{54.8}{45.4}=1.2(\text{m})$$

$$\tan\alpha=\left|\frac{\sum Y}{\sum X}\right|=\frac{45.4}{6}=7.57$$

$$\alpha=82°24'$$

合力 R 的作用位置如图 5－5（b）中实线所示。

【例 5－2】 （工程实例题）某楼层的板由矩形截面梁支承，梁支承在砖墙上，如图 5－6 所示。已知板及其面层的自重是 2.25kN/m^2，板上承受的活荷载按 2.5kN/m^2 计，矩形梁截面尺寸 $b\times h=200\text{mm}\times 400\text{mm}$，梁的材料密度为 25kN/m^3。试计算中间一个梁所受到的线荷载集度 q，并求其合力 R，画出该梁的计算简图。（提示：梁所受的荷载为梁的自重和板传递给梁的荷载之和。中间梁所受的板的荷载是 2.5kN/m^2 × 3m = 7.5kN/m，梁的自重是 2.5kN/m^3 × 0.2 × 0.4 = 0.2kN/m）

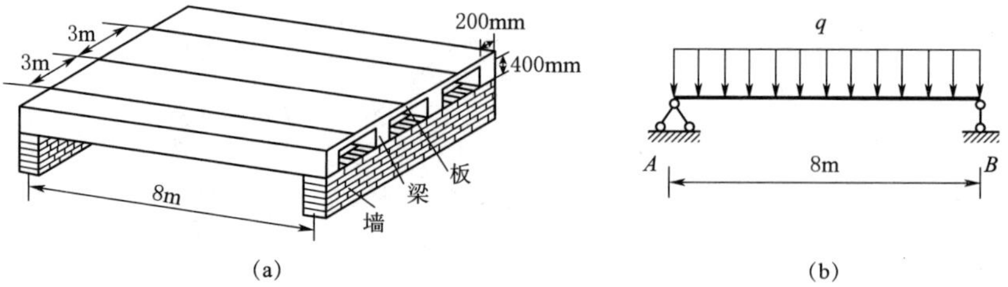

图 5－6

解： 题中要求计算中间梁所受的线性荷载，根据传力关系，梁上所受到的力是由板传递得到，假设楼板所承受的力均匀地传递给梁，由于是中间跨，所以该梁所承受的力为板传递的力＋梁自重，简图如图 5－6（b）所示。计算如下：

$$q=(2.25+2.5)\times 3+2.5\times 0.2\times 0.4=14.45(\text{kN/m})$$

$$R=14.45\times8=115.6(\text{kN})$$

任务二　平面一般力系的平衡

牛顿第一定律

一、平面一般力系平衡方程的基本形式

由上节讨论结果可知，当平面一般力系向平面内任一点简化后，若主矢和主矩都为零时，则说明原力系是平衡力系，即

$$\begin{cases}R=\sqrt{(\sum X)^2+(\sum Y)^2}=0\\M=\sum_{i=1}^{n}m_O(F_i)=0\end{cases}$$

由此得平面一般力系的平衡方程为

$$\begin{cases}\sum X=0\\\sum Y=0\\\sum m_O=0\end{cases}\tag{5-4}$$

式（5-4）又称平面一般力系的平衡方程的基本方程，方程组中第一、二两个方程为投影平衡方程，即各力在任选的两个坐标轴 x、y 上的投影代数和为零，说明平面一般力系在 x 和 y 方向上没有合力，物体不会上下和左右移动；第三个方程为力矩平衡方程，即平面一般力系中的各力对任意点的力矩代数和等于零，说明物体不会转动。既没有移动又没有转动的物体就是平衡体。

平面一般力系的平衡方程组可以用来求不多于三个未知量。

平衡方程式应用一方面可以用来判别平面一般力系是否平衡，另一方面可以用来对处于平衡状态的物体求解未知力。

二、平面一般力系平衡方程的其他形式*

平面一般力系平衡方程除式（5-4）基本形式外，还可用二力矩式［式（5-5）］和三力矩式［式（5-6）］来表示。

二力矩式为

$$\begin{cases}\sum X=0\text{ 或}\sum Y=0\\\sum m_A=0\\\sum m_B=0\end{cases}\tag{5-5}$$

其中 A、B 两点的连线不垂直于 x（y）轴。

三力矩式为

$$\begin{cases}\sum m_A=0\\\sum m_B=0\\\sum m_C=0\end{cases}\tag{5-6}$$

其中 A、B、C 三点不共线。

以上三组平衡方程式是等价的，实际计算时选用哪一组平衡方程式，需要根据物体（或分离体）的受力分析图具体情况而定，灵活应用可避免联立方程组求解，尽

可能达到用一个方程式直接求出一个未知力，简化计算。

三、平面平行力系的平衡方程

在平面力系平衡方程中有一种特殊情况，即力系中各力的作用线互平行时，该力系称为平面平行力系。如图5－7所示的一个平面平行力系，由式（5－4）就可导出平面平行力系的平衡方程为

$$\begin{cases}\sum Y=0\\ \sum m_O=0\end{cases} \tag{5-7}$$

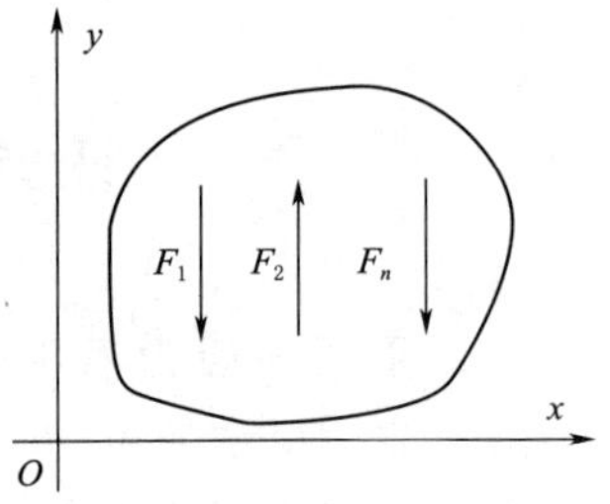

图5－7

平面平行力系平衡的必要和充分条件是：力系中所有各力在 y 轴上的投影代数和等于零；各力对作用面内任一点的力矩的代数和等于零。

式（5－7）称为平面平行力系的基本式。同理，由平面一般力系的平衡方程的二力矩式也可导出平面平行力系的平衡方程的另一种形式为

$$\begin{cases}\sum m_A=0\\ \sum m_B=0\end{cases} \tag{5-8}$$

其中 A、B 两点的连线不与各力的作用线平行。

平面平行力系只有两个独立的平衡方程，因此，只能求解两个未知量的平衡问题。

【例5－3】 图5－8（a）所示为支撑窗外凉台的水平梁承受均布荷载及集中荷载，试求插入端的反力及反力偶。

解： 由于水平梁的 A 端插入砖墙较深，因而梁在 A 端既不容许移动，又不容许转动，这样的支座在工程中常简化为“固定端支座”，它的支座反力一般有限制水平移动的水平反力 R_{Ax}，限制竖向移动的竖向反力 R_{Ay}，同时还有限制转动的反力偶 m_A，AB 受力分析图如图5－8（b）所示。

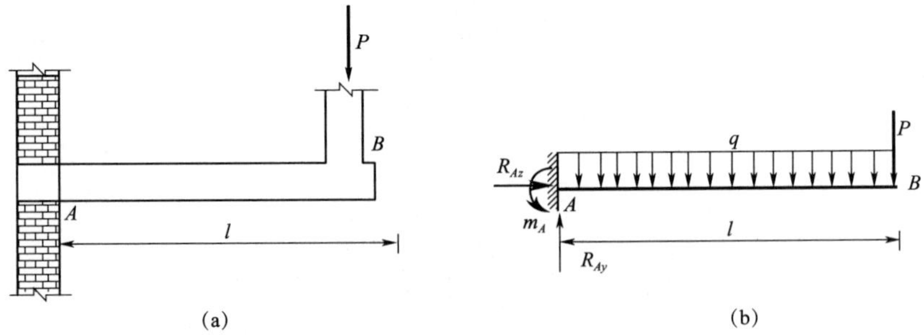

图5－8

根据平衡条件，列出平衡方程如下：

由 $\sum X=0, R_{Ax}=0$

$\sum Y=0\ , R_{Ay}-ql-P=0$

得 $R_{Ay}=ql+P$

由 $$\sum m_A(F)=0, Pl+\frac{1}{2}ql^2-m_A=0$$

得 $$m_A=Pl+\frac{1}{2}ql^2$$

【例 5-4】 如图 5-9（a）所示的塔式起重机，已知机身重 $G=250\text{kN}$，设其作用线通过塔架中心，最大起吊重量 $W=100\text{kN}$，起重悬臂长 12m，两轨间距 $b=4\text{m}$，平衡锤重 Q 至机身中心线的距离 $a=6\text{m}$。为使起重机在空载和满载时都不致倾倒，试确定平衡锤的重量。

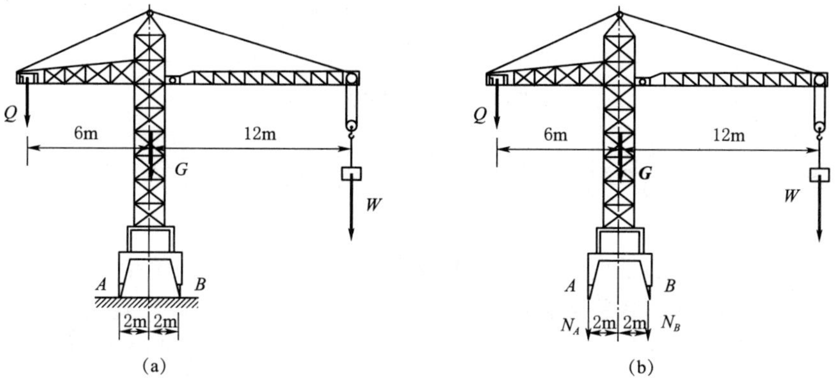

图 5-9

解： 取起重机为研究对象，其受力分析图如图 5-9（b）所示。为确保起重机不倾倒，则必须使作用在起重上的主动力 G、W、Q 和约束反力 N_A、N_B 所组成的平面平行力系在空载和满载时都满足平衡条件，因此平衡锤的重量应有一定的范围。

1. 满载时的平衡锤重量

当满载（$W=100\ \text{kN}$）时，若平衡锤重量太小，起重机可能绕 B 点向右倾倒。开始倾倒的瞬间，左轮与轨道脱离接触，这种情形称为临界状态。这时，$N_A=0$，满足临界状态时的平衡锤重量为所必需的最小平衡锤重量 $Q_{\min}$。

由 $\sum m_B=0$ $\quad Q_{\min}(6+2)+G\times2-W\times(12-2)=0$

求得 $Q_{\min}=\frac{1}{8}(W\times10-G\times2)=\frac{1}{8}\times(100\times10-250\times2)=62.5(\text{kN})$

2. 空载时的平衡锤重量

当空载（$W=0$）时，若平衡锤太重，起重机会绕 A 点向左倾倒，在临界状态下，$N_B=0$。满足临界状态时的平衡锤重量将是所允许的最大平衡锤重量 $Q_{\max}$。

由 $\sum m_A=0$ $\quad Q_{\max}(6-2)-G\times2=0$

求得 $$Q_{\max}=\frac{G\times2}{4}=\frac{250\times2}{4}=125(\text{kN})$$

综上所述，为保证起重机在空载和满载时都不致倾倒，则平衡锤的重量 Q 应满足下列不等式

$$62.5\text{kN} \leqslant Q \leqslant 125\text{kN}$$

平面一般力系平衡问题的求解步骤归纳如下：

(1) 选取适当的研究对象：选取同时有已知力和未知力作用的物体作为研究对象。

(2) 对选取的研究对象进行受力分析，以研究对象为分离体，画分离体的受力分析图。

(3) 根据需要灵活建立坐标轴（选取坐标轴时，坐标原点尽可能通过力的相交点，坐标轴平行或垂直作用力），列平衡方程。应尽可能避免求解联立方程组，选取合适的平衡方程形式尽可能做到一个平衡方程中只含一个未知量。

(4) 由平衡方程解出所有的未知力。

(5) 用非独立的平衡方程检验求解结果的正确性。

任务三 物体系统的平衡

在研究物体系统的平衡问题时，不仅要研究外界物体对整个系统所作用的外力，还要求出系统内部各物体之间相互作用的力，即内力。这样就需要将系统中某个物体或系统局部单独取出来作为研究对象，才能求出所要求的未知力。如图 5-10（a）所示的组合梁，由梁 AB 和梁 BC 通过铰 B 连接，并支承在 A、C 支座上而组成的一个物体系统。

当整个物体系统平衡时，则组成该物体系统的每一个物体也必处于平衡状态。若物体系统由 n 个物体组成，在平面问题中，对每一个物体可列出 3 个独立的平衡方程，整个物体系统中就有 $3n$ 个独立的平衡方程，可求解 $3n$ 个未知量。

在求解物体系统的平衡问题时，可将物体系统拆开，分析物体系统中局部的受力情况，对符合可解条件的物体优先求解，也可先取整个物体系统为研究对象，解出部分未知量后，再从物体系统中选取局部为研究对象逐个求解，直至求出所有未知量为止。

物体系统平衡问题的解题步骤与单个物体的平衡问题基本相同，一般步骤如下：

(1) 适当选取研究对象：物体系统的未知量超过 3 个时，必须拆开物体系统才能求出全部未知量。通常选择未知量最少且有已知力的部分或整体作为研究对象，未知数个数不大于 3 个。

(2) 画受力分析图：画出研究对象整体或局部受力分析图，两个研究对象间相互作用的力要符合作用力与反作用力关系。

(3) 根据选取的研究对象，建立平衡方程，求解未知力。

(4) 校核计算结果：将计算未知力结果代入计算过程中未用过的平衡方程，计算是否满足平衡条件。满足说明计算结果正确，否则应重新计算。

【例 5-5】 组合梁由梁 AB 和梁 BC 用铰 B 连接而成，支座与荷载情况如图 5-10（a）所示。已知 $F=20\text{kN}$，$q=5\text{kN/m}$，$\alpha=45°$。求支座 A、C 约束反力及

铰 B 处约束反力。

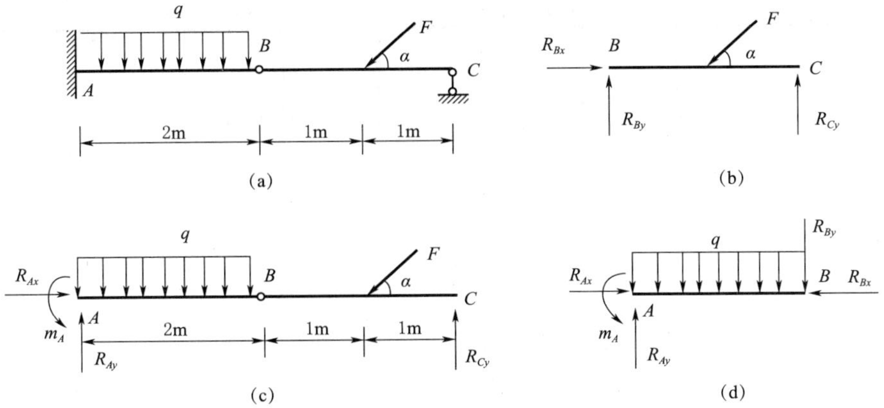

图 5-10

解：（1）先取梁 BC 为研究对象。画出受力图，如图 5-10（b）所示。

（2）列平衡方程，求支座 C 和铰 B 的约束反力。

由 $\sum X=0$　　$R_{Bx}-F\cos45°=0$

求得　　$R_{Bx}=F\cos45°=20\times0.707=14.14(\text{kN})(\rightarrow)$

又由 $\sum m_B=0$　　$R_{Cy}\times2-F\sin45°\times1=0$

求得　　$R_{Cy}=0.5\times F\sin45°=0.5\times20\times0.707=7.07(\text{kN})(\uparrow)$

再由 $\sum Y=0$　　$R_{By}+R_{Cy}-F\sin45°=0$

求得　　$R_{By}=F\sin45°-R_{Cy}=20\times0.707-7.07=7.07(\text{kN})(\uparrow)$

（3）再取梁 AB 为研究对象。画出受力分析图，如图 5-10（d）所示。

由 $\sum X=0$　　$R_{Ax}-R'_{Bx}=0$

求得　　$R_{Ax}=R'_{Bx}=R_{Bx}=14.14(\text{kN})(\rightarrow)$

又由 $\sum Y=0$　　$R_{Ay}-R'_{By}-2q=0$

求得　　$R_{Ay}=R'_{By}+2q=R_{By}+2q=7.07+2\times5=17.07(\text{kN})(\uparrow)$

再由　　$\sum m_A=0$　　$m_A-R'_{By}\times2-2q\times1=0$

求得　　$m_A=R'_{By}\times2+2q\times1=7.07\times2+2\times5\times1=24.14(\text{kN}\cdot\text{m})$

（4）校核：取整个组合梁为研究对象，画出受力分析图，如图 5-10（c）所示。看以上计算结果是否满足物体系统平衡？

$$\sum m_A=m_A+R_{Cy}\times4-F\sin45°\times3-2q\times1$$
$$=24.14+7.07\times4-20\times0.707\times3-2\times5\times1=0$$

可见计算结果正确。

【例 5-6】 钢筋混凝土三铰刚架受荷载如图 5-11（a）所示，已知 $q=12\text{kN/m}$，$F=24\text{kN}$，求支座 A、B 和铰 C 的约束反力。

解：（1）根据三铰刚架的平面几何特点，可先取整个三铰刚架为研究对象。画出受力分析图，如图 5-11（b）所示

由 $\sum m_A=0$　　$-q\times6\times3-F\times8+R_{By}\times12=0$

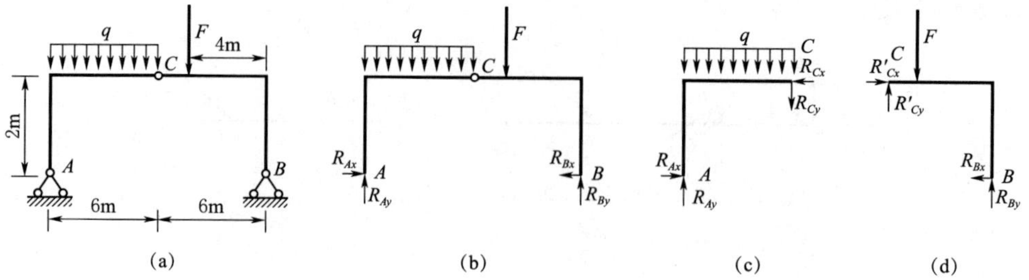

图 5-11

求得$R_{By}=\frac{1}{12}(q\times6\times3+F\times8)=\frac{1}{12}\times(12\times6\times3+24\times8)=34(\text{kN})(\uparrow)$

由$\sum m_B=0$　　　$q\times6\times9+F\times4-R_{Ay}\times12=0$

求得$R_{Ay}=\frac{1}{12}(q\times6\times6+F\times4)=\frac{1}{12}\times(12\times6\times6+24\times4)=62(\text{kN})(\uparrow)$

由$\sum X=0$　　　$R_{Ax}-R_{Bx}=0$

求得　　　$R_{Ax}=R_{Bx}$　　　(a)

(2) 取左半刚架为研究对象。画出受力分析图，如图 5-11 (c) 所示

由$\sum m_C=0$　　　$R_{Ax}\times6+q\times6\times3-R_{Ay}\times6=0$

求得$R_{Ax}=\frac{1}{6}(R_{Ay}\times6-q\times6\times3)=\frac{1}{6}\times(62\times6-12\times6\times3)=26(\text{kN})(\rightarrow)$

由$\sum Y=0$　　　$R_{Ay}+R_{Cy}-q\times6=0$

求得　　　$R_{Cy}=q\times6-Y_A=12\times6-62=10(\text{kN})(\uparrow)$

由$\sum X=0$　　　$R_{Ax}-R_{Cx}=0$

求得　　　$R_{Cx}=R_{Ax}=26(\text{kN})(\leftarrow)$

将 R_{Ax} 的值代入 (a) 式，于是求得

$$R_{Bx}=R_{Ax}=26(\text{kN})(\leftarrow)$$

(3) 校核：取右半刚架为研究对象，画出受力分析图及坐标如图 5-11 (d) 所示。

由
$$\sum X=R'_{Cx}-R_{Bx}=26-26=0$$
$$\sum m_C=-F\times2+R_{By}\times6-R_{Bx}\times6=-24\times2+34\times6-26\times6=0$$
$$\sum Y=R_{By}-R_{Cy}-F=34-10-24=0$$

可见计算正确。

*【例 5-7】 厂房构架为三铰拱架，如图 5-12 所示。桥式吊车沿着垂直于纸面方向的轨道行驶，吊车梁的重量 $W_1=20\text{kN}$，其重心在梁的中点。梁上的小车和起吊重物的重量 $W_2=60\text{kN}$。两个拱架的重量均为 $W_3=60\text{kN}$，二者的重心分别在 D、E 两点，正好与吊车梁的轨道在同一铅垂线上。风的合力为 10kN，方向水平。试求当小车位于离左边轨道的距离等于 2m 时，支座 A、B 两处的约束力。

解：以行车大梁为平衡对象，行车梁两端支座可看作是铰支座，左边支座为 G、右边支座为 H。只受竖向作用力，简化后受力如图 5-12 (b) 所示，可知：

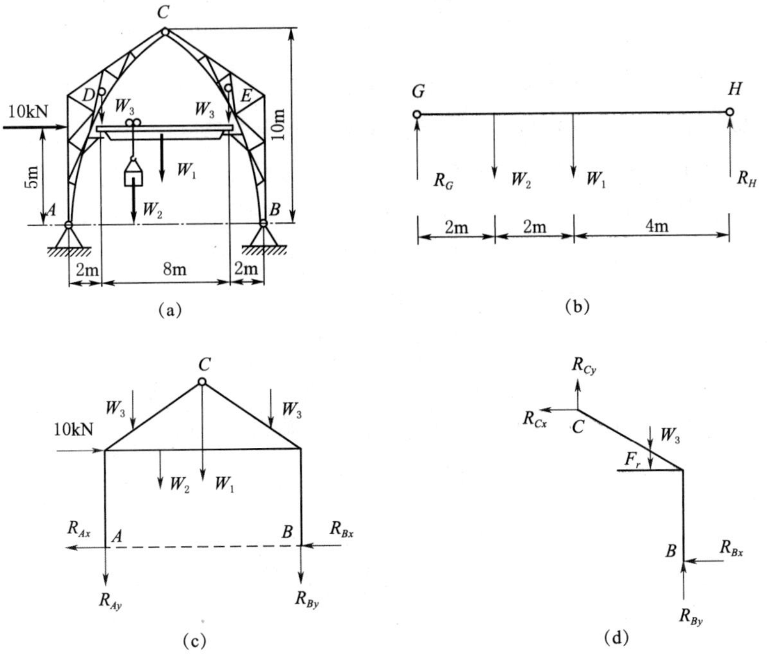

图 5－12

$$\sum M_L=0$$

$$R_H \cdot 8-2W_2-4W_1=0$$

$$R_H \cdot 8-2\times60-4\times20=0$$

$$R_H=25\text{kN}$$

以整体为平衡对象，如图 5－12（c）所示，可知：

$$\sum M_A=0$$

$$R_{By} \cdot 12-10\times5-2W_3-10W_3-4W_2-6W_1=0$$

$$R_{By} \cdot 12-50-120-600-240-120=0$$

$$R_{By}=94.2\text{kN}$$

$$\sum R_y=0, R_{Ay}=106\text{kN}$$

$$\sum R_x=0, R_{Ax}+R_{Bx}=10\text{kN}$$

以 *CEB* 为平衡对象，如图 5－12（c）所示，可知：

$$\sum M_C=0$$

$$-(W_3+R_H)\times4-R_{Bx}\times10+W_{By}\times6=0$$

$$R_{Bx}=22.5\text{kN}$$

代入式 $R_{Ax}+R_{Bx}=10\text{kN}$，可得

$$R_{Ax}=-12.5\text{kN}$$

小　结

本项目主要研究了平面一般力系的简化和平衡应用。重点解决物体系统的平衡问题，解决问题的四个步骤口诀为“研析系列”即研究对象，进行受力分析求出某些未知量，再在物体系统中取研究对象，列平衡方程求解。这也是我们生活学习未来的工作中解决问题的基本态度和方法。通过求真的态度研（究）、（分）析找到问题的关键所在，再尝试用系统归纳的方法找出普遍性的解决办法。

1. 平面一般力系向平面内任一点简化

（1）平面一般力系是工程中最常见的受力形式，受力分解为平面汇交力系和平面力偶系，是这两种力系的综合应用，学习时应注意三者的相互关系。

（2）简化的最后结果。平面一般力系的简化见表5－1。

表5－1　平面一般力系的简化

情　况	最　后　结　果
$R'\neq 0$，$M=0$	一个力，作用线通过简化中心，$R=R'$（平面汇交力系）
$R'\neq 0$，$M\neq 0$	一个力，作用线与简化中心相距 $d=\frac{\lvert M\rvert}{R}$，$R=R'$
$R'=0$，$M\neq 0$	一个力偶，与简化中心位置无关（平面力偶系）
$R'=0$，$M=0$	物体（系）平衡

（3）平面一般力系及平行力系的平衡方程见表5－2。

表5－2　平面一般力系及平行力系平衡方程

力系类别	平衡方程	限制条件	可求未知量数目
一般力系	基本形式 $\begin{cases}\sum X=0\\ \sum Y=0\\ \sum m_O=0\end{cases}$		3
	二力矩式 $\begin{cases}\sum X=0 \text{ 或 } \sum Y=0\\ \sum m_A=0\\ \sum m_B=0\end{cases}$	x（y）轴不垂直于 AB 连线	3
	三力矩式 $\begin{cases}\sum m_A=0\\ \sum m_B=0\\ \sum m_C=0\end{cases}$	A、B、C 三点不共线	3
平行力系	基本形式 $\begin{cases}\sum Y=0\\ \sum m_O=0\end{cases}$	y 轴平行于各力作用线	2
	二矩式 $\begin{cases}\sum m_A=0\\ \sum m_B=0\end{cases}$	A、B 的连线不平行于各力作用线	2

2. 平面一般力系平衡方程的求解过程

应用平面一般力系的平衡方程可以求解单个物体和物体系统的平衡问题。求解时要通过受力分析，恰当选取研究对象，画出其受力分析图。选取合适平衡方程形式，选择好矩心和投影轴，力求做到一个方程只含有一个未知量，以便简化计算。

项目五专业知识技能素养训练

项目五参考答案

项目五课堂（读书）学习笔记（10学时）

学号________ 姓名________ 时间：________ 年________月________日

课题学习内容（2学时）____________________	
课堂 （读书）学习 笔记及学 习心得	
课题学习内容（2学时）____________________	
课堂 （读书）学习 笔记及学 习心得	

课题学习内容（2 学时）________________	
课堂 （读书）学习 笔记及学 习心得	

项目六

等截面直杆强度与刚度计算

学习重点 • 构件内力、应力、变形计算 • 结合具体工程案例分析基本变形，进行强度与刚度计算		
知识目标	能力要求	所占比重
轴向拉伸与压缩变形、轴力及轴力图	掌握轴向拉压变形的受力和变形特点，能够进行轴向拉（压）杆件任一截面的内力的计算，画出内力图	10%
轴向拉（压）杆的应力、危险截面与危险点；轴向拉（压）杆变形、应变与胡克定律	（1）能够进行轴向拉（压）杆件任一截面正应力计算。 （2）能对轴向拉（压）杆件进行强度与刚度的计算与分析	20%
材料的力学性能，四个阶段、六个指标、三个重要极限	（1）能掌握塑性、脆性材料受力特性。 （2）能确定材料的强度、刚度、塑性指标	10%
轴向拉压杆的强度条件，强度条件的三个方面计算	（1）能掌握轴向拉（压）杆的强度条件。 （2）能利用强度条件对杆件进行三方面强度计算	15%
剪切变形的概念、连接构件的强度计算。 扭转变形的受力、变形特点。 切应力计算	（1）能理解剪切和挤压受力特点和变形特点，能计算连接件的强度条件。 （2）能进行扭转变形的简单计算	0%

续表

知识目标	能力要求	所占比重
弯曲变形的受力与变形特点。 单跨静定梁的基本形式、内力表达形式及内力图	能够用简便算法准确计算梁的内力，并画出梁的内力图	25%
平面弯曲、弯曲正应力、弯曲剪应力。 梁的强度与刚度计算及其应用	能够运用梁的强度条件解决工程问题	20%

任务一　轴向拉伸（压缩）的内力计算

一、轴向拉伸和压缩

轴向拉伸与压缩变形是工程上常见的受力构件，是一种最简单、最基本的变形形式。工程实际中发生轴向拉伸或压缩变形的构件很多，图 6－1（a）为工程中常见的工程桁架，图 6－1（b）为桥梁结构中的悬索，图 6－1（c）为中厂房的立柱，图 6－1（d）为活塞式抽水机的活塞杆，都属于这种变形的构件。虽然这些杆件的结构形式各不相同，加载方式也不同，但它们均可抽象为一等截面的直杆。

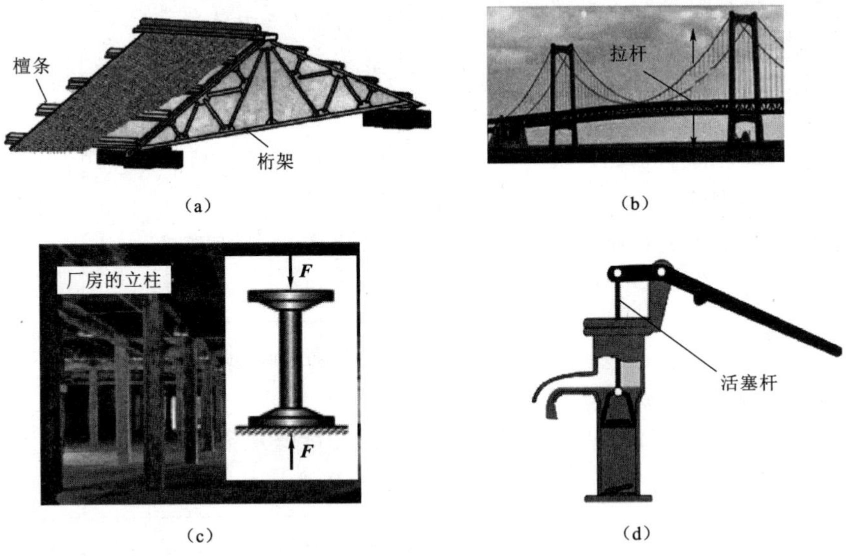

图 6－1

其受力特点是：作用于杆上的外力（或外力合力）的作用线与杆的轴线重合。当杆件两端受到沿杆件轴线背离杆件截面方向外力作用时，杆件产生沿轴线方向的伸长变形，这种变形称为轴向拉伸，杆件称为拉杆，如图 6－2（a）所示所受力为拉力。反之，当杆件两端受到沿杆件轴线指向杆件截面方向外力作用时，杆件产生沿轴线方向的缩短变形，这种变形称为轴向压缩，杆件称为压杆，所受力为压力，如图 6-2（b）所示。

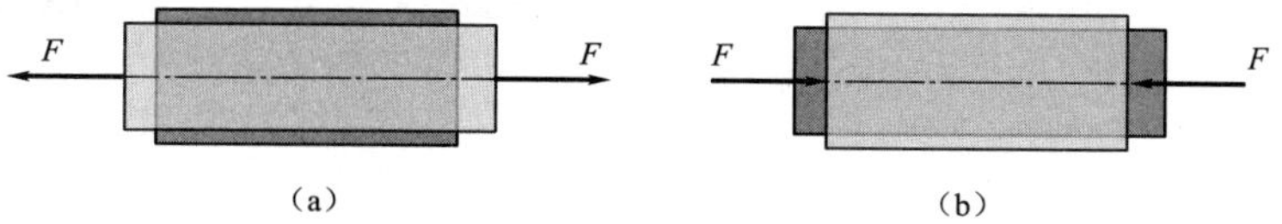

图 6-2

二、内力及计算方法

1. 内力的概念

在对结构进行内力分析时，要考虑力的变形效应，这时必须把结构作为变形固体来处理。其他物体作用在所研究杆件上的力统称为杆件的外力，外力包括荷载（主动力）以及荷载引起的约束反力（被动力）。广义地讲，对构件产生作用的外界因素除荷载以及荷载引起的约束反力外，还有温度改变、支座移动、制造误差等。

组成物体的质点与质点之间原来就存在着相互作用的结合力，当外力使物体发生变形，质点发生相对位移时，由于质点的距离改变，相互之间的结合力就有所改变，原有内力发生变化。这种由于外力作用而引起的受力构件内部质点之间相互作用力的改变量称为内力。工程力学所研究的内力是由外力引起的，内力随外力的变化而变化，外力增大，内力也增大，外力撤销后，内力也随之消失。

2. 截面法

要确定构件某一截面的内力，可以假想地将其沿需求内力的截面截开，求其横截面内力的方法称为“截面法”。截面法求解内力和求解一般平衡问题方法一样，步骤如下：

（1）截开：假想沿欲求内力的截面，将杆件截成 1、2 两部分分离体［图 6-3（a）］。

（2）代替：留下截面左或右侧为研究对象，将弃去部分对研究对象的作用以内力代替，如图 6-3（b）、（c）所示。

（3）平衡：根据平衡条件，确定内力的大小和方向。

三、轴向拉伸（压缩）时的内力计算及轴力图

1. 截面法求轴力

通过求解如图 6-4（a）所示拉杆 $m—m$ 横截面上的内力来阐明如何用截面法求解拉（压）杆的内力。假想沿 $m—m$ 截面将杆截开，在 $m—m$ 截面上由无数个点组成该截面，截开的左、右截面对应的各点有相互作用力，如图 6-4（b）、（c）所示。取 $m—m$ 截面的左段为研究对象，左段 $m—m$ 截面上的分布内力必能合成一合力，由于整个杆件是处于平衡状态的，所以左段也处于平衡，由平衡条件

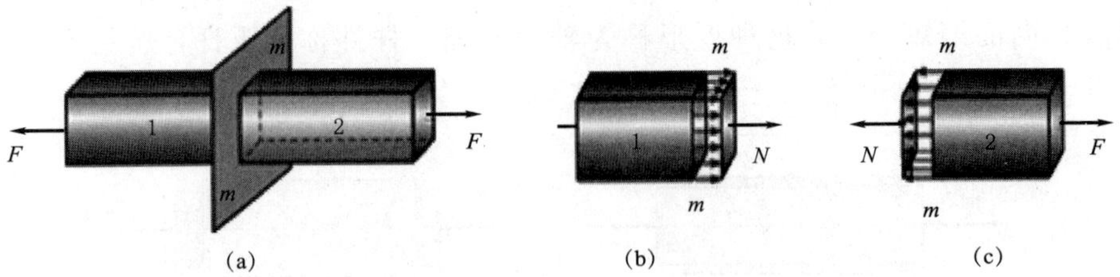

图 6 - 3

$\sum X=0$ 和二力平衡公理可知，左段 $m—m$ 截面上的合力是与杆轴线相重合的一个力，且 $N=P$，其指向背离截面。同样，若取右段为研究对象，如图 6 - 4（c）所示，可得出相同的结果。

对于压杆，也可通过上述方法求得其任一 $m—m$ 截面上的轴力 N，各截面 $N=P$，从而得到：直杆在轴向力作用下，在没有外力作用段内任意一截面的内力相等，如图 6 - 5 所示。

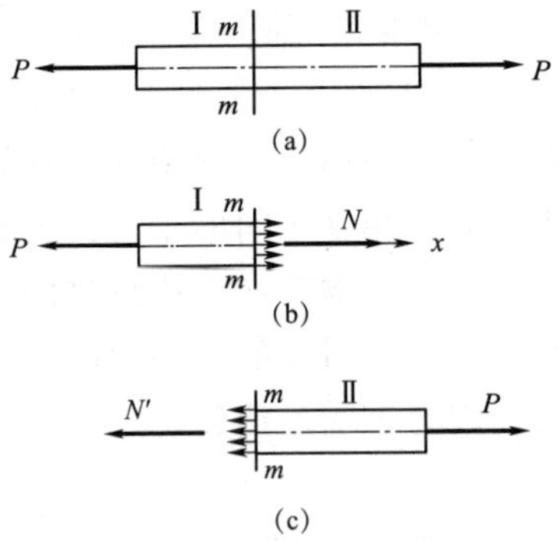

图 6 - 4

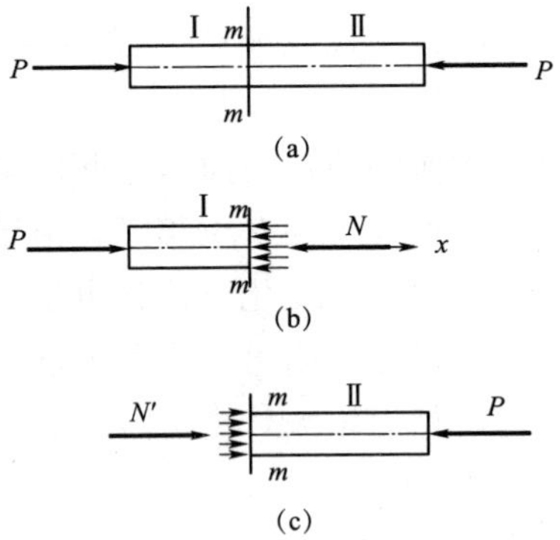

图 6 - 5

把作用线与杆轴线相重合的分布内力的合力（也是内力）称为轴力，用符号 N 表示。这里，对轴向拉（压）杆来说，其内力就是轴力，常用 N 表示。方向背离截面的轴力称为拉力，方向指向截面的轴力称为压力。通常轴力方向规定：拉力为正，压力为负。轴力的实际方向由计算结果确定；不论截面上轴力的实际指向如何，在进行物体受力分析时，轴力一般以正值假定，这一点十分重要。若解出的结果是负值，则表明实际指向与所假设指向相反，即横截面的轴力实际是压力。轴力的单位为牛（N）或千牛（kN）。

【例 6 - 1】 如图 6 - 6（a）所示为一等截面直杆，其受力情况如图所示。试求该杆指定截面的轴力。

解：（1）首先求支座反力 R_{Ax}。以 AD 杆为分离体，如图 6 - 6（b）所示，由平衡方程得：

$$-R_{Ax}+P_1-P_2+P_3=0$$

$$R_{Ax}=10\text{kN}$$

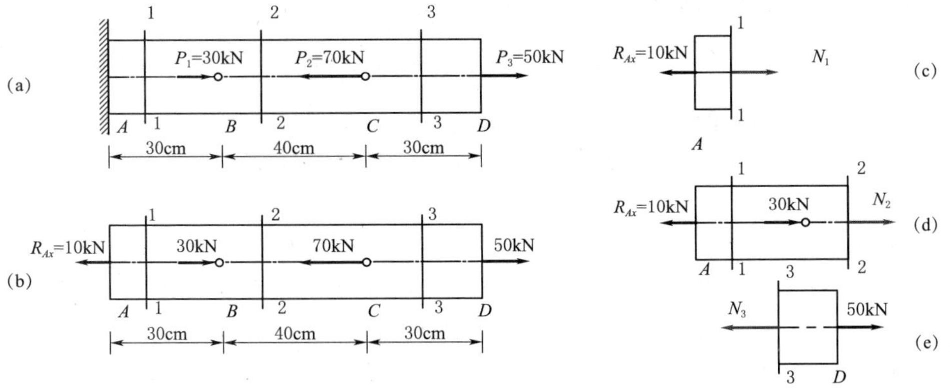

图 6-6

（2）求截面 1—1 的内力。假想用截面 1—1 将杆截开为两部分，以左侧部分为分离体，如图 6-6（c）所示。受力图上只有 A 端反力 R_{Ax}，以及截面 1—1 上的轴力 N_1。由平衡方程得

$$N_1 = R_{Ax} = 10\text{kN}(\text{正值表明 } N_1 \text{ 是拉力})$$

（3）求截面 2—2 和截面 3—3 的内力。取截面左侧为分离体，受力图如图 6-6（d）所示。由平衡方程得

$$N_2 = R_{Ax} - P_1 = -20\text{kN}(\text{负值表明 } N_2 \text{ 是压力})$$

同理得截面 3—3 的内力为：$N_3 = P_3 = 50\text{kN}$

说明：

（1）【例 6-1】中在求解轴力时可不求固定端的约束反力，直接取各截面的自由端部分为研究对象，求出各截面的轴力。切记“有约束，一般就有约束反力；解除约束，必代以约束反力”这一法则，绝不能认为杆在固定端 A 处不受力。

（2）从求轴力的平衡方程可归纳出计算轴力的一般规则：拉（压）杆各横截面上的轴力在数值上等于该截面一侧（研究段）外力的代数和。外力背离该截面时取为正，指向该截面时取为负。即

$$N = \sum_{i=1}^{n} F_i \tag{6-1}$$

求得的轴力为正时，表示轴力离开截面，此段杆件受拉；轴力为负时，表示轴力指向截面，此段杆件受压。在实际计算时，一般选取外力较少的一边求代数和，计算比较简单。

【例 6-2】 石砌桥墩的墩身高 $h=10\text{m}$，其横截面尺寸如图 6-7 所示。如果荷载 $F=1000\text{kN}$，材料的容重 $\gamma=23\text{kN/m}$，求墩身底部横截面上的压力。

解： 建筑构件自重比较大时，在计算中应考虑其对应力的影响。

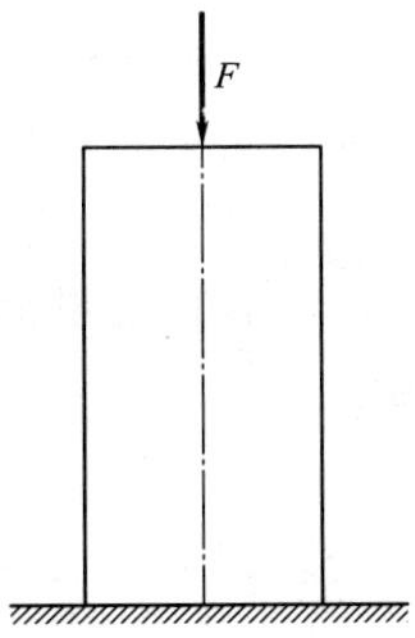

图 6-7

桥墩的墩身横截面面积：

$$A=3\times2+\frac{p\times2^2}{4}=9.14(m^2)$$

则墩身底部横截面上的压力：

$$N=-(F+gAh)=-(1000+10\times23\times9.14)$$
$$=-3102.2(kN)$$

2. 轴力图

当杆件受到多个轴向外力作用时，在杆件不同部分的横截面上有不同的轴力。为了表达各横截面上的轴力随截面位置而变化的情况，可按选定的比例尺，用平行于杆轴线的坐标轴线表示横截面的位置，这条坐标轴通常称为基线，用垂直于杆轴线的坐标表示横截面上轴力的数值，从而画出表示各横截面上轴力的大小与截面所在位置关系的图形，这个图形称为轴力图。

有了轴力图，就可以很方便地从图上确定最大轴力及其所在横截面的位置，作为结构设计的依据。习惯上将正值的轴力画在基线的上侧，负值的轴力画在基线的下侧，并标以正负号。

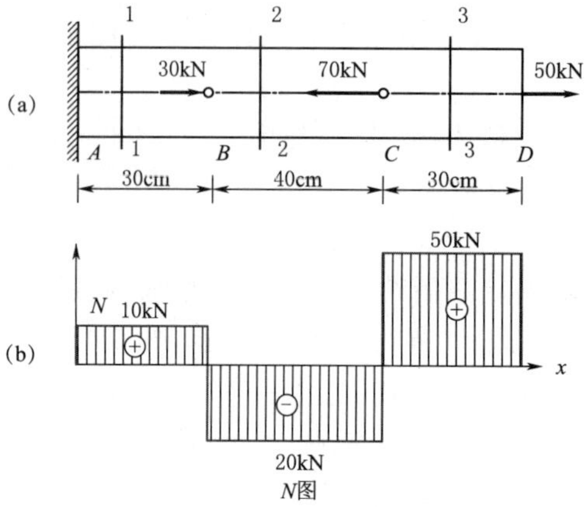

图 6-8

【例 6-3】 画出【例 6-1】中等截面直杆的轴力图。

解：（1）在杆件的 AB、BC、CD 三段内，轴力值分别为常数。各段横截面上的轴力已在【例 6-1】中算出，分别为

$N_1=10kN$　$N_2=-20kN$　$N_3=50kN$

（2）按轴力图的作图规定，作出杆的轴力图，如图 6-8（b）所示。最大轴力 N_{max} 在 CD 段内，即 $N_{max}=50kN$。

【例 6-4】 试画如图 6-9（a）所示钢筋混凝土厂房中柱（不计柱自重）的轴力图。

解：（1）计算柱各段的轴力。因该柱各部分尺寸和荷载都对称，可将两端 30kN 的外力向中心线化简可知合力作用线通过柱轴线，故可看成是受三个力作用的轴向受压构件。此柱可分为 AB、BC 两段。

AB 段：用1—1截面在 AB 段将柱截开，取上段为研究对象，受力图如图 6-9（b）所示，则

$$N_1=-40kN$$

BC 段：同样用截面法取上段为研究对象，受力如图 6-9（c）所示，则

$$N_2=-40-30-30=-100(kN)$$

（2）作轴力图。以平行柱轴线的 x 轴为截面位置坐标轴，N 轴垂直于 x 轴，

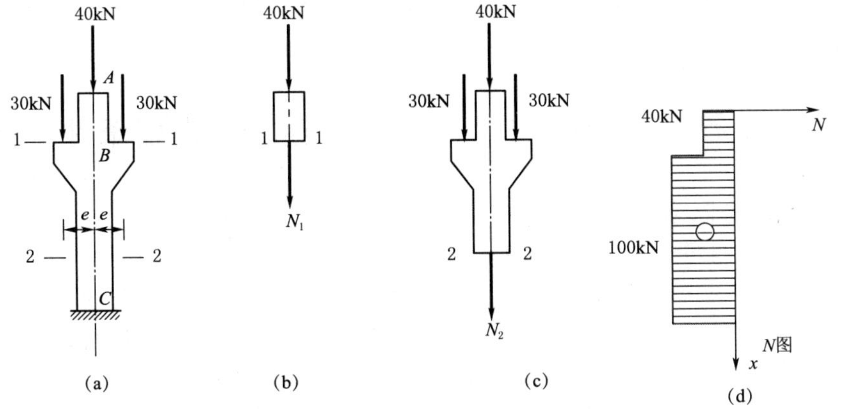

图 6－9

得轴力图如图 6－9（d）所示。

说明：N 图一般都应与受力图对正。对于 N 图，当杆水平放置或倾斜放置时，正值的 N 应画在与杆件轴线平行的横坐标轴 x 的正上方，而负值的 N 则画在正下方或斜下方，N 图并必须标出符号⊕⊖。当杆件竖直放置时，正值和负值可分别画在任一侧，但必须标出⊕⊖，如图 6－9（d）所示。N 图上必须标出所有横截面的内力值及其单位，还应适当地画出一些纵标线，纵标线必须垂直于横坐标轴。内力图旁或正下侧应标明为何种内力及单位，当熟练时，各截面受力图可不画出。

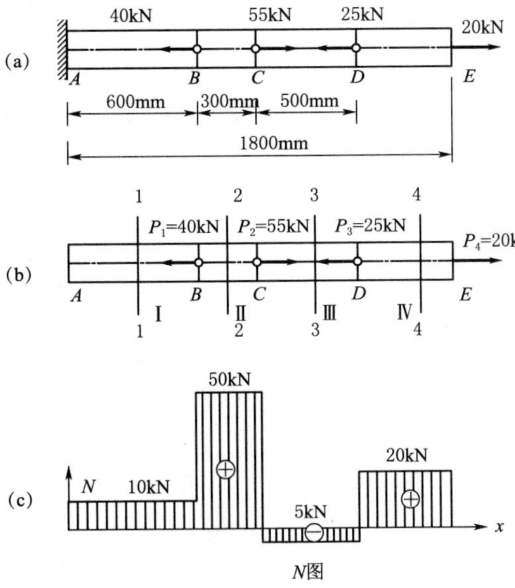

图 6－10

【例 6－5】 试作如图 6－10（a）所示等截面直杆的轴力图。

解：悬臂杆件可不求支座反力，直接从自由端依次取研究对象求各杆段截面轴力。

（1）求各截面轴力。受力分析如图 6－10（b）所示。

AB 段：

$$N_1=-P_1+P_2-P_3+P_4=-40+55-25+20=10(\mathrm{kN})$$

BC 段：

$$N_2=P_2-P_3+P_4=55-25+20=50(\mathrm{kN})$$

CD 段：

$$N_3=-P_3+P_4=-25+20=-5(\mathrm{kN})$$

DE 段：

$$N_4=P_4=20\mathrm{kN}$$

（2）作轴力图。如图 6－10（c）所示，由 N 图可见，$|N_{max}|=50kN$ 在 BC 段。

任务二　轴向拉（压）杆的应力及强度条件

一、应力的概念

内力是截面上分布内力的合力，它只表示某截面上总的受力情况，但是仅凭内力的大小不能解决构件的强度问题。例如两根材料相同、粗细不同的杆件，受相同的轴向拉力作用时，两杆的内力相同，但当两杆拉力同时逐渐增加时，细杆首先被拉断。因此，杆件的强度不仅与内力的大小有关，还与截面的面积有关。应该研究内力在截面上的分布情况，这种内力在截面上的分布集度即为应力。

为分析受力杆件在截面 $m-m$ 上任意一点 C 处的分布内力的集度，可假想将杆件在 $m-m$ 处切开，在截面上围绕 C 点取微小面积 ΔA，ΔA 上分布内力的合力为 ΔP，如图 6－11（a）所示，将 ΔP 除以面积 ΔA，即

$$p_m=\frac{\Delta P}{\Delta A} \qquad (6-2)$$

p_m 称为在面积 ΔA 上的平均应力，但它尚不能精确地表示 C 点处内力的分布集度。当面积 ΔA 无限趋近于零时比值筹的极限，称为该截面 C 点处的全应力，用 P 表示

$$P=\lim_{\Delta A\to 0}\frac{\Delta P}{\Delta A}=\frac{\mathrm{d}P}{\mathrm{d}A} \qquad (6-3)$$

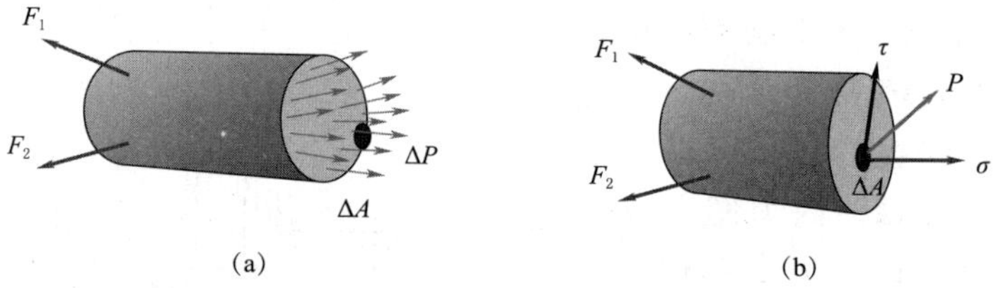

图 6－11

通常将全应力 P 分解为两个分量：垂直于截面的正应力 σ 和相切于截面的剪应力 τ，如图 6－11（b）所示，即

$$\sigma=P\cos\alpha \quad \tau=P\sin\alpha$$

在国际单位制中，应力的单位是帕斯卡，符号为 Pa。在工程实际中，常用单位还有 kPa、MPa 和 GPa，它们之间的关系为

$$1\mathrm{Pa}=1\mathrm{N/m^2}=10^{-3}\mathrm{kPa}=10^{-6}\mathrm{MPa}=10^{-9}\mathrm{GPa}$$

二、轴向拉（压）杆横截面上的正应力

1. 实验现象（以轴向拉伸为例）

如图 6－12（a）所示，在杆件的表面画上若干纵向线和横向线，进行轴向拉伸，可观察到杆件的变形特征为：①纵向线和横向线在变形前为相互垂直的直线，

变形后仍为直线且相互垂直；②变形后横向线较变形前间距增大。

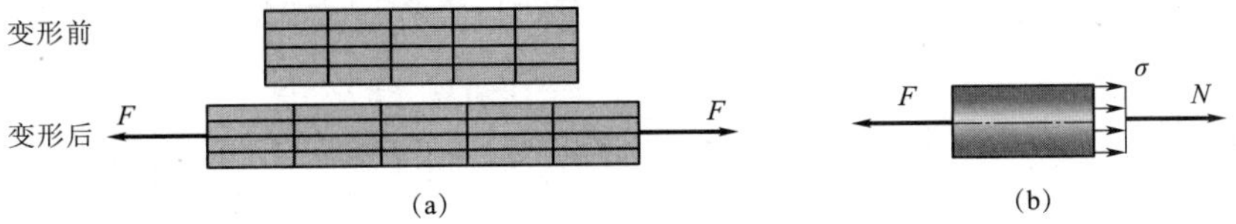

图 6-12

动画：拉伸变形

2. 轴向拉（压）杆横截面上的正应力公式

上述实验观察到的现象表明：轴向拉压杆横截面间的纵向和横向变形是均匀的。因此轴向拉（压）杆横截面上各点的应力为正应力，且分布均匀的，即

$$\sigma=\pm\frac{N}{A} \tag{6-4}$$

动画：轴向压缩变形

式中正应力的正负号规定：拉应力为正，压应力为负。

说明：由于轴向拉（压）杆横截面上各点正应力相同，故求其应力时只需确定界面，不必指明点的位置。

【例 6-6】 一阶梯形直杆受力如图 6-13（a）所示，已知横截面面积为 $A_1=400\text{mm}^2$，$A_2=300\text{mm}^2$，$A_3=200\text{mm}^2$，试求各横截面上的应力。

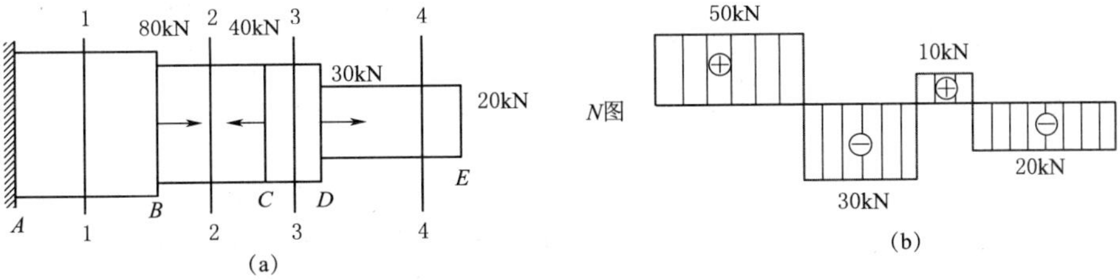

图 6-13

解：（1）求各截面轴力，画轴力图。

$N_1=50\text{kN}$　$N_2=-30\text{kN}$　$N_3=10\text{kN}$　$N_4=-20\text{kN}$

轴力图如图 6-13（b）所示。

（2）计算杆件各横截面上的正应力：

AB 段　$$\sigma_{AB}=\frac{N_1}{A_1}=\frac{50\times10^3}{400}=125(\text{MPa})$$

BC 段　$$\sigma_{BC}=\frac{N_2}{A_2}=\frac{-30\times10^3}{300}=-100(\text{MPa})$$

CD 段　$$\sigma_{CD}=\frac{N_3}{A_2}=\frac{10\times10^3}{300}=33.3(\text{MPa})$$

DE 段　$$\sigma_{DE}=\frac{N_4}{A_3}=\frac{-20\times10^3}{200}=-100(\text{MPa})$$

【例 6-7】 一钢制阶梯杆如图 6-14（a）所示，$F_1=120\text{kN}$，$F_2=220\text{kN}$，

$F_3=260\text{kN}$，$F_4=160\text{kN}$。各段杆的横截面积分别为 $A_1=1600\text{mm}^2$，$A_2=625\text{mm}^2$，$A_3=900\text{mm}^2$。试画出轴力图，并求此杆横截面上的最大正应力。

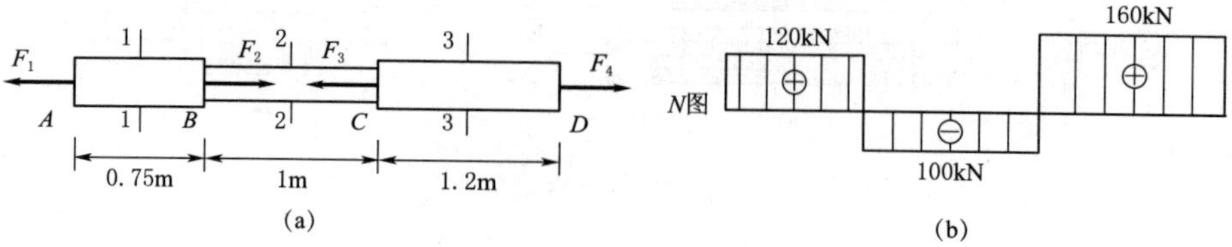

图 6-14

解：(1) 计算杆件各截面的轴力，杆件各段横截面上的轴力分别为

$$N_1=F_1=120\text{kN}$$

$$N_2=F_1-F_2=-100\text{kN}$$

$$N_3=F_4=160\text{kN}$$

作轴力图如图 6-14 (b) 所示。

(2) 计算杆件各横截面上的正应力：

AB 段 $$\sigma_{AB}=\frac{N_1}{A_1}=\frac{120\times10^3}{1600\times10^{-6}}=75\times10^6(\text{Pa})=75(\text{MPa})$$

BC 段 $$\sigma_{BC}=\frac{N_2}{A_2}=-\frac{100\times10^3}{625\times10^{-6}}=160\times10^6(\text{Pa})=-160(\text{MPa})$$

CD 段 $$\sigma_{CD}=\frac{N_3}{A_3}=\frac{160\times10^3}{900\times10^{-6}}=178\times10^6(\text{Pa})=178(\text{MPa})$$

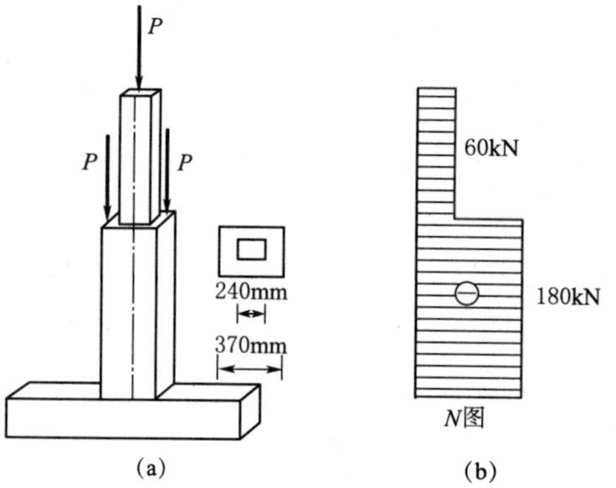

图 6-15

注意：对于变截面杆，在计算最大应力时应根据内力和截面面积的大小，分别计算各横截面的应力，然后比较得出最大应力。

【例 6-8】 一横截面为正方形的砖柱分上、下两段，其受力情况及各段横截面尺寸如图 6-15 (a) 所示，$P=60\text{kN}$，试求荷载引起的最大工作应力。

解：(1) 首先画立柱的轴力图，如图 6-15 (b) 所示。

(2) 由于砖柱为变截面杆，故需分段求出每段横截面上的正应力，再进行比较确定全柱的最大工作应力。对于上段，有

$$\sigma_上=\frac{N_上}{A_上}=\frac{-60\times10^3}{240\times240}=-1.04(\text{N/mm}^2)=-1.04(\text{MPa})$$

对于下段，有

$$\sigma_{下}=\frac{N_{下}}{A_{下}}=\frac{-60\times3\times10^{3}}{370\times370}=-1.31(\mathrm{MPa})$$

由上述计算结果可见，砖柱的最大工作应力在柱的下段，其值为 1.31MPa，是压应力。

三、轴向拉（压）杆强度条件及应用

（一）极限应力、许用应力和安全系数

1. 极限应力

通过材料的拉伸与压缩试验可知，当塑性材料的应力达到屈服点 σ_s 时，材料将产生显著的塑性变形，不能继续正常工作；脆性材料虽不会产生显著的塑性变形，但当其应力达到强度极限 σ_b 时，材料将立即破坏。所以，任何一种材料都存在一个能承受力的固有极限，把材料断裂或产生较大塑性变形时的应力称为极限应力，用 σ^0 表示。

对于塑性材料

$$\sigma^0=\sigma_s \tag{6-5}$$

对于脆性材料

$$\sigma^0=\sigma_b \tag{6-6}$$

2. 许用应力、安全系数

为了保证构件安全可靠地工作，必须使其实际的最大工作应力不超过材料的某一限值。显然，该限值应小于材料的极限应力，将极限应力 σ^0 缩小 k 倍，称为材料在拉伸（压缩）时的许用应力，用符号 $[\sigma]$ 表示，即

$$[\sigma]=\frac{\sigma^0}{k} \tag{6-7}$$

其中，k 是一个恒大于 1 的系数，称为安全系数。对于塑性材料，k 取值范围为 1.5～2.0；对于脆性材料，k 取值范围为 2.0～5.0。安全系数是表示构件所具有安全储备量大小的系数，其值通常由设计规范规定。由式（6－7）可见，安全系数的大小直接影响着许用应力。若增大安全系数，虽然构件的强度和刚度得到了保证，但会浪费材料，加大结构自重；若安全系数选得过小，虽然比较经济，但结构的安全性与适用性就得不到可靠的保证，甚至还会引起严重的事故。因此，在选择安全系数时，应该是在满足安全要求的情况下尽量满足经济要求。其取决于以下几方面的因素：

（1）材料性质。包括材料的质地好坏，均匀程度，是塑性材料还是脆性材料。

（2）荷载情况。包括对荷载的估算是否准确，是静荷载还是动荷载。

（3）构件在使用期内可能遇到的意外事故或其他不利的工作条件等。

（4）计算简图和计算方法的精确程度。

（5）构件的重要性。

表 6－1 给出了几种常用材料在常温、静载条件下的许用应力值。

表 6-1　常用材料在常温、静载条件下的许用应力值

材料名称	牌号	许用应力/MPa	
		轴向拉伸	轴向压缩
低碳钢	Q275	180	180
低合金钢	Q345	235	235
灰口铸铁		35～55	160～200
混凝土	C30（300 号）	0.6	10.5
红松（顺纹）		6.4	10

（二）轴向拉（压）杆的强度条件

为了保证构件能正常工作，必须使构件的最大工作应力不超过材料的容许应力，即

$$\sigma_{max} \leqslant [\sigma] \tag{6-8}$$

最大应力所在的横截面为危险截面，危险截面上最大应力所在的点为危险点。对于等截面拉（压）杆而言，最大内力所在的截面即为危险截面。因此等截面轴向拉（压）杆的强度条件为

$$\sigma_{max} = \pm \frac{N_{max}}{A} \leqslant [\sigma] \tag{6-9}$$

式中：σ_{max} 为杆件横截面上的最大工作应力；N_{max} 为杆件危险截面上的轴力；A 为危险截面的面积；$[\sigma]$ 为材料的容许应力。

注意：对于抗拉、抗压性能相同的材料（如低碳钢），则应力绝对值的最大值为最大工作应力。而对于抗拉、压性能不同的材料（如铸铁），则最大拉应力和最大压应力都为最大工作应力。

【例 6-9】 起重吊钩如图 6-16 所示，它的上端用螺母固定。若吊钩螺栓内径 $d=55$mm，$F=170$kN，材料许用应力 $[\sigma]=160$MPa。试校核螺栓部分的强度。

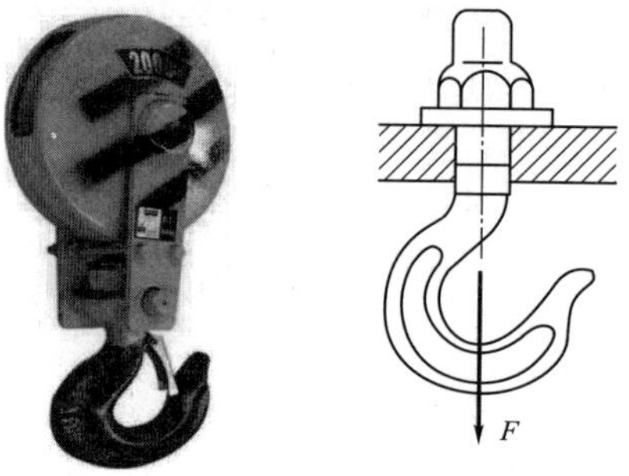

图 6-16

解：（1）计算螺栓内径处的面积。

$$A=\frac{\pi d^2}{4}=\frac{3.14\times(55\times10^{-3})^2}{4}\approx 2375(\text{mm}^2)$$

（2）计算螺栓的工作应力并校核。

$$\sigma=\frac{N}{A}=\frac{170\times10^{-3}}{2375}=71.6(\text{MPa})<[\sigma]=160(\text{MPa})$$

（3）结论。吊钩螺栓部分满足强度条件。

强度校核的计算：在已知结构所受外力、结构各构件的截面尺寸、结构各构件组成材料的前提下，先计算构件的内力，再计算构件的工作应力，后进行校核，给出结论。

（三）轴向拉（压）杆强度条件的应用

运用强度条件可进行以下三类计算：

（1）强度校核：已知构件所受的荷载、构件的截面尺寸和材料的容许应力

$[\sigma]$，可根据式（6－8）校核构件的强度是否满足要求。若 $\sigma_{max}=\frac{N_{max}}{A}\leqslant[\sigma]$，强度满足要求；若 $\sigma_{max}=\frac{N_{max}}{A}>[\sigma]$，则强度不满足要求。

（2）截面尺寸设计：截面尺寸设计就是在构件所受荷载及材料的许用应力已知的情况下，根据式（6－8）确定构件的横截面形状及尺寸。满足强度条件所需的构件横截面面积为 $A\geqslant\frac{N_{max}}{[\sigma]}$。需值得注意的是，工程中还将钢材制成标准的截面形状，如工字钢、槽钢、角钢等。这些标准形状的钢材称为型钢。各类型钢的尺寸和几何性质可查型钢表（见附录）。

（3）确定许可荷载：确定许可荷载是指在构件的横截面面积及材料的许用应力已知的情况下，根据式（6－8）合理确定构件的许可荷载。满足强度条件的轴力 $N_{max}\leqslant[\sigma]A$，再利用平衡条件进一步确定许可荷载。

【例 6－10】 某屋架下弦用两根等肢角钢制成如图 6－17 所示。已知该下弦承受的轴力为 $N=80$kN，许用应力 $[\sigma]=140$MPa，试选用角钢型号。

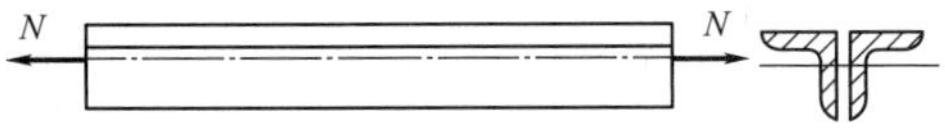

图 6－17

解：根据强度条件确定所需的角钢截面面积，即

$$A\geqslant\frac{N}{[\sigma]}=\frac{80000}{140}=571(\text{mm}^2)$$

查型钢表，选 2∟40×40×4。实际面积为

$$A=2\times3.086=6.17(\text{cm}^2)=617(\text{mm}^2)$$

【例 6－11】 图 6－18（a）所示简易吊车由斜杆 AC（1 杆）和水平杆 AB（2 杆）组成，$\alpha=30°$。水平杆 AB 采用两根 50×50×55 的等边角钢，斜杆 AC 为两根 10 号槽钢。两杆的材料均为 Q275 钢，许用应力 $[\sigma]=170$MPa。当荷载 F 作用在 A 点时，试求吊车的许可载荷。（结构的自重不计。）

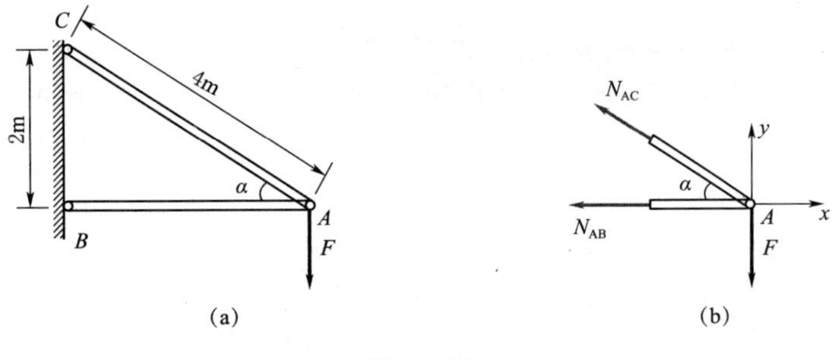

图 6－18

解：（1）取结点 A 研究，如图 6－18（b）所示，用结点平衡条件求杆件的内力。

$$\sum F_x=0\quad N_{AC}\cos30°+N_{AB}=0$$

$$\sum F_y=0 \quad N_{AB}\sin30°-F=0$$

得：

$$N_{AB}=F/\sin30°=2F\text{（受拉）}$$

$$N_{AC}=-N_{AB}\cos30°=-\sqrt{3}F\text{（受压）}$$

（2）根据斜杆 AC 的强度，确定许可荷载。

由型钢表查得，10 号槽钢的横截面面积 $A=4.8\text{cm}^2$

$$N_{AB}=2F_1\leqslant[\sigma]A_1$$

$$F_1\leqslant\frac{1}{2}[\sigma]A_1=\frac{1}{2}\times170\times10^6\times2\times4.8\times10^{-4}=81.6(\text{kN})$$

（3）根据水平杆 AB 的强度，确定许可荷载。

由型钢表查得，50×50×55 的等边角钢的横截面面积 $A=12.748\text{cm}^2$。

$$N_{AC}=\sqrt{3}F_2[\sigma]A_2$$

$$F_2\leqslant\frac{1}{\sqrt{3}}[\sigma]A_2=\frac{1}{\sqrt{3}}\times170\times10^6\times2\times12.748\times10^{-4}=250.2(\text{kN})$$

（4）确定构件的许可荷载。

$$F\leqslant\{F_i\}_{\min}=\{81.6,250.2\}_{\min}=81.6(\text{kN})$$

任务三 轴向拉伸（压缩）时的变形——胡克定律

轴向拉伸或压缩时，杆件的变形主要表现为沿轴向的伸长或缩短，即纵向变形。由试验可知，当杆沿轴向伸长（或缩短）时，其横向尺寸也会相应缩小（或增大）即产生垂直于轴线方向的横向变形。

一、纵向变形

设一等截面直杆原长为 l，受拉变形后的纵向尺寸为 l_1，其截面面积为 A，在轴向拉力 F 的作用下，杆件沿轴线方向的伸长为 $\Delta l=l_1-l$ 为绝对变形，如图 6－19（a）所示。

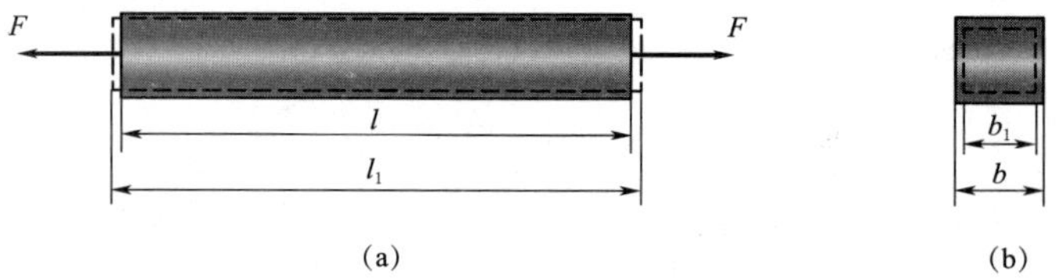

图 6－19

拉伸时，Δl 为正；压缩时，Δl 为负。

绝对变形只能反映杆的总的变形量，但不能说明杆件的变形程度。例如：1m 长的杆件和 5m 长的杆件受轴向拉力后的纵向变形都为 1mm，而 1m 长的杆件的变形程度大，变形明显些。

由于拉（压）杆的变形是均匀变形，各段是均匀伸长的，杆件的伸长量与杆的原长有关，为了消除杆件长度的影响，将 Δl 除以 l，即以单位长度的伸长量表征杆件变形的程度，用 ε 表示。纵向线应变为

$$\varepsilon=\frac{\Delta l}{l} \tag{6-10}$$

ε 是无量纲的量，杆件受拉时 ε 为正，杆件受压时 ε 为负。

二、横向变形

设杆件原来的横向尺寸为 b，变形后的横向尺寸为 b_1，如图 6－19（b）所示，则横向绝对变形为 $\Delta b=b_1-b$，横向线应变为：

$$\varepsilon'=\frac{\Delta b}{b} \tag{6-11}$$

三、胡克定律

变形是由外力引起的。试验表明：当拉（压）杆内的应力不超过比例极限时，杆的伸长（压缩）量与轴向外力 N 成正比，与杆件的原长 l 成正比，与杆件的横截面积 A 成反比。

动画：轴向拉伸和压缩变形

$$\Delta l\propto\frac{Nl}{EA}$$

引入比例常数 E，上式可表达为

$$\Delta l=\frac{Nl}{EA} \tag{6-12}$$

弹性模量

这一关系称为胡克定律。式中比例常数 E 称为弹性模量，单位与应力相同，E 的数值随材料而异，通过试验测定，其值表示材料抵抗弹性变形的能力。

由式（6－11）可知，轴力 N 和变形 Δl 的正负号是相对应的，当轴力 N 是拉力（为正）时，变形 Δl 伸长为正；反之为负。此外，对长度相等且受力相同的拉（压）杆件，EA 越大，Δl 越小，EA 越小，Δl 越大，故 EA 称为杆件的抗拉（压）刚度。

引入 $\varepsilon=\frac{\Delta l}{l}$、$\sigma=\frac{N}{A}$，可得胡克定律的另一表达形式

$$\sigma=E\varepsilon \tag{6-13}$$

式（6－13）表明，在弹性范围内，杆件的正应力与线应变成正比。其适用于弹性范围且要求在 l 长的杆段内 N、E、A 值为常量的单轴应力状态的杆件。胡克定律应用广泛，是工程力学的一个重要定律。

四、泊松比

试验证明，在弹性变形范围内，轴力杆的横向变形与纵向变形之比为一常数，若用 μ 表示这二比例常数，则

$$\mu=\left|\frac{\varepsilon'}{\varepsilon}\right|,\quad 或\ \varepsilon'=-\mu\varepsilon \tag{6-14}$$

常用工程材料的 E 和 μ 见表 6－2。

表 6-2 常用工程材料的 E 和 μ

材料名称	E/GPa	μ	材料名称	E/GPa	μ
碳素钢	196～216	0.25～0.33	球墨铸铁	150～180	—
合金钢	186～216	0.24～0.33	混凝土	15.2～36	0.16～0.18
灰口铸铁	60～162	0.23～0.27	木材（顺纹）	9～12	—

【例 6-12】 图 6-20（a）为一阶梯形钢杆，已知材料的弹性模量 $E=210\text{GPa}$，AB、AC 段的横截面面积为 $A_{BC}=A_{BC}=500\text{mm}^2$，$CD$ 段的横截面面积为 $A_{CD}=200\text{mm}^2$，杆的各段长度及受力情况如图所示。试求：

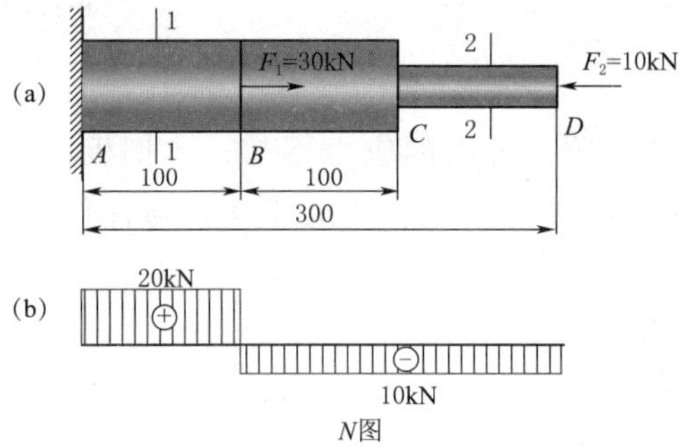

图 6-20

（1）杆横截面上的轴力和正应力。

（2）杆的总变形。

（3）C、D 截面的位移。

解：（1）求各截面上的内力 AB 段：

$N_1=F_1-F_2=30-10=20(\text{kN})$

BC 段与 CD 段

$N_2=-F_2=-10(\text{kN})$

（2）作轴力图，如图 6-20（b）所示。

（3）计算各段正应力。

AB 段 $$\sigma_{AB}=\frac{N_1}{A_{AB}}=\frac{20\times10^3}{500\times10^{-6}}=40\times10^6(\text{Pa})=40(\text{MPa})$$

BC 段 $$\sigma_{BC}=\frac{N_2}{A_{BC}}=\frac{10^4}{500\times10^{-6}}=-20\times10^6(\text{Pa})=-20(\text{MPa})$$

CD 段 $$\sigma_{CD}=\frac{N_2}{A_{CD}}=\frac{10^4}{200\times10^{-6}}=-50\times10^6(\text{Pa})=-50(\text{MPa})$$

（4）杆的总变形。杆总变形 Δl_{AD} 等于杆各段变形的代数和，即

$$\Delta l_{AD}=\Delta l_{AB}+\Delta l_{BC}+\Delta l_{CD}=\frac{N_1l_{AB}}{EA_{AB}}+\frac{N_2l_{BC}}{EA_{BC}}+\frac{N_1l_{CD}}{EA_{CD}}$$

将有关数据代入，即得

$$\Delta l_{AD}=\frac{1}{210\times10^9}\left(\frac{20\times10^3\times0.01}{500\times10^{-6}}-\frac{10\times10^3\times0.01}{500\times10^{-6}}-\frac{10\times10^3\times0.01}{200\times10^{-6}}\right)$$
$$=-1.43\times10^{-3}(\text{mm})$$

（5）求 C、D 截面的位移 ΔC、ΔD。

$$\Delta C=\Delta l_{AB}+\Delta l_{BC}=9\times10^{-4}\text{mm}$$
$$\Delta D=\Delta l=-1.43\times10^{-3}\text{mm}$$

说明整个杆件在外力作用下发生压缩变形，并发生了 1.43×10^{-3}mm 的位移。

【例 6-13】 一矩形截面钢杆，其宽度 $a=80\text{mm}$，厚度 $b=3\text{mm}$。在轴向拉力作用下测得钢杆纵向 100mm 的长度内伸长 0.05mm，横向 60mm 的宽度内缩小 0.0093mm。设钢的弹性模量 $E=210\text{GPa}$，试求此材料的泊松比和杆件所受轴向

拉力。

解：(1) 计算泊松比 μ。

杆的纵向线应变为 $\varepsilon=\frac{\Delta l}{l}=\frac{0.05}{100}=50\times10^{-5}$

杆的横向线应变为 $\varepsilon'=\frac{\Delta b}{b}=\frac{-0.0093}{60}=-15.5\times10^{-5}$

泊松比为

$$\mu=\left|\frac{15.5\times10^{-5}}{50\times10^{-5}}\right|=0.31$$

(2) 计算轴向拉力。

由胡克定律 $\sigma=E\varepsilon$ 得

$$\sigma=E\varepsilon=2.1\times10^{5}\times50\times10^{-5}=105(\text{MPa})$$

则轴力为

$$N=\sigma A=105\times80\times3=25.2(\text{kN})$$

故该杆所受轴向拉力 $F=N=25.2\text{kN}$。

任务四　材料在轴向拉伸和压缩时的力学性能

工程力学中将材料在受力过程中所反映出来的各种物理性质，称为材料的力学性能或机械性能。前面所讨论的拉（压）杆的应力和变形计算中，曾涉及材料在轴向拉（压）时的力学性能，如弹性模量和泊松比等，它们都是通过试验来测定的，试验要求在常温、静载的条件下进行。本节主要介绍几种常用材料在拉伸和压缩时的力学性能。

一、塑性材料和脆性材料

1. 弹性变形与塑性变形

任何物体受力后都会产生变形。如果在物体受力并产生变形之后将所作用的力撤去，变形完全消失（或物体完全恢复到原来的样子），称这种能够完全消失的变形为弹性变形。如果作用在物体上的力被撤走后，变形没有消失或没有完全消失，则称这种不能消失的变形为塑性变形。试验证明，材料在弹性变形范围内，变形的大小与所作用的力的大小成正比，而在塑性变形过程中却不存在这种关系。

2. 塑性材料和脆性材料

实际工程中所使用的材料是多种多样的，根据它们的变形可分为塑性材料和脆性材料两大类：在工程力学中，将具有明显的弹性性能和塑性性能的材料称为塑性材料。低碳钢、合金钢、铜、铝等，都属于塑性材料。而在变形很小甚至观察不到变形的情况下就发生断裂破坏的材料，称为脆性材料。铸铁、砖、石、混凝土、玻璃、陶瓷等，都属于脆性材料。

塑性材料与脆性材料的力学性能完全不同。试验研究中，通常以低碳钢和灰铸铁分别作为塑性材料和脆性材料的典型代表。在本节中，以低碳钢和灰铸铁作为试

视频：低碳钢、铸铁试件拉伸试样的区别

视频：钢筋原材料及焊接试验样品

视频：拉伸试样安装

验的原材料来了解塑性材料及脆性材料在轴向拉伸与压缩时的力学性能。

二、低碳钢在轴向拉伸时的力学性能

1. 轴向拉伸试验

低碳钢指含碳量低于0.25%的碳素钢，是工程建设中广泛使用的材料。低碳钢试样在拉伸试验中所表现的力学现象比较全面、典型，先来研究它在拉伸时的力学性能。

在做拉伸试验时，应将材料做成标准试件。试验前，先在试样中间较细部分上划两条横线，如图6-21所示。在拉力作用下，横线之间的一段杆各横截面上应力均相同，这一段等直的杆称为工作段，用来测量变形，其长度称为标距，用l表示。为了比较不同粗细的试件工作段的变形程度，通常对试件的标距l与横截面尺寸的关系加以限定：圆形截面标准试件的标距l与截面直径d的关系为$l=10d$（长试件）和$l=5d$（短试件）。试验通常在万能试验机上进行，其方法是将标准试件安装在万能试验机上，开动万能试验机，对试件施加静力载荷，即载荷从零缓慢地增加直到试件拉断。在试验过程中，注意观察试验现象并记录各个时刻拉力F与试件绝对变形的数据，将F与Δl的关系按一定的比例绘制成$F-\Delta l$曲线，称该曲线为材料的拉伸图，如图6-22（a）所示。万能试验机与计算机连接，应用软件自动绘图，打印试验结果。

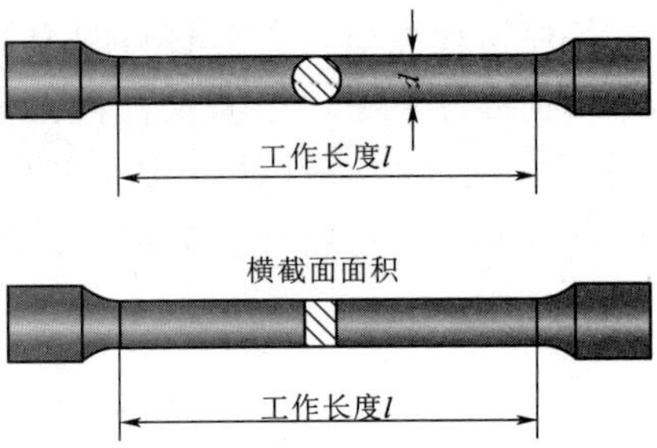

图6-21

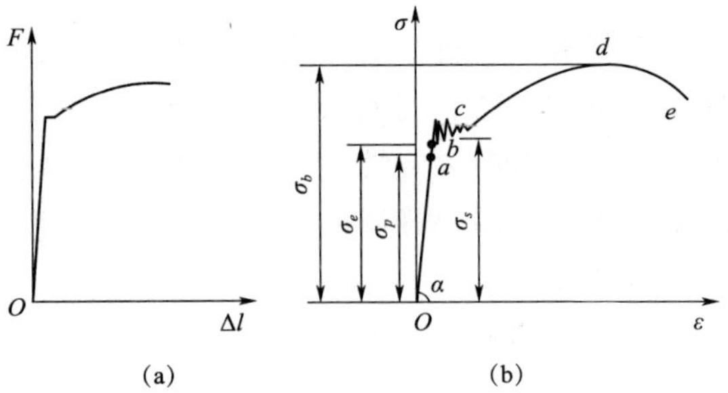

图6-22

由于Δl与原长l及横截面面积A有关，为消除原始尺寸的影响，将纵坐标F除以横截面面积A，横坐标Δl除以原长l，得到应力-应变图（即$\sigma-\varepsilon$图），如图6-22（b）所示。由图6-22（b）可知，低碳钢在整个拉伸试验过程中，其应力-应变关系大致分为以下四个阶段：

（1）弹性阶段（Ob）。此阶段中材料的变形完全是弹性的，即全部卸载后试件将恢复原长，所以称为弹性阶段。这一阶段中的Oa段为直线，说明应力与应变成正比例关系，故又称为比例阶段，此阶段中的最高点a对应的应力值称为比例极限，用σ_p表示。过了a点以后到b点这一段虽然应力与应变不再成正比例关系，但是从此阶段最高点b卸载后试件将恢复原长，证明整个Ob段为弹性阶段，此段中最高点b对应的应力值称为弹性极限，用σ_e表示。

比例极限σ_p与弹性极限σ_e二者虽意义不同但数值接近，在实际测量过程中很难区分，因此实际应用中常把它们统称为弹性极限，认为在弹性极限范围内材料服从胡克定律。Oa 段为直线，其斜率 $\tan\alpha=\frac{\sigma}{\varepsilon}=E$ 是常数，即为材料的弹性模量。

（2）屈服阶段（bc）。应力超过弹性极限 σ_e 后应变不断增加，应力则在很小的范围内波动，$\sigma-\varepsilon$ 图上为一段接近水平的锯齿形线段 bc，表示试件横截面上的应力几乎不增加，但应变迅速增加，好像材料失去抵抗变形的能力。这一现象称为屈服或流动，这一阶段称为屈服阶段或流动阶段。在 $\sigma-\varepsilon$ 图中，屈服阶段 bc 范围内最高点的应力值称为屈服高限，最低点的应力值称为屈服低限。由于屈服高限受很多因素影响不够稳定，而屈服低限较稳定，故常将屈服低限称为材料的屈服极限或屈服点，用 σ_s 表示，屈服点是衡量材料强度的一个重要指标。低碳钢的屈服点约为 240MPa。当材料处于屈服阶段时，若试件表面光滑，在其表面将出现许多与试件轴线约成 45°方向的斜纹，它们是由于 45°斜面上存在的最大剪应力使材料内部的颗粒间发生相对滑移而引起的，称为滑移线，如图 6－23 所示。

图 6－23

（3）强化阶段（cd）。经过屈服阶段，材料重新产生抵抗变形的能力，进入强化阶段，此阶段 $\sigma-\varepsilon$ 图为一段向上凸起的曲线 cd，表示若试件继续变形，应力将增大。由于强化阶段中的变形主要为塑性变形，所以比弹性阶段内试件的变形大得多，故此阶段可明显看到试件的横向尺寸在缩小。此阶段中最高点 d 对应的应力称为强度极限，用 σ_b 表示，它是材料能承受的最大值。低碳钢的强度极限约为 400MPa。

视频：低碳钢断裂

视频：低碳钢拉伸过程

动画：钢筋的拉伸

（4）颈缩阶段（de）。当应力达到强度极限后，可以看到试件工作阶段上某一局部长度内的横截面显著收缩，如图 6－24 所示，这一现象被称为颈缩现象。由于颈缩部分横截面面积急剧减小，因此荷载读数反而逐渐降低，直到试件被拉断，称此阶段为颈缩阶段，其在图 6－22（b）上为一段 d 点后下降的曲线 de。

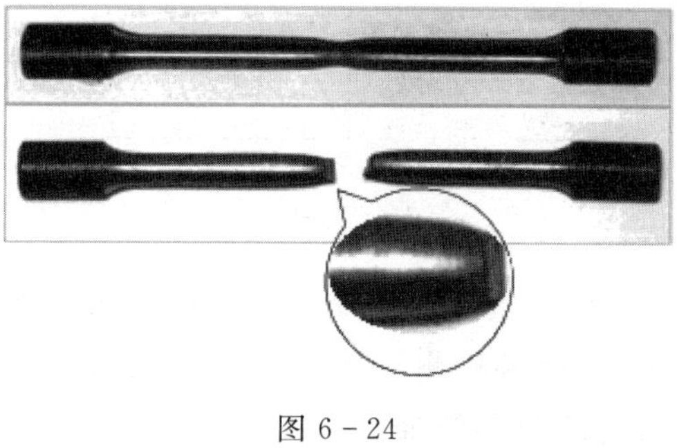

图 6－24

2. 材料的塑性指标

由试验可知，试件在荷载的作用下的变形有两种：弹性变形和塑性变形。试件断裂后，弹性变形消失，塑性变形残留下来。衡量材料塑性性能的指标有两个：伸长率和截面收缩率。

（1）伸长率。试件拉断后的标距长度 l_1 与原标距长度 l 之差再除以 l 的百分比，称为材料的断后伸长率，用 δ 表示，可表示为

$$\delta=\frac{l_1-l}{l}\times100\% \qquad (6-15)$$

工程中常按 δ 的大小把材料分为两大类：$\delta\geqslant5\%$的材料称为塑性材料，$\delta<5\%$的材料为脆性材料。低碳钢的伸长率 δ 一般为 20%～30%，属于典型的塑性材料。

（2）截面收缩率。试件原截面面积 A 与断裂后断口处的最小横截面面积 A_1 之差除以 A 的百分比，称为材料的截面收缩率，用 ψ 表示，即

$$\psi=\frac{A_1-A}{A}\times 100\% \tag{6-16}$$

低碳钢的 ψ 值一般为 60%～70%。

三、其他材料在轴向拉伸时的力学性能

不同的材料有不同的力学性能。与低碳钢在 $\sigma-\varepsilon$ 曲线上的相似的材料，还有锰钢以及一些高强度低合金钢，它们与低碳钢相比较，拉伸试验方法相同，屈服极限和强度极限有显著提高，材料所显示的力学性能有较大差别。图 6-25 中分别为锰钢、硬铝、退火球墨铸铁和低碳钢的应力-应变曲线。由图 6-25 可得：锰钢、硬铝、退火球墨铸铁不像低碳钢一样有明显的屈服阶段。但是它们断后伸长率都比较大，属于塑性材料。对于没有明显屈服阶段的塑性材料，规定以产生 0.2%的塑性变形时所对应的应力作为屈服点，称为名义屈服极限，用 $\sigma_{0.2}$ 表示，如图 6-26 所示。

另外一类典型材料的共同特点是伸长率 σ 很小，为脆性材料。下面以铸铁为代表说明脆性材料拉伸时的力学性能。铸铁拉伸时，从开始受力到最终断裂，变形都不显著，如图 6-27 所示。$\sigma-\varepsilon$ 图上没有明显直线部分，也没有屈服阶段和颈缩阶段，只有一个强度值，即断裂时的应力-强度极限 σ_b，其值一般为 100～340MPa。其断后伸长率小，仅为 0.4%～0.5%，是典型的脆性材料。铸铁的 $\sigma-\varepsilon$ 曲线点无明显的直线部分，但在较小的拉应力下，可以近似地认为服从胡克定律，通常规定某一总应变时 $\sigma-\varepsilon$ 曲线的（图 6-27 中虚线）的斜率作为材料的弹性模量。

视频：铸铁拉伸实验

进场钢筋的检测验收

视频：进场钢筋的检测验收

动画：钢筋冷拉

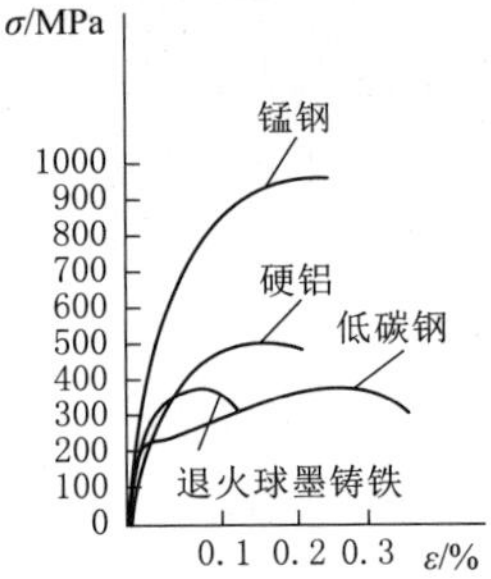

图 6-25

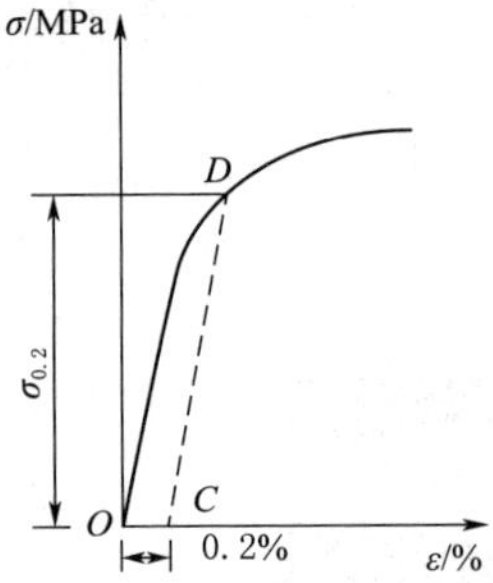

图 6-26

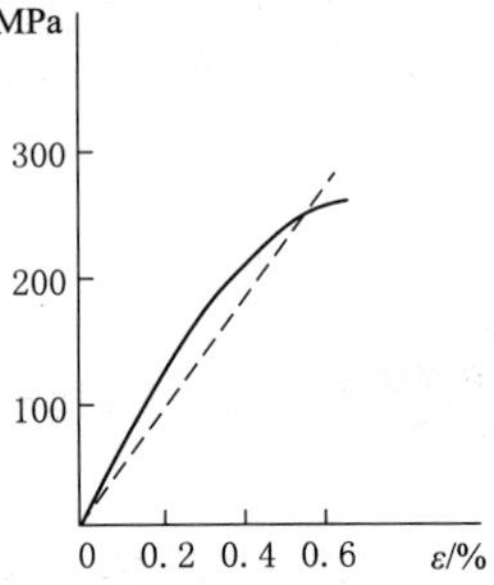

图 6-27

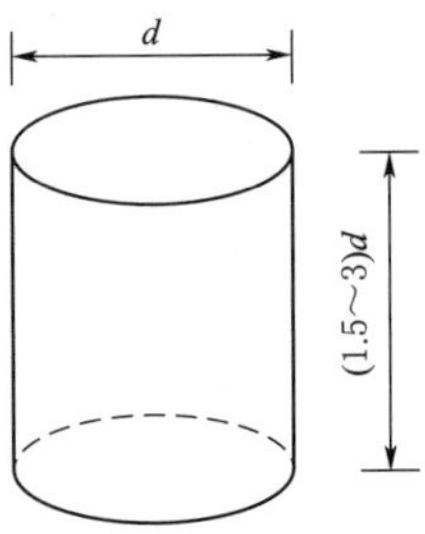

图 6-28

工程中使用主材料之一钢筋，钢筋进入工程场地需要验收，验收主要外观和力学性能检测，详细扫描二维码。

四、材料在压缩时的力学性能

金属材料如低碳钢、铸铁等，压缩试件为圆柱形，为避免试件发生弯曲变形，一般规定其高度为直径的 1.5～3 倍，如图 6-28 所示。

1. 低碳钢的轴向压缩试验

把低碳钢受压时的 $\sigma-\varepsilon$ 曲线（图 6-29 中实线）和受拉

时的 $\sigma-\varepsilon$ 曲线（图 6－29 中虚线）进行比较可以看出：

视频：低碳钢压缩试验

（1）在屈服阶段前，受拉与受压两条曲线基本重合，可见受压时的弹性模量 E、比例极限 σ_p 和屈服极限 σ_s 与受拉时相同。

（2）超过屈服极限后，受压时的 $\sigma-\varepsilon$ 曲线不断上升，其原因是试件的截面不断增大，最后变成了薄饼形。构件受压面积越来越大，不会产生断裂，因此压缩时的强度极限 σ_b 不能测出。

由于钢材受拉和受压时的主要力学性能（E、σ_p、σ_s）相同，所以钢材的力学性能一般都由拉伸试验来测定，不必进行压缩试验。

2．铸铁的轴向压缩试验

铸铁是典型的脆性材料，它的压缩试验表明：在 $\sigma-\varepsilon$ 曲线上没有明显的直线部分，也没有屈服阶段。强度极限 σ_b 可以测得，其值一般为受拉时的 4～5 倍。试件破坏时，沿着接近于 45°的斜面上断裂，如图 6－30 所示，这说明铸铁的抗剪强度低于抗压强度。

对于脆性材料，压缩试验是很重要的。脆性材料如铸铁、混凝土和砖石等，受压的特征也和受拉一样，在很小的变形下就发生破坏，但是抗压的能力远远大于抗拉的能力。所以，脆性材料常用做受压构件，以充分利用其抗压性能。

视频：铸铁压缩

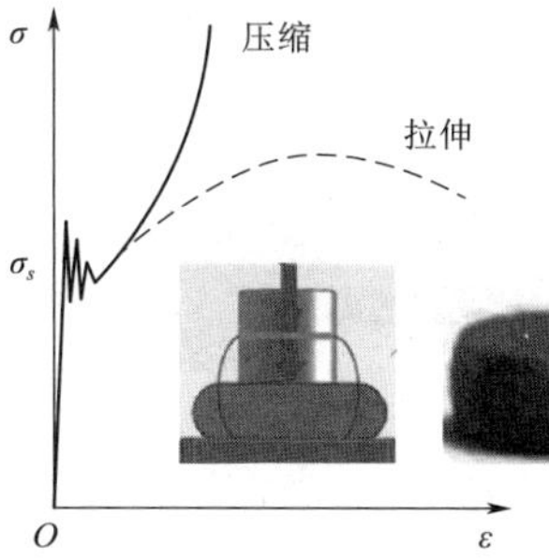

图 6－29

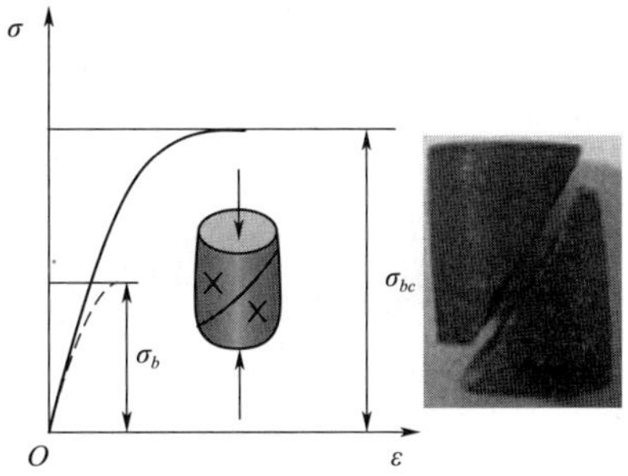

图 6－30

视频：试件压缩前后对比

工程中使用主材料之一混凝土试块抗压强度检测详细扫描二维码。

视频：混凝土试块抗压强度检测

任务五　剪切的概念、连接构件的实用计算*

2014 年 7 月，南京长江四桥发生一起交通事故，一辆满载一车废旧轮胎、木板的大货车，因左后轮胎 8 根螺丝中有 7 根连根被剪断而导致侧翻，如图 6－31 所示，所幸没有造成人员受伤，螺栓虽小，牵引到的问题却可以十分严重。那么如何确保螺栓的强度？

工程中常用螺栓、铆钉、销钉、键连接、焊接、榫卯接等连接两个或两个以上杆（构）件。其中的螺栓、销钉、键和榫头等称为连接件。连接件虽然几何尺寸小，但它在连接中起着十分重要的作用，如图 6－32 所示，螺栓和销轴连接中的螺栓和销钉，工作时在外荷载作用下，产生的主要变形为剪切变形。剪切是杆件的基本变形形式之一。

图 6－31

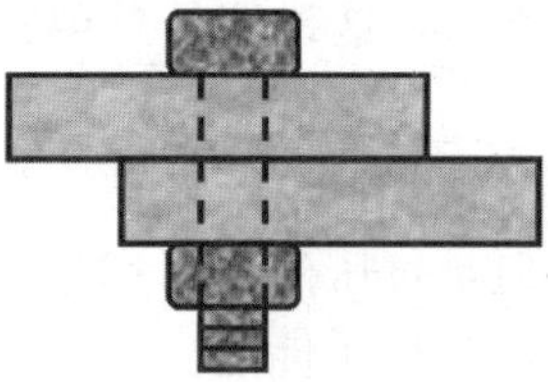

螺栓连接
(a)

榫连接
(b)

键块连接
(c)

铆钉连接
(d)

销轴连接
(e)

图 6－32

视频：螺栓连接

视频：螺钉连接

视频：铆接剖面

视频：键的连接形式

一、剪切的概念

图 6－33（a）为一铆钉连接简图。当被连接件（钢板）上受到外力 F 的作用后，力由两块钢板传到铆钉与钢板的接触面上，铆钉受到大小相等、方向相反的两组分布力的合力 F 的作用，使铆钉上下两部分沿中间截面 $n-n$ 发生相对错动的变形，如图 6－33（b）所示。

由此可见，剪切的受力和变形特点是：作用在连接件两个侧面上的外力大小相等、方向相反、作用线与此连接件的轴线垂直且相距很近，受这两个力作用下的连接件会沿着力的作用线发生相对错动，这个发生错动或有错动趋势的截面称为剪切面。

如图 6－34（a）所示，两钢管是通过法兰用螺栓连接的；如图 6－34（b）所示，吊装重物的吊具是用销轴连接的；如图 6－34（c）、（d）所示，连接钢板通常采用焊接或铆接。这些在受力构件相互连接时，起连接作用的部件，称为连接件。这类构件的受力特点是：作用在构件两侧面上外力的合力大小相等、方向相反、作

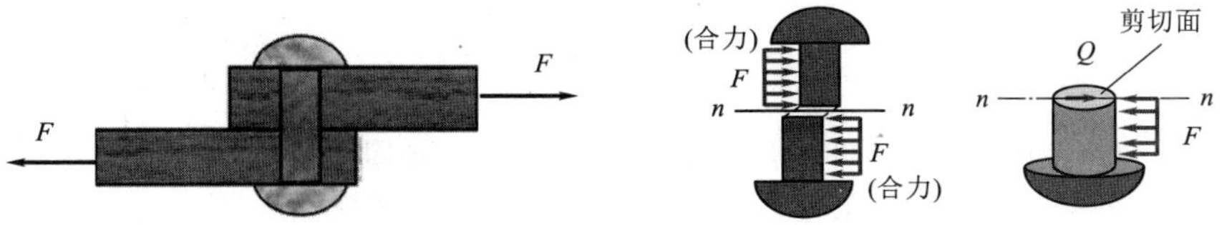

(a) (b)

图 6-33

用线平行，与轴线垂直且相距很近。其变形特点是：介于作用力中间部分的截面有发生相对错动的趋势，构件的这种变形称为剪切变形；发生相对错动的截面称为剪切面，剪切面平行于作用力的方向，m—m 截面为剪切面，如图 6-35 所示。连接件受力后引起的应力，如果超过材料的强度极限，连接件就要破坏而造成工程事故。因此，连接件的强度计算在结构设计中不能忽视。

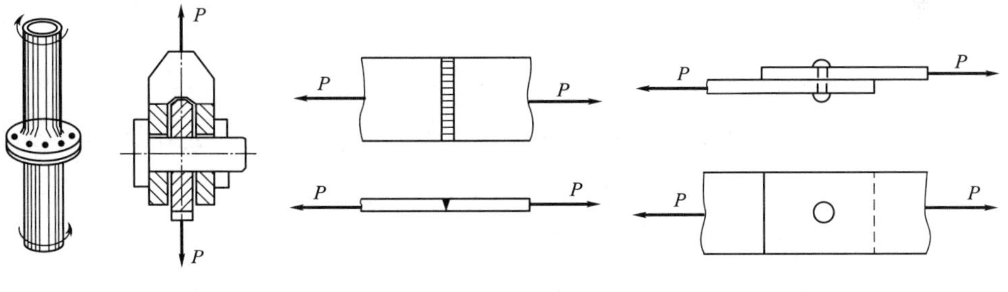

(a) (b) (c) (d)

图 6-34

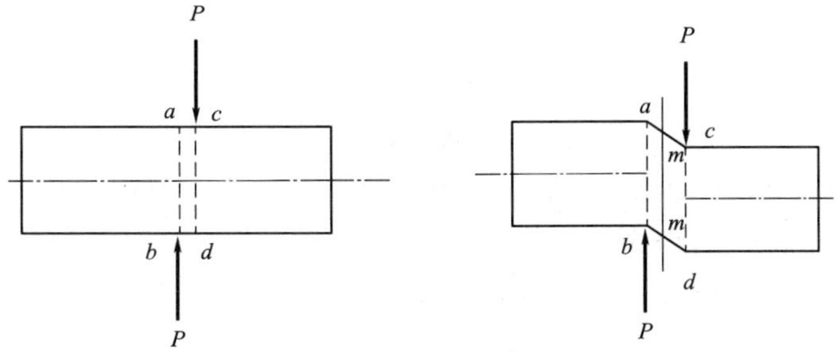

图 6-35

二、剪切的实用计算

设两块钢板用铆钉连接，如图 6-36（a）所示。钢板受拉时，铆钉在两钢板之间的截面处受剪切，如图 6-36（b）所示，剪切面上的内力可用截面法求得：将铆钉假想地沿剪切面截开，由平衡条件可知剪切面上存在着与外力 P 大小相等、方向相反的内力，称为剪力，用 Q 表示，如图 6-36（c）所示，则有

$$Q=P$$

横截面上的剪力是沿截面切向作用，它由截面上各点处的剪应力 τ 合成而得，如图 6-36（d）所示，剪切面上的剪应力分布情况较为复杂，实用计算中假设剪应

动画：剪切变形

视频：剪切试件安装

动画：铆钉单剪

动画：剪切破坏

力 τ 在剪切面上均匀分布，即

$$\tau=\frac{Q}{A_s} \tag{6-17}$$

式中：A_s、Q 分别为连接件的剪切面面积和作用于剪切面上的剪力。

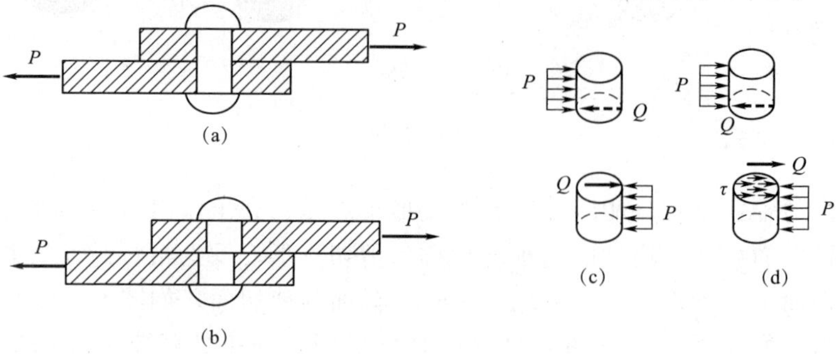

图 6-36

所以，剪切强度条件为

$$\tau_{\max}=\frac{Q_{\max}}{A_s}\leqslant[\tau] \tag{6-18}$$

大量实践证明，剪切的实用计算能满足工程实际的要求。工程中常用材料的许用切应力，可以从有关的设计手册中查得。

式（6-18）与轴向拉（压）强度条件一样同样可解决三类问题：强度校核、设计截面尺寸和确定许可载荷。

动画：圆轴扭转变形

任务六　圆轴扭转时的内力、应力和变形计算*

工程上产生扭转变形的杆件称为轴，如机器中的传动轴、汽车方向盘的转向轴、螺丝刀拧紧螺丝钉等，如图 6-37 所示。其受力特点是：杆件受到垂直杆轴平面内的力偶作用。变形特点是：相邻横截面绕杆轴产生相对旋转变形。

一、圆轴扭转时的内力计算

1. 功率、转速与外力偶矩之间的关系

研究扭转轴的内力，首先必须确定作用在轴上的外力偶矩，而在工程中，传递转矩的动力机械往往仅标明轴的转速和传递的功率。功率、转速与外力偶矩之间的关系为

$$M_e=9550\,\frac{P}{n} \tag{6-19}$$

式中：P 为轴传递的功率，kW；n 为轴的转速，r/min；M_e 为外力偶矩，N·m。

如果功率的单位为马力，则按式（6-20）计算

$$M_e=7024\,\frac{P}{n} \tag{6-20}$$

式中：P 为轴传递的功率，马力；n 为轴的转速，r/min；M_e 为外力偶矩，N·m。

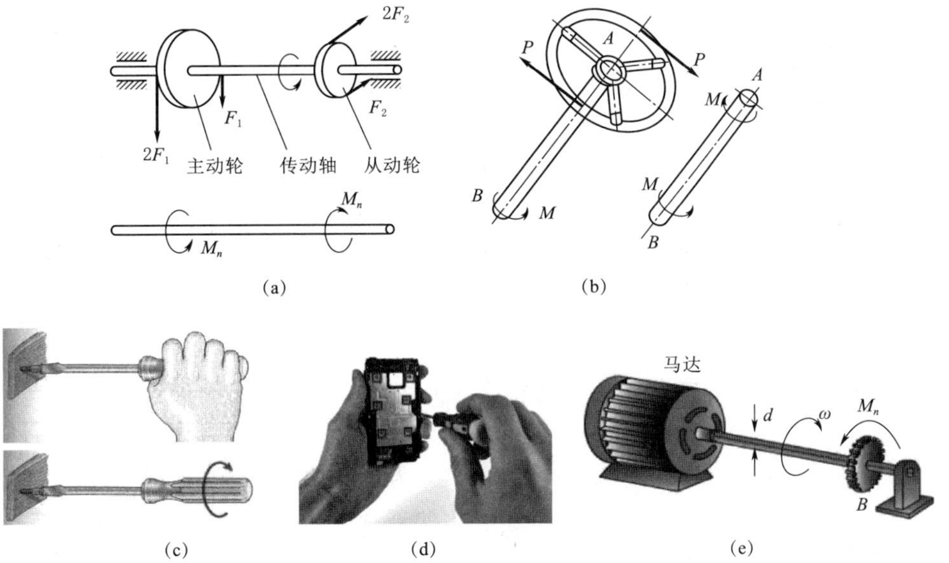

图 6－37

2．扭矩、扭矩图

扭转轴横截面的内力计算仍采用截面法。设圆轴在外力偶矩 M_{e1}、M_{e2}、M_{e3} 作用下产生扭转变形，如图 6－38（a）所示，求其横截面Ⅰ—Ⅰ的内力的步骤如下：

（1）将圆轴用假想的截面Ⅰ—Ⅰ截开，一分为二。

（2）取左段为研究对象，画其受力图如图 6－38（b）所示，去掉的右段对保留部分的作用以截面上的内力 M_n 代替。

（3）由保留部分的平衡条件确定截面上的内力。

由圆轴的平衡条件可知，横截面上与外力偶平衡的内力必为一力偶，该内力偶矩称为扭矩，用 M_n 表示。由平衡条件

$$\sum M=0 \quad M_{e1}-M_{n1}=0$$

得：

$$M_{n1}=M_{e1}$$

若取右段轴为研究对象，如图 6－38（c）所示，由平衡条件

$$\sum M=0 \quad M_{e2}-M_{n3}-M'_{n1}=0$$

得：

$$M'_{n1}=M_{e2}-M_{n3}=M_{n1}$$

为了取不同的研究对象计算同一截面的扭矩时结果相同，扭矩的符号规定为：按右手螺旋法则，以右手四指顺着扭矩的转向，若拇指指向与截面外法线方向一致，扭矩为正，如图 6－39（a）所示；反之为负，如图 6－39（b）所示。

多个外力偶作用的扭转轴，计算横截面上的扭矩时仍采用截面法。归纳以上计算结果，可由轴上外力偶矩直接计算截面扭矩。任一截面上的扭矩等于该截面一侧轴上的所有外力偶矩的代数和，即

$$M_n=\sum \pm M_{ei} \tag{6-21}$$

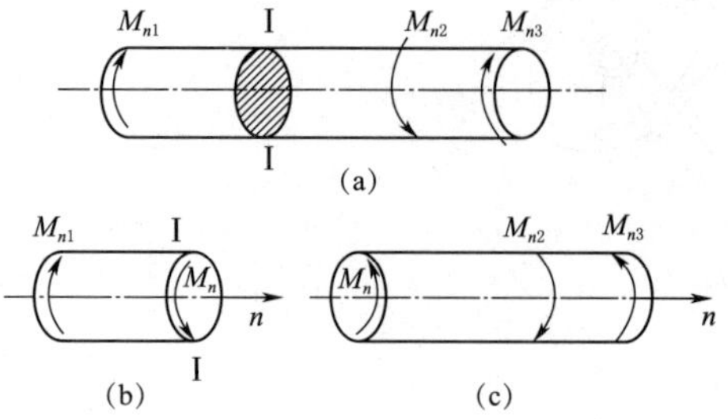

图 6-38

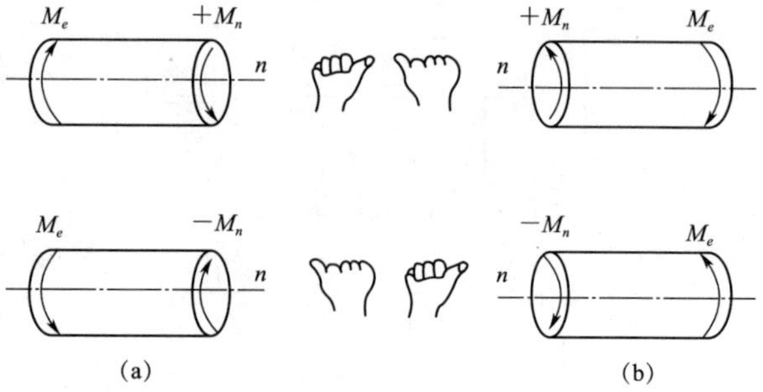

图 6-39

扭矩的符号仍用右手螺旋法则判断：凡拇指指向离开截面的外力偶矩在截面上产生正扭矩，反之产生负扭矩。

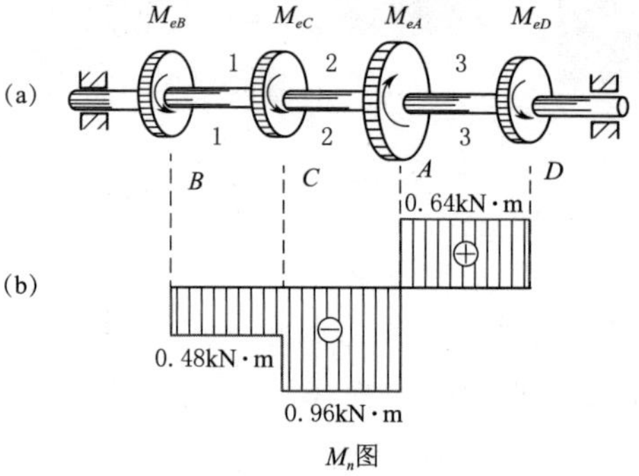

图 6-40

为了直观地反映扭矩随截面位置变化的规律，以便确定危险截面，与轴力图相仿可绘出扭矩图。绘制扭矩图要求：选择合适比例将正值的扭矩画在轴线上侧，负值的扭矩画在轴线下侧；图中标明截面位置，截面的扭矩值、单位，并标出正负号。

【例 6-14】 传动轴如图 6-40（a）所示，主动轮 A 轮输入功率 $P_A=50\text{kW}$，从动轮 B、C、D 输出功率分别为 $P_B=P_C=15\text{kW}$，$P_D=20\text{kW}$，轴转速为 $n=300\text{r/min}$。试绘制轴的扭矩图。

解：（1）计算外力偶矩。

$$M_{eA}=9550\,\frac{P_A}{n}=9550\times\frac{50}{300}=1.6\times10^3(\text{N}\cdot\text{m})=1.6(\text{kN}\cdot\text{m})$$

$$M_{eB}=M_{eC}=9550\,\frac{P_B}{n}=9550\times\frac{15}{300}=0.48\times10^3(\text{N}\cdot\text{m})=0.48(\text{kN}\cdot\text{m})$$

$$M_{eD}=9550\,\frac{P_D}{n}=9550\times\frac{20}{300}=0.64\times10^3(\text{N}\cdot\text{m})=0.64(\text{kN}\cdot\text{m})$$

（2）计算各截面扭矩。由式 6—19 可计算各截面扭矩如下：

BC 段： $M_{n1}=-M_{eB}=-0.48\text{kN}\cdot\text{m}$

CA 段： $M_{n2}=-M_{eB}-M_{eC}=-0.96\text{kN}\cdot\text{m}$

AD 段： $M_{n3}=-M_{eB}=0.64\text{kN}\cdot\text{m}$

（3）绘制扭矩图。由于扭矩在各段的数值不变，故该轴扭矩图由三段水平线组成，最大扭矩在 CA 段，$|M_{n\max}|=0.96\text{kN}\cdot\text{m}$，如图 6-40（b）所示。

二、圆轴扭转时的应力计算

剪切胡克定律。实验表明，若在弹性范围内加载，即剪应力小于某一极限值时，对于大多数各向同性材料，剪应力与剪应变之间存在线性关系，即在图 6-41

中，当 $\tau \leqslant \tau_p$ 时，有

$$\tau = G\gamma \tag{6-22}$$

这就是剪切胡克定律。式中 G 是反映杆件抵抗剪切变形能力的弹性常数，称为切变模量，单位为 GPa（$1\text{GPa}=10^9\text{Pa}$）。

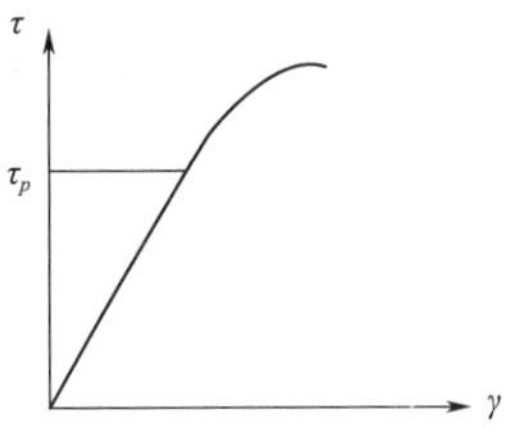

图 6－41

三、圆轴扭转时的应力计算

圆轴扭转时横截面上也只有与扭矩对应的剪应力。研究圆轴扭转时剪应力的方法，首先通过试验、观察、假设，然后再由变形的几何关系、变形与应力之间的物理关系以及静力学关系求解得圆轴扭转时截面上任一点处切应力的计算公式

$$\tau_p = \frac{M_n}{I_p} \cdot \rho \tag{6-23}$$

式中：M_n 横截面扭矩，N·m；I_p 为截面对圆心的极惯性矩，m^4；ρ 为横截面任意一点到圆心的距离，m。

该式说明圆轴扭转时横截面上任一点的剪应力 τ_ρ 与扭矩 M_n 成正比，且沿半径方向呈线性分布，如图 6－42 所示，在圆心处，剪应力为零，在横截面周边各点处，剪应力达到最大值，其值为

$$\tau_{max} = \frac{M_n}{I_p} \cdot R$$

令

$$W_p = \frac{I_p}{R}$$

则有

$$\tau_{max} = \frac{M_n}{W_p} \tag{6-24}$$

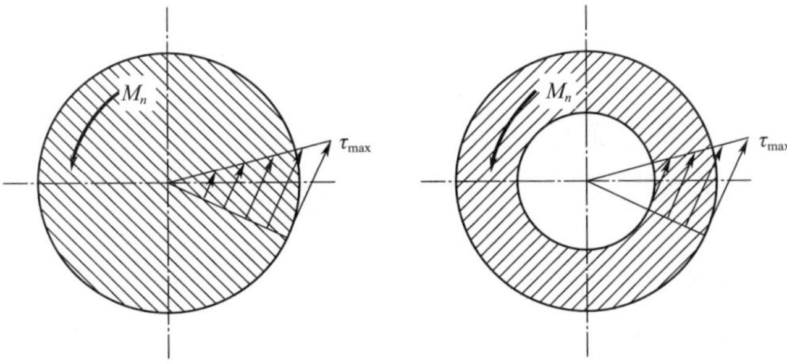

(a) (b)

图 6－42

视频：扭转试件安装

视频：圆轴扭转实验

式中：W_p 称为抗扭截面模量，是反映材料抵抗扭转变形的几何量，m^3 或 mm^3。

对于直径为 D 的实心圆轴

$$W_p = \frac{I_p}{R} = \frac{\frac{\pi D^4}{32}}{\frac{D}{2}} = \frac{\pi D^3}{16} \tag{6-25}$$

对于外径为 D、内径为 d 的空心圆轴，则

$$W_p=\frac{I_p}{R}=\frac{\frac{\pi D^4}{32}(1-\alpha^4)}{\frac{D}{2}}=\frac{\pi D^3}{16}(1-\alpha^4) \tag{6-26}$$

其中
$$\alpha=\frac{d}{D}$$

说明：式（6-24）、式（6-25）、式（6-26）是在材料符合胡克定律的前提下推导出来的，因此这些公式只能是等直圆杆在线弹性范围内扭转时使用。

四、圆轴扭转时的变形计算

圆轴扭转时，两横截面绕轴线相对转动，产生扭转角 φ。当扭矩 M_n、截面确定时，相距为 l 的两横截面间的扭转角公式为

$$\varphi=\frac{M_n l}{GI_p} \tag{6-27}$$

式中：φ 为横截面间的扭转角，rad；$I_p=\int \rho^2 \mathrm{d}A$ 为圆截面对圆心的极惯性矩；直径为 D 的实心圆轴 $I_p=\frac{\pi D^4}{32}$。

式（6-27）表明：扭转角 φ 与扭矩 M_n、轴长 l 成正比；与 GI_p 成反比。在 M_n、l 一定时，GI_p 越大，截面间的扭转角 φ 越小，因此 GI_p 被称为截面抗扭刚度，它反映了材料及截面形状、尺寸对扭转变形的影响。

五、圆轴扭转时的强度和刚度条件

1. 圆轴扭转时的强度条件

为了保证受扭圆轴安全可靠地工作，必须使圆轴的最大工作剪应力 $\tau_{\max}$ 不超过材料的扭转许用剪应力 $[\tau]$。因此，圆轴的强度条件为

$$\tau_{\max}\leqslant[\tau]$$

对于等直圆轴，其强度条件为

$$\tau_{\max}=\frac{M_{n\max}}{W_p}\leqslant[\tau] \tag{6-28}$$

2. 圆轴扭转时的刚度条件

工程中承受扭转的圆轴，除应满足强度条件外，一般要求圆轴扭转的变形不能超过工程上允许的范围。为了消除长度的影响，通常以单位长度上的扭转角，即扭转角的变化率，表示扭转变形的程度。即

$$\theta_{\max}=\frac{M_{n\max}}{GI_p} \tag{6-29}$$

只要圆轴单位长度上的扭转角的最大值 $\theta_{\max}$ 不超过规定的许用值，即可认为圆轴满足刚度条件，即

$$\theta_{\max}=\frac{M_{n\max}}{GI_p}\leqslant[\theta] \tag{6-30}$$

式中：$[\theta]$ 为许用单位长度扭转角，rad/m。

在工程中，许用单位长度扭转角 $[\theta]$ 的单位常改用度/米（°/m），故式（6－30）可改写为

$$\theta_{\max}=\frac{M_{n\max}}{GI_p}\times\frac{180^\circ}{\pi}\leqslant[\theta] \tag{6－31}$$

任务七　单跨静定梁的内力计算

2017 年 7 月，大唐新疆淖毛湖风电场发生了一起重大风电机组倒塌事故，此次风电机组从中、下段法兰连接处折断倒塌，风力发电机摔落在地，如图 6－43 所示。工程中各种直立式结构，在风力载荷作用下，立式结构将发生弯曲变形。若强度不足或变形过大，则会酿成惨剧，那么如何设计结构构件在弯曲变形下的强度、刚度？

动画：弯曲

图 6－43

一、单跨静定梁的分类

工程中将以弯曲变形为主要变形形式的杆件称为梁。由一根杆件与支座连接所构成的弯曲变形杆件，称为单跨梁，如图 6－44 所示。若此单跨梁的支座约束力不超过三个，则为静定单跨梁；若支座约束力超过 3 个，则为静不定单跨梁。本节将讨论单跨静定梁的基本形式、内力及其求解问题。

动画：简支梁（均布荷载）弯曲变形

视频：悬臂梁弯曲

视频：钢架弯曲变形

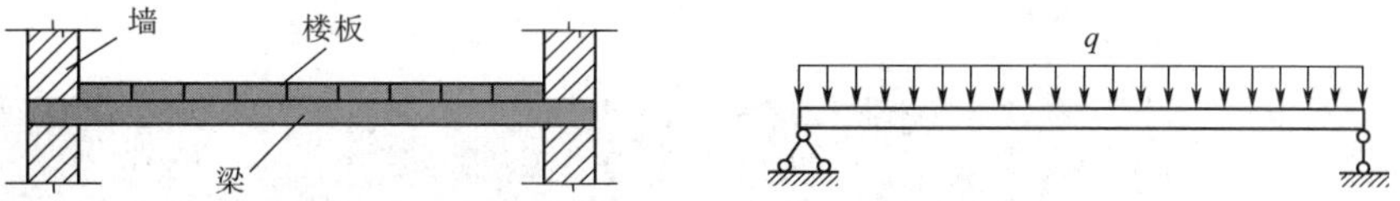

(a)　　(b)

图 6－44

根据梁的支承方式，可将单跨静定梁分为图 6－45 所示为的三种基本形式。

（1）简支梁　一端是固定铰支座，另一端是可动铰支座，如图 6－45(a) 所示。

（2）简支外伸梁　一端或两端伸出支座之外的简支梁，如图 6－45（b）所示。

（3）悬臂梁　一端固定，另一端自由的梁，如图 6－45（c）所示。

二、梁的弯曲变形

弯曲变形是杆件变形的基本形式之一，如图 6－46 中屋面梁、吊车梁、桥梁、火车轮轴、跳水板以及汽车的吊臂发生的都是弯曲变形。

(a) (b) (c)

图 6-45

三、单跨静定梁的内力及其求解

在横向力作用下梁的横截面上有两种内力：一种是与横截面相切的内力——剪力，用 Q 表示；另一种是作用面与横截面垂直的内力偶的力偶矩——弯矩，用 M 表示。如图 6-47 所示，已知简支梁上作用外力 F，梁总长 l，F 距 A 端的距离为 a。求距 A 端 x 处截面上内力。

(a)

(b)

(c)

(d)

图 6-46（一）

(e)

(f)

图 6-46（二）

解：列平衡方程，求出支座反力

$$\begin{cases}\sum X=0\\ \sum Y=0\\ \sum m_A=0\end{cases} \quad (6-32)$$

$$\begin{cases}R_{Ax}=0\\ R_{Ay}=\dfrac{F(l-a)}{l}\\ R_{By}=\dfrac{Fa}{l}\end{cases}$$

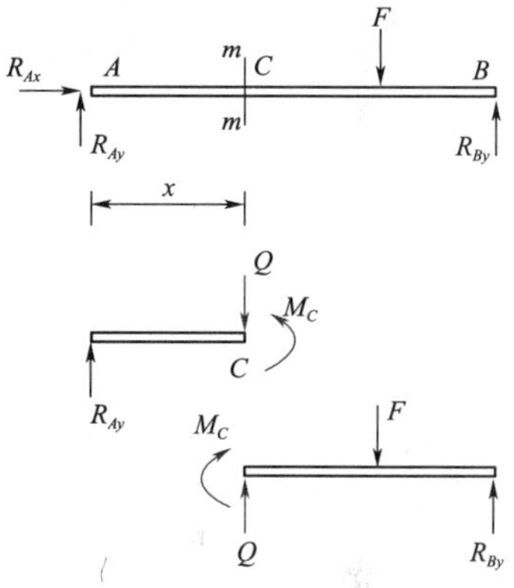

图 6-47

利用截面法，将梁沿 $m-m$ 截面切开，根据物体系统平衡的原则，可知截面形心 C 处的内力除了有与截面相切的剪力外，还有一力偶，称其为剪力和弯矩，用 Q 和 M 表示。

剪力和弯矩的正负号规定是：

在位于梁段左端的截面上，向上 Q 的为正，顺时针转向 M 的为正。

在位于梁段右端的截面上，向下 Q 的为正，逆时针转向 M 的为正。

或者，使所作用的梁段绕梁内任意点产生顺时针转向的取正号，使梁段下侧纤维受拉时的 M 取正号，如图 6-48 所示。

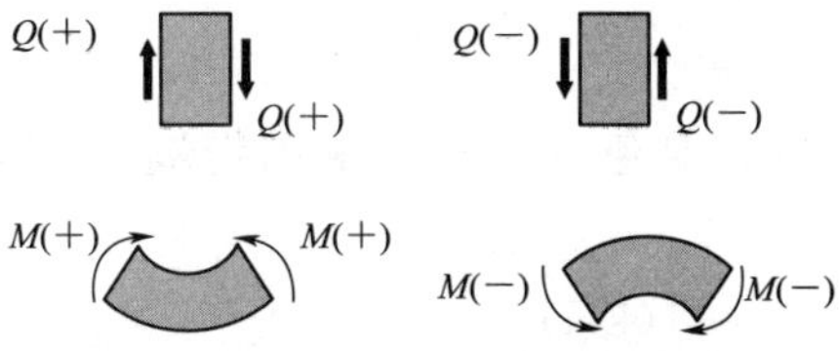

图 6-48

利用截面法容易得出计算剪力和弯矩的简捷方法：任一截面上的剪力等于截面任一侧（左边或右边）所有垂直方向外力的代数和。任一截面上的弯矩等于截面任一侧（左边或右边）所有外力对横截面形心之矩的代数和。

【例 6-15】 简支梁的受力如图 6-49 所示，已知 $P_1=30\text{kN}$、$P_2=30\text{kN}$，求 1—1 和 2—2 截面的剪力和弯矩。

解：(1) 求支座反力。

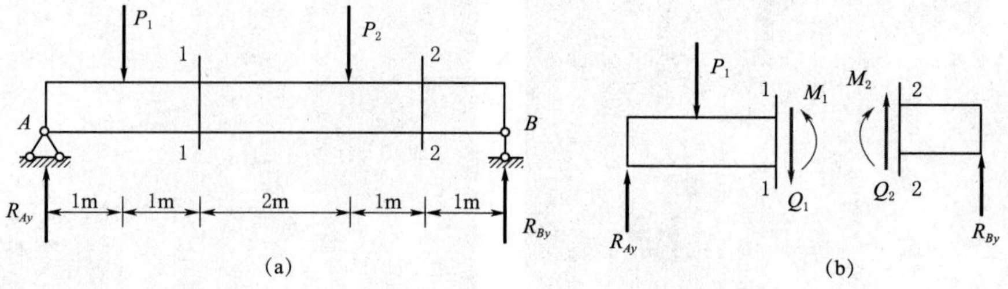

图 6-49

$\sum m_B=0$，即　　$P_1\times5+P_2\times2-R_{Ay}\times6=0$

$\sum F_y=0$，即　　$R_{Ay}+R_B-P_1-P_2=0$

得　　$R_{Ay}=35$ (kN)，$R_{By}=25$ (kN)

（2）求截面 1—1 的剪力和弯矩。

截面 1—1 把梁分为两段，取左边为分离体［图 6-49（a）］，其上有两个力 R_A、P_1

$$Q_1=\sum F=R_{Ay}-P_1=5(\text{kN})$$

R_A 产生的弯矩为正，P_1 产生的弯矩为负，则

$$M_1=R_{Ay}\times2-P_1\times1=40(\text{kN}\cdot\text{m})$$

（3）求截面 2—2 的剪力和弯矩。

同理得：　　$Q_2=\sum F--R_{By}=-25(\text{kN})$

$$M_2=R_{By}\times1=25(\text{kN}\cdot\text{m})$$

【例 6-16】 如图 6-50（a）所示悬臂梁 AB，已知 $q=3\text{kN/m}$，$F=5\text{kN}$，试计算距固定端 A 为 1m 处横截面上的内力。

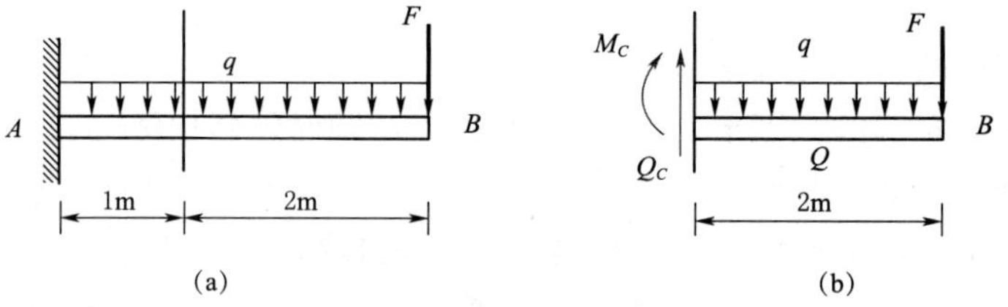

图 6-50

解： 将梁在距 A 点 1m 处截开，取右段为研究对象（可省去求固定端 A 处的支座反力），如图 6-50（b）所示。

$$Q_C=q\times2+F=3\times2+5=11(\text{kN})$$

$$M_C=-q\times2\times1-F\times2=-3\times2\times1-5\times2=-16(\text{kN}\cdot\text{m})$$

四、单跨静定梁的内力方程和内力图

1. 方程法求解单跨静定梁的内力和内力图

一般地，梁的内力随横截面的位置而变化。如果沿梁的轴线方向选取 x 表示横截面的位置，则各横截面上的剪力和弯矩可表示为坐标 x 的函数，即为剪力方程和

弯矩方程

$$Q=Q(x)$$
$$M=M(x)$$

如果以 x 为横坐标，以 Q 或 M 为纵坐标，分别绘制 $Q=Q(x)$ 和 $M=M(x)$ 的函数曲线，这样得出的图形分别叫作剪力图和弯矩图。

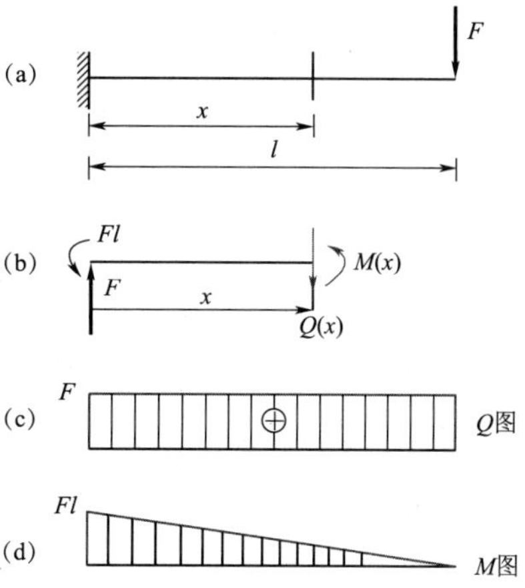

图 6－51

【例 6－17】 图示悬梁臂，在自由端受集中力作用，如图 6－51（a）所示，试作剪力图和弯矩图。

解：（1）列剪力方程和弯矩方程。选取截面 A 为坐标原点，坐标轴如图 6－51（a）所示。在截面 x 处切取左段为研究对象，画其受力分析图，如图 6－51（b）所示，根据平衡方程得

$$Q(x)=-F \quad (0\leqslant x\leqslant l) \qquad \text{(a)}$$
$$M(x)=-Fx \quad (0\leqslant x<l) \qquad \text{(b)}$$

（2）画剪力图。式（a）表明，剪力 Q 为常数，所以，剪力图为一平行于 x 轴的直线。因剪力 Q 为负值，故画在 x 轴的下方，如图 6－51（c）所示。

（3）画弯矩图。式（b）表明，弯矩 M 为 x 的一次函数，所以弯矩图为一斜直线。由式（b）可知 $x=0$，$M=0$

$$x=l,M=-Fl$$

过原点（0，0）与点（l，$-Fl$）连直线机的弯矩图，如图 6－51（d）所示。

由图可见，剪力在个截面上均相等；弯矩的最大值位于固定端的左侧截面上。

$$|M|_{\max}=Fl$$

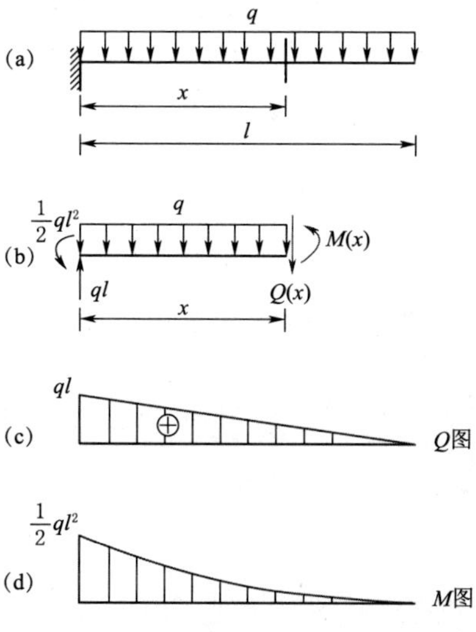

图 6－52

【例 6－18】 如图 6－52（a）所示悬臂梁，在全梁上受集度为 q 的均布载荷作用。试作该梁的剪力图和弯矩图。

解：（1）列剪力方程和弯矩方程。选取截面 A 为坐标原点，并在截面 x 处切取左段为研究对象，画其受力分析图如图 6－52（b）所示，根据平衡方程得

$$Q(x)=-qx \qquad (0\leqslant x<l) \qquad \text{(a)}$$
$$M(x)=-\frac{qx^2}{2} \qquad (0\leqslant x<l) \qquad \text{(b)}$$

（2）画剪力图。

式（a）表明剪力 Q 是 x 的一次函数，剪力图是一斜直线。

$$x=0,Q=0;x=l,Q=-ql$$

（3）画弯矩图。

式（b）表明，弯矩 M 是 x 的二次函数，弯矩图是一次抛物线。由二次曲线性质知，此曲线顶点为（0，0）开口向下；可确定几点描出该曲线。

$$x=0,\ M=0$$

$$x=\frac{l}{2},\ M=-\frac{ql^2}{8}$$

$$x=l,\ M=-\frac{ql^2}{2}$$

剪力图与弯矩图分别如图 6－52（c）、（d）所示。由图可见，在固定端左侧截面上的建立和弯矩最大，分别为 $|Q|_{\max}=ql$ 和 $|M|_{\max}=\frac{ql^2}{2}$。

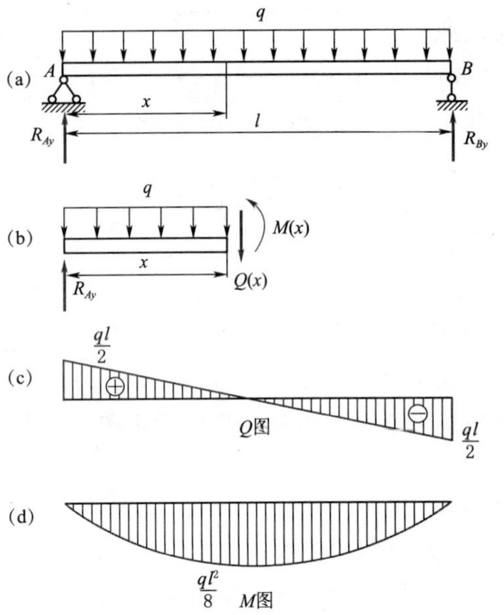

图 6－53

【例 6－19】 如图 6－53（a）所示简支梁，在全梁上受集度 q 的均布载荷。试作此梁的剪力图和弯矩图。

解：（1）求支反力。

由 $\sum M_A=0$ 及 $\sum M_B=0$，得 $R_{Ay}=R_{By}=\frac{ql}{2}$。

（2）列剪力方程和弯矩方程。

取 A 为坐标轴原点，并在截面 x 处切取左段为研究对象，画其受力分析图，如图 6－53（b）所示，根据平衡方程得

$$Q=R_{Ay}-qx=\frac{ql}{2}-qx \qquad (0\leqslant x\leqslant l) \qquad (a)$$

$$M=R_{Ay}x-\frac{qx^2}{2}=\frac{qlx}{2}-\frac{qx^2}{2} \qquad (0\leqslant x\leqslant l) \qquad (b)$$

（3）画剪力图。

式（a）表明，剪力 Q 是 x 的一次函数，所以剪力图是一斜直线。

$$x=0,\ Q=\frac{ql}{2}$$

$$x=l,\ Q=-\frac{ql}{2}$$

（4）画弯矩图。

式（b）表明，弯矩 M 是 x 的二次函数，弯矩图是一条抛物线。由方程

$$M(x)=\frac{qlx}{2}-\frac{qx^2}{2}=\frac{q}{2}(lx-x^2)=-\frac{q}{2}\left(x-\frac{l}{2}\right)^2+\frac{ql^2}{8}$$

由于曲线顶点为$\left(\frac{l}{2},\frac{ql^2}{8}\right)$。可按表 6－3 对应值确定几点：

表 6－3　　x 对应取值

x	0	$\frac{l}{4}$	$\frac{l}{2}$	$\frac{3l}{4}$	l
M	0	$\frac{3ql^2}{32}$	$\frac{ql^2}{8}$	$\frac{3ql^2}{32}$	0

剪力图与弯矩图分别于图 6－53（c）、（d）。由图可知，剪力最大值在两支座内侧的横截面上，$Q_{max}=\frac{ql}{2}$。弯矩的最大值在梁的中点，$M_{max}=\frac{ql^2}{8}$。

【例 6－20】 如图 6－54（a）所示简支梁，在跨中处受集中载荷 P 的作用，试作其剪力图和弯矩图。

解：（1）求支反力。由$\sum M_B=0$ 及$\sum M_A=0$，得

$$R_{Ay}=\frac{P}{2}\quad R_{By}=\frac{P}{2}$$

（2）列剪力方程与弯矩方程。因梁在 C 点处有集中力，故应分段考虑。

AC 段　　$Q(x)=R_{Ay}=\frac{P}{2}\quad(0<x\leqslant l/2)$

$$M(x)=R_{Ay}x=\frac{P}{2}x\quad(0<x\leqslant l/2)$$

CB 段　　$Q(x)=-R_{By}=-\frac{P}{2}\quad(l/2<x\leqslant l)$

$$M(x)=R_{By}(l-x)=-\frac{P}{2}(l-x)\quad(l/2<x\leqslant l)$$

（3）画剪力图。由剪力方程知，C 截面左右段均为水平直线，剪力图如图 6－54（c）所示。

（4）画弯矩图。由弯矩方程知，C 截面左右段均为斜直线。

AC 段 $x=0$，$M=0$；$x=a$，$M=\frac{Pl}{4}$

CB 段 $x=a$，$M=\frac{Pl}{4}$；$x=l$，$M=0$

弯矩图如图 6－54（b）所示。最大弯矩在集中力作用处横截面 C 处，$M_{max}=\frac{Pl}{4}$。

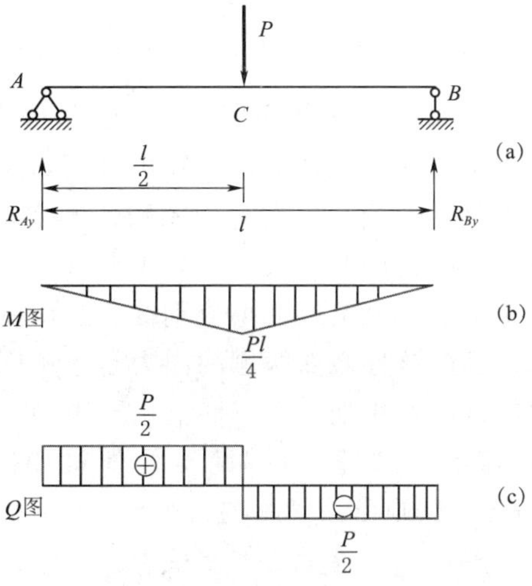

图 6－54

【例 6-21】 如图 6-55（a）所示简支梁，在中点 C 点处受矩为 m 的集中力偶的作用。试作其剪力图和弯矩图。

解：（1）求支座反力。简支梁 AB 只作用一个外力偶，可看作平面力偶系，R_{Ay}、R_{By} 构成一对力偶与外力偶平衡，即

$$R_{By}=\frac{m_e}{l} \quad R_{Ay}=-\frac{m_e}{l}$$

（2）列剪力方程和弯矩方程。

$$Q(x)=-R_{Ay}=-\frac{m_e}{l} \quad (0\leqslant x\leqslant l)$$

因 C 点处有集中力偶，故弯矩需分段考虑。

AC 段 $$M(x)=-R_{Ay}\cdot\frac{l}{2}=-\frac{m_e}{2} \quad (0\leqslant x\leqslant l/2)$$

CB 段 $$M(x)=R_{By}\left(l-\frac{l}{2}\right)=\frac{m_e}{2} \quad (l/2<x\leqslant l)$$

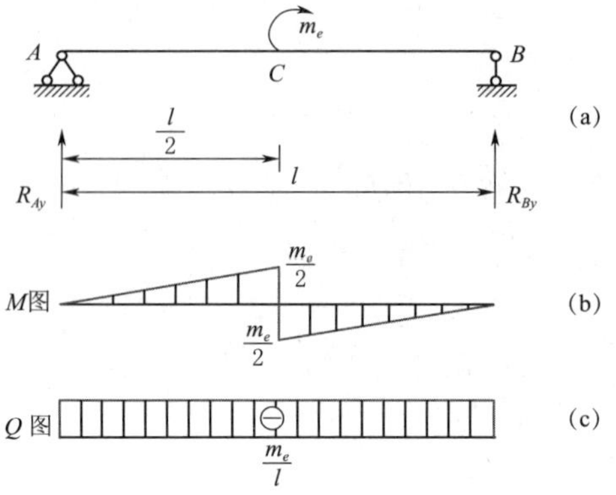

图 6-55

（3）画剪力图。由剪力方程知，剪力为常数，故为一水平直线，如图 6-55（c）所示。

（4）画弯矩图。弯矩图如图 6-55（b）所示，最大弯矩发生在集中力偶作用处 $M_{max}=\frac{m_e}{2}$。

2. 内力图绘制的原则

从图 6-55（b）中可以得到，弯矩图在集中力偶 m 的作用点是不连续的，C 截面左侧的弯矩值为 $-\frac{m_e}{2}$，右侧的弯矩值为 $\frac{m_e}{2}$，弯矩图在 C 截面发生了突变，从图中可以得出，该突变的绝对值等于集中力偶 m，这也是普遍性。由此得出结论：在集中力偶 m 作用处左右，弯矩值大小不一样，此处弯矩图发生突变，突变值等于该集中力偶矩的值，且从左到右顺 m 的转向突变；左右剪力图数值不变。

由上述例题可知，在集中荷载（集中力偶）的作用处，剪力图（弯矩图）分别发生突变，突变值大小分别等于相应的集中荷载（集中力偶）。

因此该处截面两侧的内力是不相同的。梁的最大弯矩可能发生在集中荷载或集中力偶的作用处。

【例 6-22】*　一简支外伸梁如图 6-56（a）所示，已知 $q=5\text{kN/m}$，$P=15\text{kN}$，试画出该梁的内力图。

解：（1）求梁的支座反力。

$$R_{By}=20\text{kN}, \quad R_{Dy}=5\text{kN}$$

(2) 建立内力方程。

因为梁上作用均布荷载和一个集中力，没有横向外力，分段列内力方程：

AB 段，如图 6-56 (b) 所示：

$$Q(x_1)=-qx_1=-5x_1 \quad (0\leqslant x_1\leqslant 2)$$

$$M(x_1)=-\frac{1}{2}qx_1{}^2=-\frac{5}{2}x_1{}^2 \quad (0\leqslant x_1\leqslant 2)$$

BC 段，如图 6-56 (c) 所示：

$$Q(x_2)=20-2q=10 \quad (2\leqslant x_2\leqslant 4)$$

$$M(x_2)=20(x_2-2)-2q(x_2-1)=10x_2-30 \quad (2\leqslant x_2\leqslant 4)$$

CD 段，如图 6-56 (d) 所示：

$$Q(x_3)=-5 \quad (0\leqslant x_3\leqslant 2)$$

$$M(x_3)=5x_3 \quad (0\leqslant x_3\leqslant 2)$$

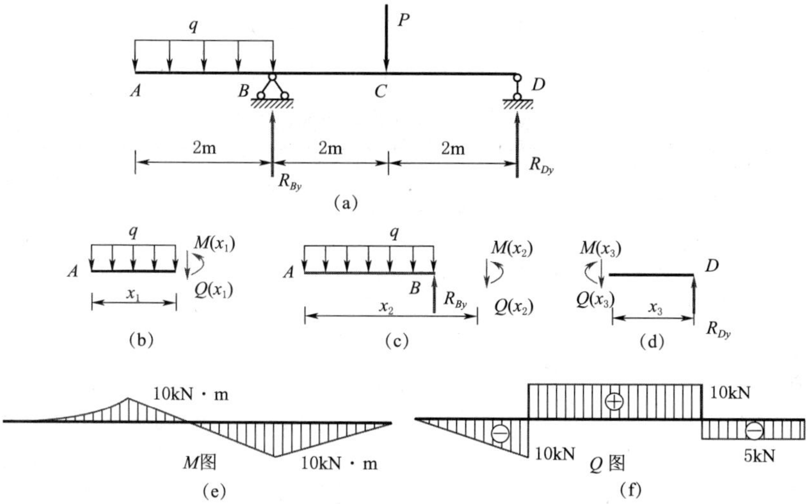

图 6-56

(3) 内力图绘制。根据 AB、BC、CD 三段上剪力方程和弯矩方程，按其 x 对应的区间，分别绘制剪力图如图 6-56 (f) 所示和弯矩图如图 6-56 (e) 所示。

从剪力图和弯矩图上可以很方便地确定梁的最大剪力和最大弯矩，以及最大剪力和最大弯矩值所在的截面位置。

五、梁的荷载、剪力图和弯矩图的相互关系*

1. 相互关系

设梁上作用有任意的分布荷载 $q(x)$，如图 6-57(a) 所示，规定 $q(x)$向上为正，向下为负。在距左端坐标原点 x 处，截取长度为 dx 微段梁，如图 6-57(b)所示。

微段梁上作用有分布荷载 $q(x)$。因为 dx 很微小，在 dx 微段上可以将分布荷载看成是均匀分布的。微段左侧横截面上的剪力和弯矩分别为 $Q(x)$和 $M(x)$；微段右侧截面上的剪力和弯矩分别为 $Q_{(x)}+dQ_{(x)}$ 和 $M_{(x)}+dM_{(x)}$。当梁平衡时，该

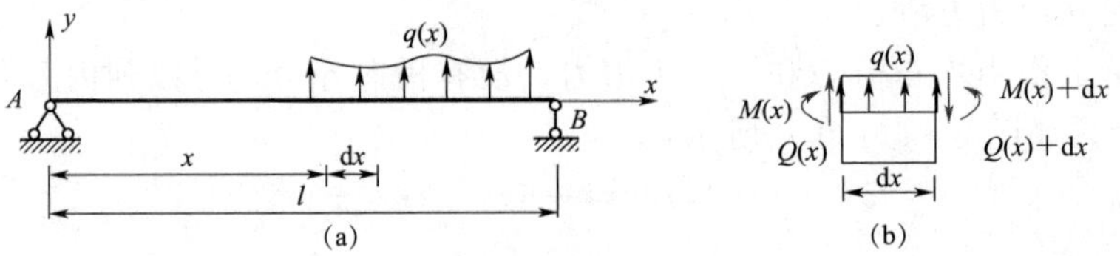

图 6－57

微段也处于平衡状态。由平衡方程得到一般情况 $M(x)$、$Q(x)$、$q(x)$关系式：

$$\frac{dQ(x)}{dx}=q(x)$$

$$\frac{dM(x)}{dx}=Q(x)$$

由两式又可以得到：
$$\frac{dM^2(x)}{dx^2}=-q(x)$$

上述三个方程表明了弯矩 $M(x)$、剪力 $Q(x)$、荷载集度 $q(x)$三者之间的关系，梁的荷载、剪力图和弯矩图的相互关系见表 6－4。

表 6－4　　梁的荷载、剪力图和弯矩图的相互关系

荷载	$q=0$（无分布荷载梁段）	$q>0$　$q<0$（均布荷载梁段）	集中力P作用处(C点) P C	集中力偶m作用处(C点) m C
Q 图	水平线	斜直线	C截面突变，P向下，则向下突变，突变值$=P$	C截面无变化
M 图	$Q=0$时 $Q>0$时 $Q<0$时 斜直线 水平线	$Q=0$外，M有极值(M图凹向与荷载q类似弓箭的形状)	C截面有尖角或转折(图形斜率随Q的突变而改变，形成尖角和转折)	C截面m突变，m(逆时针)向上突变，突变值$=m$
实例	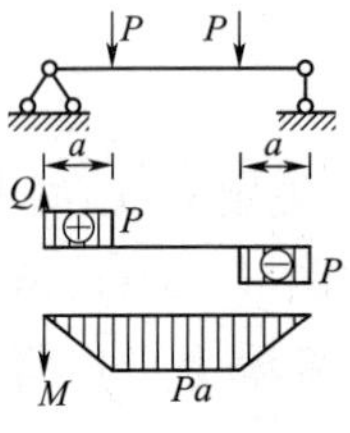	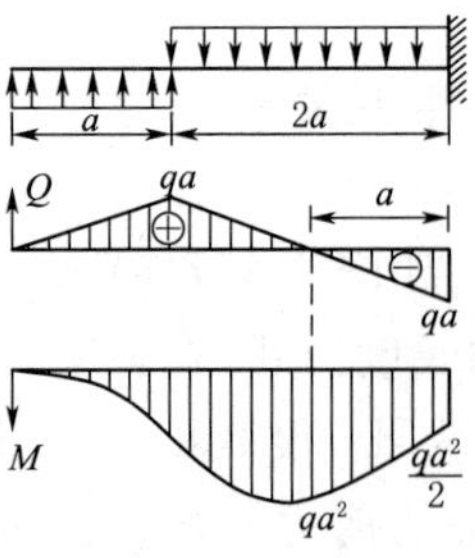	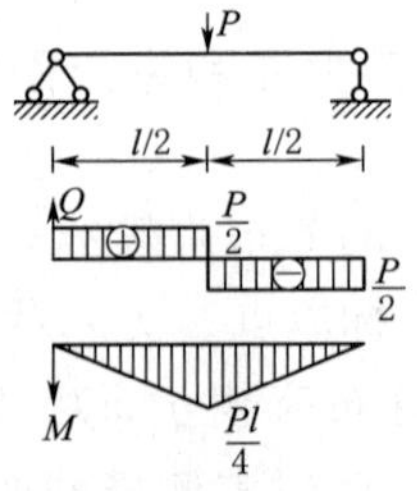	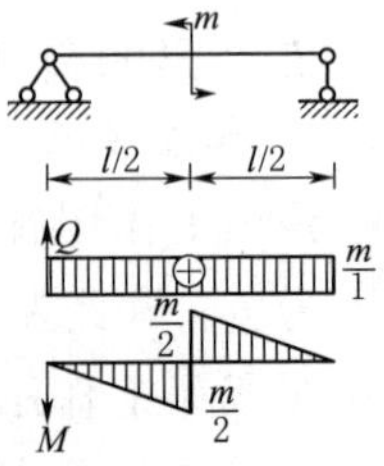

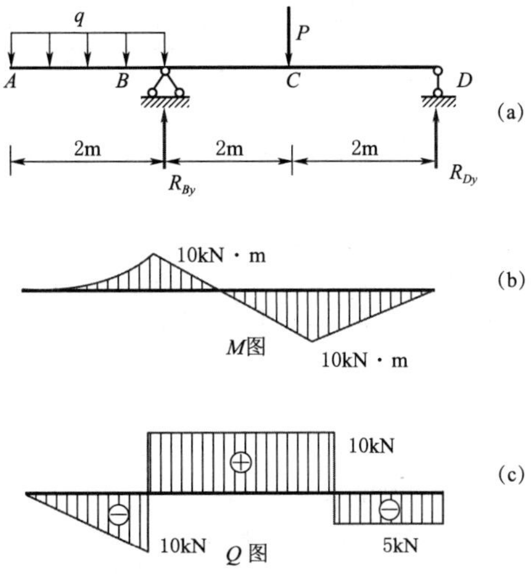

图 6-58

【例 6-23】 利用梁的荷载、剪力图和弯矩图的相互关系画出图 6-58 中外伸梁的内力图。

解：（1）求梁的支座反力。

$R_{By}=20\text{kN}$，$R_{Dy}=5\text{kN}$

根据梁上受力情况，将此梁分为 AB、BC、CD 三段，逐段画出内力图。

（2）剪力图。

AB 段作用有均布荷载，剪力图为斜直线，且

$Q_A=0$ ，$Q_B^{左}=-q\times2=-10\text{kN}$，画出此直线。

BC 段无外荷载作用，剪力图为水平线，且

$$Q_B^{右}=Q_B^{左}+R_{By}=-10+20=10(\text{kN})，画出此水平线。$$

CD 段无外荷载作用，剪力图为水平线，且

$$Q_D=-R_{Dy}=-5\text{kN}，画出此水平线。$$

剪力图如图 6-58（b）所示。

（3）弯矩图。

AB 段作用有均布荷载，弯矩图为二次抛物线，q 方向向下，所以此段曲线下凹，由

$M_A=0$，$M_B=-q\times2\times\dfrac{2}{2}=-10\text{kN}\cdot\text{m}$，画出此段曲线大致形状。

BC 段无外荷载作用，弯矩图为斜直线，且

$M_B=-10\text{kN}\cdot\text{m}$，$M_C=R_{Dy}\times2=10\text{kN}\cdot\text{m}$，画出此直线。

CD 段无外荷载作用，弯矩图为斜直线，且

$M_C=10\text{kN}\cdot\text{m}$，$M_D=0$，画出此直线。

弯矩图如图 6-58（c）所示。

2. *走路法绘剪力图*

走路法绘剪力图的规则，以梁的左端的集中力的大小和方向起步走，没有荷载的梁段上平着走，遇到均布荷载斜着走（斜的梯度为均布荷载的大小），遇到集中力跟着走，遇到集中力偶不理睬。

【例 6-24】 图 6-59（a）所示的简支梁承受集中力 F 和集度为 q 的均布载荷。试用走路法绘梁的剪力图。

解：（1）求支座反力

根据平衡条件可求得：$R_{Ay}=3.5\text{kN}$ ，$R_{Dy}=6.5\text{kN}$

（2）绘梁的受力分析图，如图 6-59（b）所示。

（3）A 点出发向上走 3.5kN，平着走 1m 到 B 点，由 B 点向下走 2kN，再平

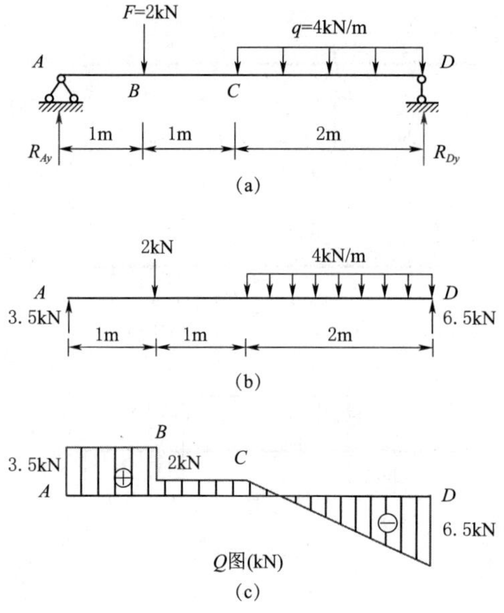

图 6-59

着走 1m 到 C 点，由 C 点到 D 点斜着向下走，斜的梯度为 CD 段上均布荷载的大小，即 8kN，再向上走 6.5kN，到梁上 D 点，最终形成一个闭合图形为梁的剪力图形，如图 6-59（c）所示。

六、叠加法作单跨静定梁的内力图

在小变形条件下，梁受几种（或几个）荷载共同作用时所产生的某一量值，等于每种荷载（或每个荷载）单独作用时所产生对应量值的代数和。量值可以是弯矩或其他内力，也可以是约束力、变形或位移；利用叠加原理求某种量值的方法称为叠加法。表 6-9 列举出常见荷载作用下单跨静定梁的 M 图。

现以图 6-60（a）所示的悬臂梁 AB 受集中力 F 和均布荷载 q 的情况为例，阐明叠加原理的应用。

分析每种情况下的固定端支座反力和任意 x 截面上的弯矩。

如图 6-60（a）所示悬臂梁在 F、q 共同作用时，其固定端支座反力和任意 x 截面上的弯矩为

$$\begin{cases} R_{By}=F+ql \\ M_B=Fl+\dfrac{ql^2}{2} \\ M(x)=-Fx-\dfrac{ql^2}{2} \end{cases}$$

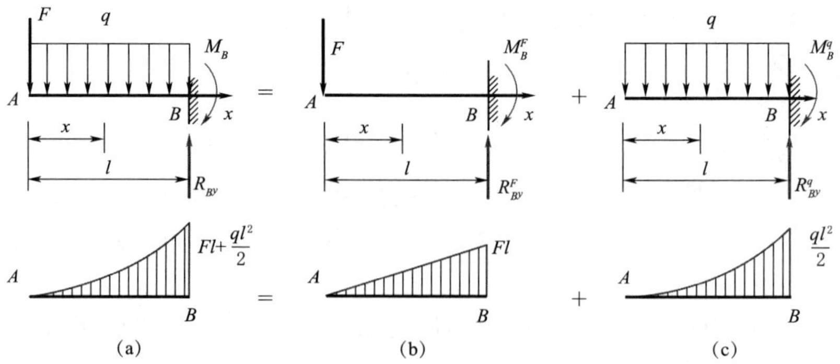

图 6-60

如图 6-60（b）所示悬臂梁在集中力 F 单独作用时，其固定端支座反力和任意 x 截面上的弯矩为

$$\begin{cases} R_{By}^{F}=F \\ M_{B}^{F}=Fl \qquad (0\leqslant x\leqslant l) \\ M(x)^{F}=-Fx \end{cases}$$

悬臂梁在均布荷载 q 单独作用时，如图 6－60（c）所示，其固定端支座反力和任意 x 截面上的弯矩为

$$\begin{cases} R_{By}^{q}=ql \\ M_{B}^{q}=\dfrac{ql^{2}}{2} \qquad (0\leqslant x\leqslant l) \\ M(x)^{q}=-\dfrac{qx^{2}}{2} \end{cases}$$

从上列各式中可见，悬臂梁的支座反力和弯矩均与荷载呈线性关系。比较上面三种情况的计算结果可得

$$\begin{cases} R_{By}=R_{By}^{F}+R_{By}^{q}=F+ql \\ M_{B}=M_{B}^{F}+M_{B}^{q}=Fl+\dfrac{q}{2}l^{2} \qquad (0\leqslant x\leqslant l) \\ M(x)=M(x)^{F}+M(x)^{q}=-Fx-\dfrac{q}{2}x^{2} \end{cases}$$

上式表明：梁在 F、q 共同作用时所产生的反力和弯矩等于 F 与 q 单独作用时所产生的反力或弯矩的代数和。

这种关系不仅在本例中计算反力和弯矩时存在，且在计算其他量值（如应力、变形）时也同样存在。由此得出如下结论：由 n 个荷载共同作用时所引起的某参数（反力、内力、应力、变形）等于各个荷载单独作用时所引起的该参数的代数和。这个结论称为叠加原理。

叠加原理的适用条件如下：

（1）必须是该参数与荷载呈线性关系。因为只有存在线性关系时，各荷载所产生的该参数值才彼此独立。

（2）梁在荷载作用下的变形是很微小，故梁跨长的改变可忽略不计。只要满足这两个条件，就可以应用叠加原理。

【例 6－25】 如图 6－61（a）所示简支梁受荷载 $P=4\text{kN}\cdot\text{m}$ 和均面荷载 $q=2\text{kN/m}$ 作用。试用叠加法画梁的弯矩图。

解：（1）画受力图，计算支座反力，将作用在梁上的荷载分为 p 与 q 两组。分别画出 p、q 单独作用下的弯矩图，如图 6－61（b）、（c）所示。

（2）将这两个弯矩图的相应纵坐标叠加起来，如图 6－61（a）所示，就是简支梁在集中荷载 p 和均布荷载 q 共同作用下的弯矩图。

叠加法绘制弯矩图的步骤：（1）荷载分解；（2）作分解荷载的弯矩图；（3）叠加作荷载共同作用下的弯矩图。

需要注意的是，弯矩图的叠加，不是两个图形的简单叠加，而是对应点处纵坐标的相加。

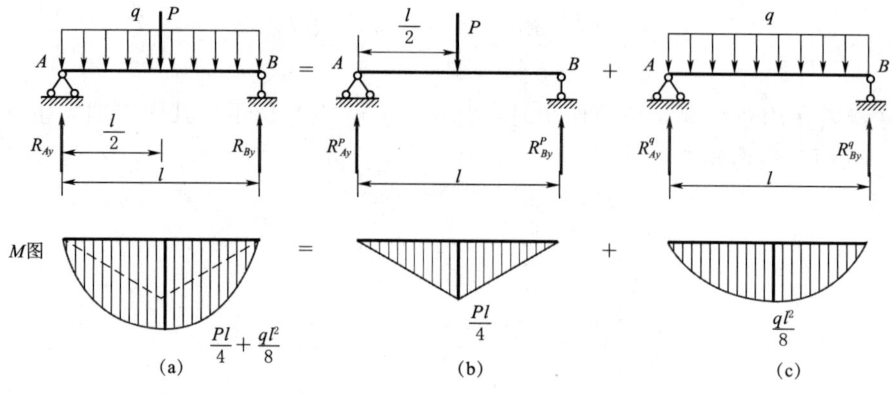

图 6-61

表 6-5　　　　常见荷载作用下单跨静定梁的 *M* 图

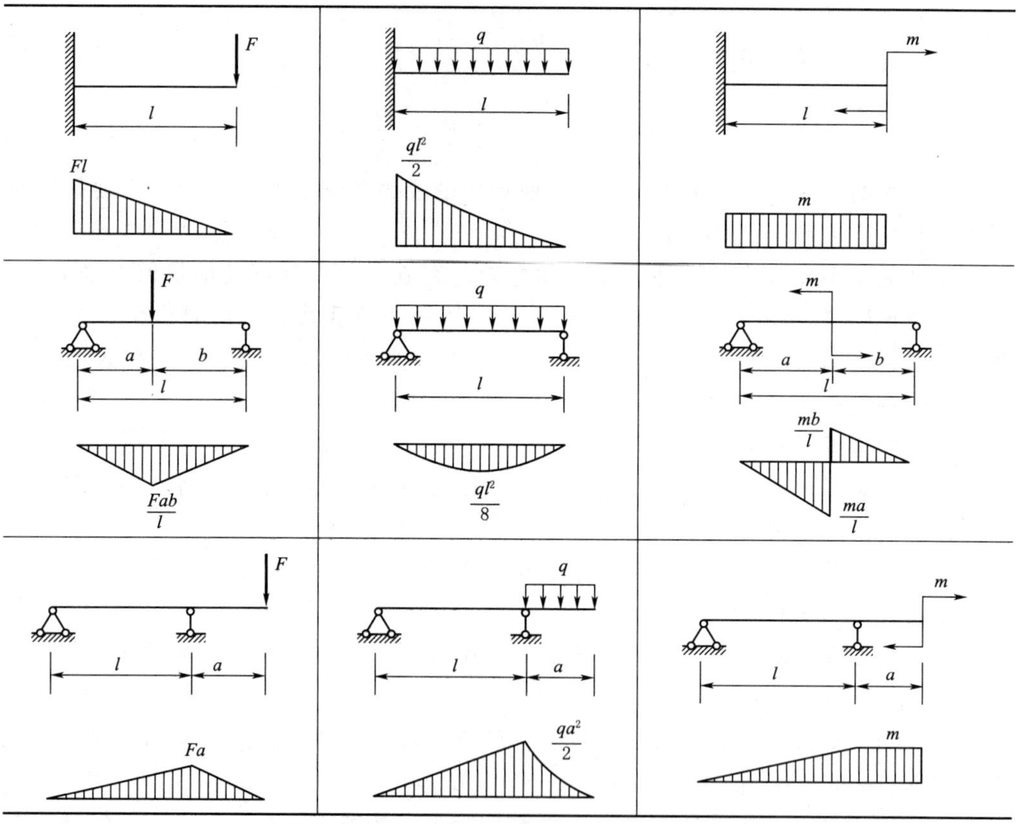

通过【例 6-25】求解可见，用叠加法求单跨静定梁的弯矩图时，只要熟练掌握了梁在一些常见荷载单独作用下的弯矩图后，采用弯矩叠加法，计算简单，作图既快速又不会出错，是一种行之有效的方法。因此，建议读者熟记表 6-5 中所列弯矩图的图形，以方便用叠加的方法来求作单跨静定梁的弯矩图，同时也为求解复杂荷载作用下弯矩图奠定基础。

任务八　梁弯曲时的应力与强度

一、平面弯曲

梁的弯曲变形是工程中常见的一种基本变形形式。图 6－62（a）为桥梁的主梁，图 6－62（b）为支承闸门启闭机的纵梁，图 6－62（c）为挡土墙，这些都是以弯曲变形为主的构件。

工程中常见的梁，其横截面一般都具有对称轴，如图 6－63（a）所示。截面纵向对称轴与梁轴线组成的平面称为纵向对称面，如图 6－63（b）所示。如果所有外力都作用在纵向对称平面内，且各力都与梁的轴线垂直，梁的轴线将在外力作用的同一纵向对称平面的内弯成一条平面曲线，这种弯曲称为平面弯曲，本任务所研究的弯曲问题都属于这种平面弯曲。

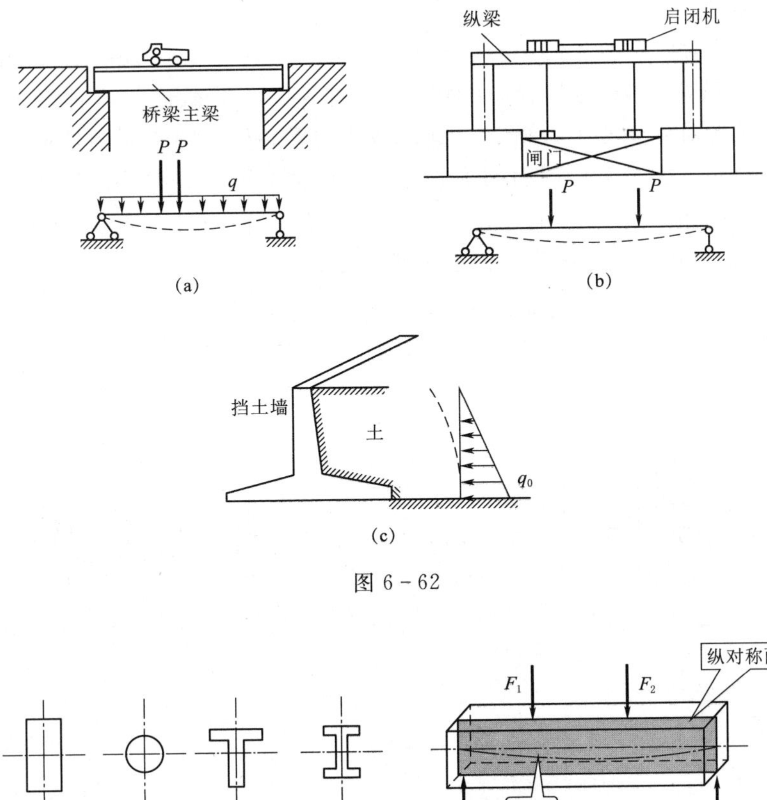

图 6－62

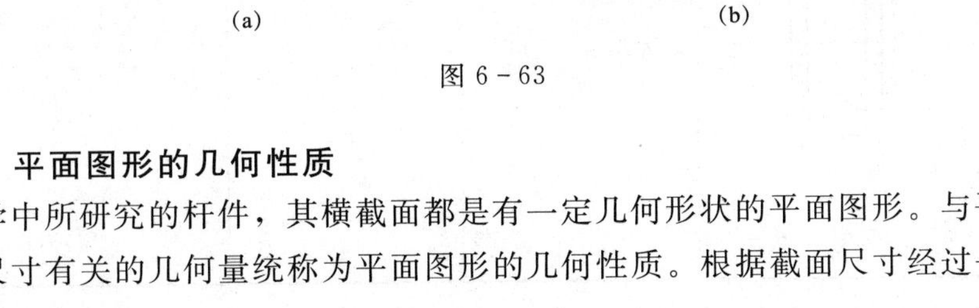

图 6－63

二、平面图形的几何性质

力学中所研究的杆件，其横截面都是有一定几何形状的平面图形。与平面图形形状及尺寸有关的几何量统称为平面图形的几何性质。根据截面尺寸经过一系列运算可得一些几何数据，如面积、惯性矩、截面系数等。构件的强度、刚度与这些几何数据有着直接的关系。

动画：纯弯曲梁变形

如图 6-64 所示，将一塑料尺分别平放于两个支点上和竖放于两个支点上，然后加上相同的力 P，显然前一种放置方式下所发生的弯曲变形要远大于后一种放置方式下所发生的弯曲变形。这种差异仅是截面放置方式不同造成的，这就说明构件的承载能力与截面几何数据有直接的关系。下面介绍几种有关的截面几何性质。

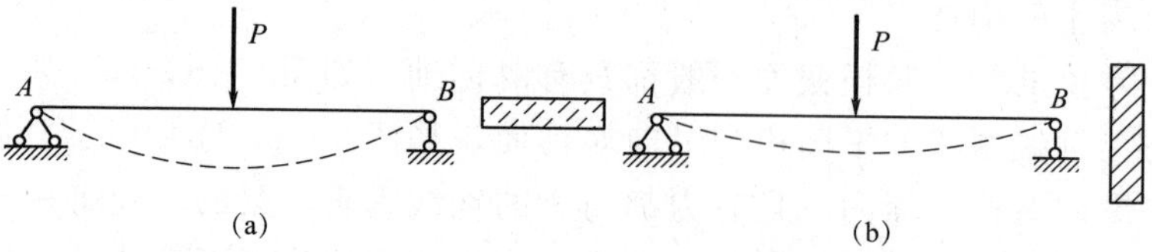

图 6-64

1. 截面形心

截面形心是指截面的几何中心。一般用字母 c 表示中心位置，其坐标记为（y_c，z_c）。在工程实践中，经常遇到具有对称轴或对称中心的截面，这种截面的形心一定在对称轴或者对称中心上。例如，圆形截面的形心位于圆心，矩形截面的形心位于两对角线的交点处，T 形截面的形心在其对称轴上等。通常，截面图形的形心与匀质薄板物体的重心是一致的。对于简单图形的位置，可以从工程手册中查出，表 6-6 给出了常见图形的面积、形心和惯性矩。

表 6-6　常见图形的面积、形心和惯性矩

序号	图　形	面积	形心位置	惯性矩（形心轴）
1	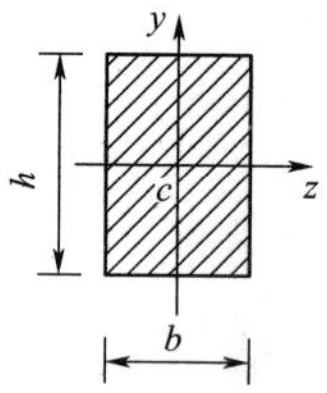	$A=bh$	$z_c=\frac{b}{2}$ $y_c=\frac{h}{2}$	$I_z=\frac{bh^3}{12}$ $I_y=\frac{hb^3}{12}$
2	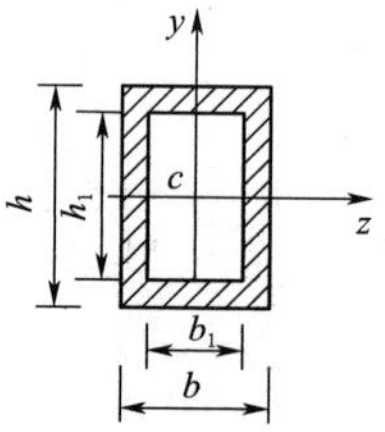	$A=bh-b_1h_1$	$z_c=\frac{b}{2}$ $y_c=\frac{h}{2}$	$I_z=\frac{1}{12}(bh^3-b_1h_1^3)$ $I_y=\frac{1}{12}(hb^3-h_1b_1^3)$

续表

序号	图　形	面积	形心位置	惯性矩（形心轴）
3	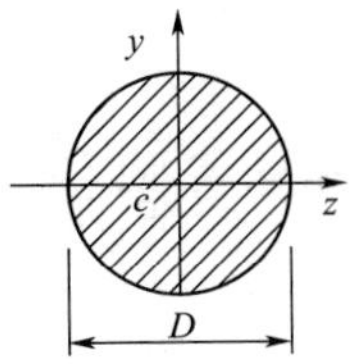	$A=\frac{\pi D^2}{4}$	$z_c=y_c=\frac{D}{2}$	$I_z=I_y=\frac{\pi D^4}{64}$
4	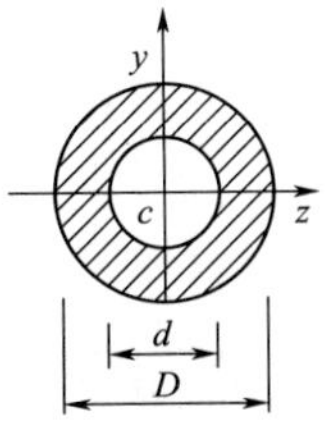	$A=\frac{\pi}{4}(D^2-d^2)$	$z_c=y_c=\frac{D}{2}$	$I_z=I_y=\frac{\pi D^4}{64}(1-\alpha^4)$ $\alpha=\frac{d}{D}$
5	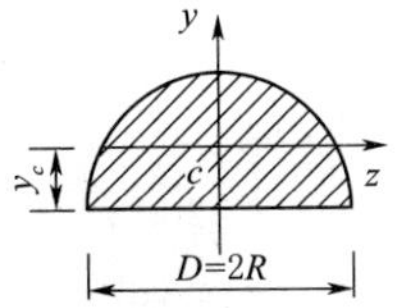	$A=\frac{\pi R^2}{2}$	$z_c=\frac{D}{2}$ $y_c=\frac{4R}{3\pi}$	$I_z=\left(\frac{1}{8}-\frac{8}{9\pi^2}\right)\pi R^4\approx 0.11R^4$ $I_y=\frac{\pi D^4}{128}=\frac{\pi R^4}{8}$
6	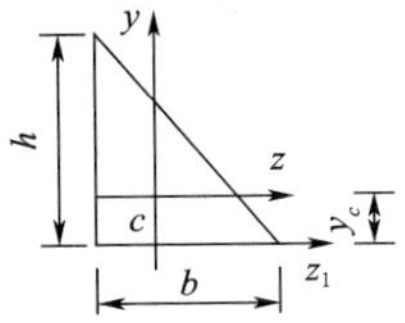	$A=\frac{1}{2}bh$	$z_c=\frac{b}{3}$ $y_c=\frac{h}{3}$	$I_z=\frac{bh^3}{36}$ $I_y=\frac{hb^3}{36}$

设图 6-65 所示截面图形的形心坐标为（y_c，z_c），面积为 A。工程实践中的构件，其截面图形往往由几个简单图形组成，则截面形心的计算公式为

$$\begin{cases} y_c=\dfrac{\sum_{i=1}^{n} y_i A_i}{\sum_{i=1}^{n} A_i} \\ z_c=\dfrac{\sum_{i=1}^{n} z_i A_i}{\sum_{i=1}^{n} A_i} \end{cases} \tag{6-33}$$

【例 6-26】 计算如图 6-66 所示 T 形截面的形心坐标。

解： 由于 y 轴是截面的对称轴，故形心 c 必在 y 轴上，则有 $z_c=0$。将 T 形截面分割为Ⅰ、Ⅱ两个矩形，每个矩形的面积及其形心坐标分别为

矩形Ⅰ：$y_1=170+15=185$（mm）

$$A_1=200\times 30=6000(\text{mm}^2)$$

矩形Ⅱ：$y_2=85\text{mm}$

$$A_2=170\times30=5100(\text{mm}^2)$$

由式（6－33）可得

$$y_c=\frac{\sum_{i=1}^{n}y_iA_i}{\sum_{i=1}^{n}A_i}=\frac{A_1y_1+A_2y_2}{A_1+A_2}=\frac{6000\times185+5100\times85}{6000+5100}=139.05(\text{mm})$$

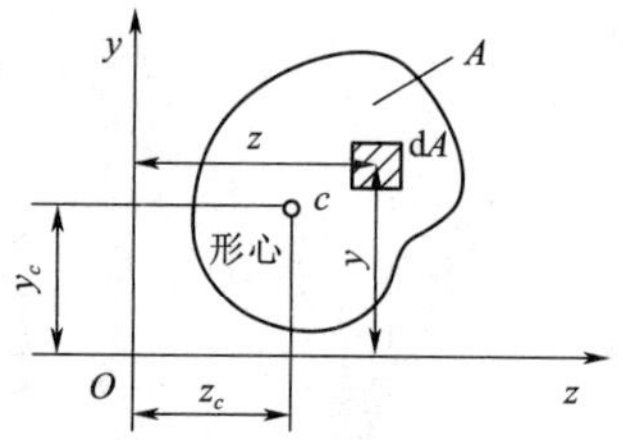

图 6－65

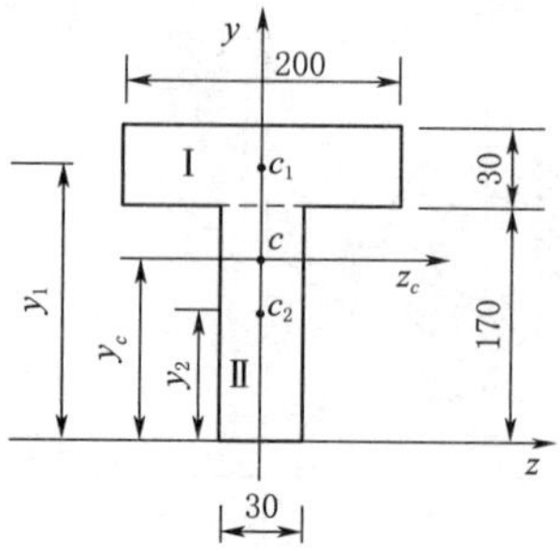

图 6－66

2．截面惯性矩

如图 6－65 所示，图中微面积 dA 与它到 z 轴（或 y 轴）距离平方的乘积的总和称为该图形对 z 轴（或 y 轴）的惯性矩，用 I_z 或 I_y 表示，即

$$\left.\begin{aligned}I_z&=\int_A y^2\text{d}A\\ I_y&=\int_A z^2\text{d}A\end{aligned}\right\}\tag{6-34}$$

截面惯性矩与坐标轴有关，同一图形对不同轴的惯性矩是不同的。惯性矩的量纲为长度的四次方，其常用单位为 m^4，其值恒为正。

简单图形的惯性矩可以直接用式（6－34）通过积分计算求得，也可以按表 6－6 查得。

【例 6－27】 图 6－67 所示矩形截面宽为 b，高为 h。试求该矩形对通过形心的轴 z、y 的惯性矩 I_z 和 I_y。

解：(1) 计算 I_z。取平行于 z 轴的微面积 d$A=b$dy，dA 到 z 轴的距离为 y，由式（6－34）可得

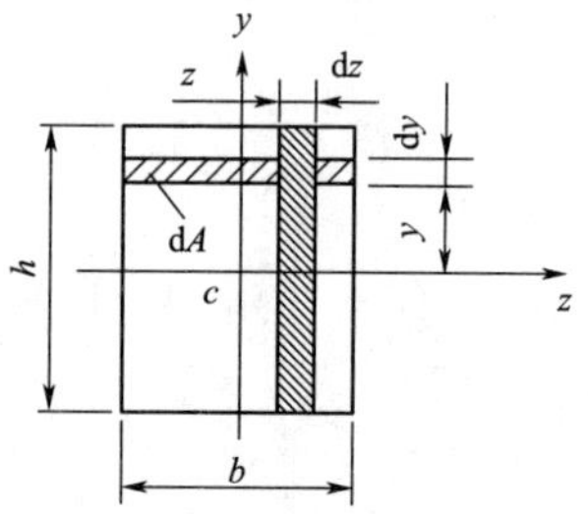

图 6－67

$$I_z=\int_A y^2\text{d}A=\int_{-\frac{h}{2}}^{\frac{h}{2}}y^2b\text{d}y=\frac{bh^3}{12}$$

(2) 计算 I_y。同理，可得

$$I_y=\int_A z^2\text{d}A=\int_{-\frac{h}{2}}^{\frac{h}{2}}z^2h\text{d}z=\frac{hb^3}{12}$$

3．极惯性矩

平面图形中任一微面积 dA 与它到坐标原点 O 的

距离 ρ 平方的乘积 $\rho^2 dA$，称为该面积 dA 对于坐标原点 O 的极惯性矩。

截面对坐标原点 O 的极惯性矩为

$$I_p = \int_A \rho^2 dA$$

对于实心圆截面：

$$I_p = \int_0^{\frac{D}{2}} \rho^2 \cdot 2\pi\rho dA = \frac{\pi D^4}{32}; \tag{6-35}$$

空心圆截面：

$$I_p = \frac{PD^4}{32}(1-a^4)$$

$$\text{其中：} a = \frac{d}{D} \tag{6-36}$$

4. 惯性半径

在工程中，为某些计算的需要，将图形的惯性矩 $I_z(I_y)$ 除以截面面积 A，然后开方得出的值用 $i_z(i_y)$ 表示，称为截面对 $z(y)$ 轴的惯性半径。其可用式（6-37）表示

$$\left.\begin{aligned} i_z &= \sqrt{\frac{I_z}{A}} \\ i_y &= \sqrt{\frac{I_y}{A}} \end{aligned}\right\} \tag{6-37}$$

对于矩形截面，其惯性半径为

$$i_y = \sqrt{\frac{I_y}{A}} = \sqrt{\frac{hb^3/12}{bh}} = \frac{b}{\sqrt{12}}$$

$$i_z = \sqrt{\frac{I_z}{A}} = \sqrt{\frac{bh^3/12}{bh}} = \frac{h}{\sqrt{12}} \tag{6-38}$$

对于圆形截面，其惯性半径为

$$i_z = i_y = \sqrt{\frac{I_z}{A}} = \sqrt{\frac{\pi d^4/64}{\pi d^2/4}} = \frac{d}{4} \tag{6-39}$$

三、梁弯曲时的强度计算

（一）梁的正应力

如图 6-68（a）所示，用一矩形橡胶棒在其表面画上一些均匀分布的小方格，在力偶（均布线荷载或力）的作用下，观察其横向线和纵向线的变化，如图 6-68（b）所示。那么，是什么原因引起的变化呢？变化大小又与什么因素有关呢？

在纯弯曲梁正应力实验中可观察到梁的上部的纵线缩短，截面变宽，表示上部各根纤维受压缩；下部的纵线伸长、截面变窄，表示下部各根纤维受拉伸。从上部各层纤维缩短到下部各层纤维伸长的连续变化中，中间必有一层长度不变的过渡层称为中性层。中性层与横截面的交线称为中性轴，如图 6-69（c）所示。中性轴将横截面分为受压和受拉两个区域。

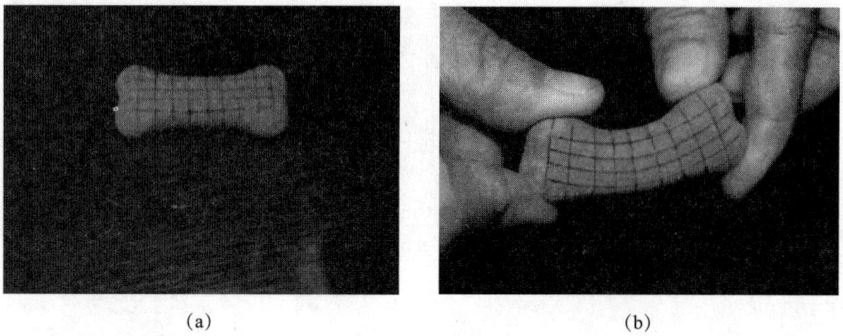

图 6－68

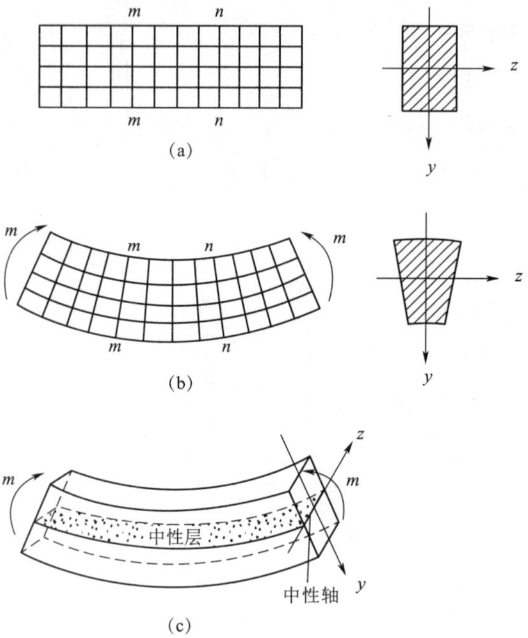

图 6－69　矩形截面梁在纯弯曲时的变形情况

由梁平面弯曲变形时的几何关系、物理关系和静力平衡关系可推导出梁平面弯曲时的正应力公式：（推导过程可参阅其他力学教材）

$$\sigma=\frac{M\cdot y}{I_z} \qquad (6-40)$$

式中：σ 为梁横截面上任一点处的正应力；M 为横截面上的弯矩；y 为所求的应力点到中性轴的距离；I_z 为横截面对中性轴的惯性矩。

公式表明：梁横截面任一点的正应力 σ 与截面上的弯矩 M 和该点到中性轴的距离 y 成正比，而与截面对中性轴的惯性矩 I_z 成反比。

动画：钢结构冷弯试验

视频：纯弯曲梁的正应力实验应变片方位

视频：纯弯曲梁正应力实验

计算时直接将 M 和 y 的绝对值代入公式，正应力的性质（拉或压）可由弯矩 M 的正负及所求点的位置来判断。即以中性层为界，变形后梁凸出边的应力必为拉应力，而凹入边的应力则为压应力。

当 M 为正时，中性轴以上各点为压应力，取负值；中性轴以下各点为拉应力，取正值；当 M 为负时则相反。

另外，在横截面上离中性轴最远的各点处，正应力值最大。这也说明，梁横截面上正应力的最大值出现在梁截面的上、下边缘处，如图 6－69（c）所示。

（二）梁的强度条件

1. 梁的最大正应力

在进行梁的正应力强度计算时，必须首先算出梁的最大正应力。最大正应力所在截面称为危险截面。对于等直梁，弯矩绝对值最大的截面就是危险截面。危险截面上最大应力所在的点，称为危险点，它在距中性轴最远的上、下边缘处。

对中性轴是截面对称轴的梁，最大正应力 σ_{max}：

$$\sigma_{max}=\frac{M_{max.}y_{max}}{I_z}$$

令 $$W_z=\frac{I_z}{y_{max}} \tag{6-41}$$

则 $$\sigma_{max}=\frac{M_{max}}{W_z} \tag{6-42}$$

式中：W_z 称为抗弯截面系数，m^3 或 mm^3。

矩形和圆形截面的抗弯截面系数分别为 $\frac{bh^2}{6}$、$\frac{\pi d^3}{32}$，对于工字钢、槽钢等型钢截面，W_z 值可在相关的型钢表中查得。

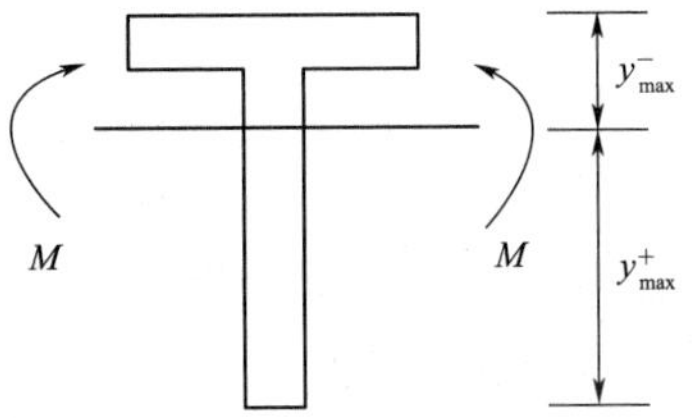

图 6-70

对中性轴不是截面对称轴的梁，如图 6-70 所示，则截面上最大拉应力 σ_{max}^+ 与最大压应力 σ_{max}^- 的数值并不相等，这时可以将距中性轴上、下最远的距离 y_{max}^+ 和 y_{max}^- 分别代入式（6-40）中，以计算出截面下边缘处的最大拉应力 σ_{max}^+ 和上边缘处的最大压应力 σ_{max}^-。

$$\begin{cases}\sigma_{max}^+=\dfrac{My_{max}^+}{I_z}\\[2ex]\sigma_{max}^-=\dfrac{My_{max}^-}{I_z}\end{cases} \tag{6-43}$$

式中：y_{max}^+ 为最大拉应力所在点距中性轴的距离；y_{max}^- 为最大压应力所在点距中性轴的距离；σ_{max}^+、σ_{max}^- 为最大拉应力和最大压应力。

2. 梁的最大剪应力*

横力弯曲时，梁的横截面上既有弯矩又有剪力，因而在截面上既有正应力又有剪应力。如果剪应力的数值过大，而梁的材料抗剪强度不足时，也要发生剪切破坏。梁弯曲时最大剪应力（推导过程可参阅有关力学教材），公式如下：

矩形截面 $$\tau_{max}=1.5\frac{Q}{A} \tag{6-44}$$

圆形截面 $$\tau_{max}=\frac{4}{3}\cdot\frac{Q}{A} \tag{6-45}$$

3. 梁的强度条件

为了保证梁安全工作，必须使梁在荷载作用下产生的最大工作正应力 σ_{max} 不超过其材料的许用应力 $[\sigma]$，最大剪应力也不能超过材料的许用剪应力 $[\tau]$，这就是梁的强度条件：

$$\sigma_{max}\leqslant[\sigma] \tag{6-46}$$

$$\tau_{max}\leqslant[\tau] \tag{6-47}$$

说明：梁的弯曲正应力强度条件为

$$\sigma_{max}=\frac{M_{max}}{W_z}\leqslant[\sigma] \tag{6-48}$$

对于脆性材料，其抗压与抗拉许用应力是不同的。为了充分利用材料，通常将梁的横截面做成与中性轴不对称的形状。因此，梁的拉应力和压应力都不能超过材料相应的用应力，即

$$\sigma_{max}^{+}\leqslant[\sigma]^{+}$$
$$\sigma_{max}^{-}\leqslant[\sigma]^{-} \tag{6-49}$$

式中：σ_{max}^{+}、σ_{max}^{-} 为梁的最大拉应力和最大压应力；$[\sigma]^{+}$、$[\sigma]^{-}$ 为材料的许用拉应力和许用压应力。

对梁进行强度计算时，必须同时满足正应力和剪应力强度条件。一般情况下，先按正应力强度条件选择截面，或确定许可荷载，然后再按剪应力强度条件进行校核。但在某些情况下剪应力强度也可能成为控制因素。如跨度较小的梁或梁在支座附近有较大的集中力作用，这时梁的弯矩往往较小，而剪力却较大。

应用正应力强度条件，可解决梁以下三方面问题的计算。

（1）强度校核。在已知梁的材料和横截面的形状、尺寸以及所受荷载时，对梁作强度校核，即

$$\sigma_{max}=\frac{M_{max}}{W_z}\leqslant[\sigma]$$

检查梁是否满足正应力强度条件。

（2）设计截面。当已知荷载和所用材料时，根据强度条件计算所需的抗弯截面模量，即

$$W_z\geqslant\frac{M_{max}}{[\sigma]} \tag{6-50}$$

然后按选择的截面形状，进一步确定截面的具体尺寸。

（3）确定许可荷载。已知梁的材料和截面尺寸，根据强度条件计算梁所能承受的最大弯矩，即

$$M_{max}\leqslant[\sigma]W_z \tag{6-51}$$

然后由 M_{max} 确定出梁的许可荷载。

【例 6-28】 简支梁受均布荷载 q 作用，如图 6-71 所示。已知 $q=4\text{kN/m}$，梁的跨度 $l=3\text{m}$，截面为矩形，$b=120\text{mm}$，$h=180\text{mm}$。试求：C 截面上 a、b、c 三点处正应力以及梁的最大压应力 σ_{max} 及其位置。

解：（1）计算 C 截面的弯矩。因对称，支座反力及弯矩分别为

$$R_{Ay}=\frac{ql}{2}=\frac{4\times3}{2}=6(\text{kN})$$

$$M_c=R_{Ay}\times1-\frac{q\times l^2}{2}=6\times1-\frac{4\times1^2}{2}=4(\text{kN}\cdot\text{m})$$

（2）计算截面对中性轴 z 的惯性矩

$$I_z=\frac{bh^3}{12}=\frac{1}{12}\times120\times180^3=58.3\times10^6(\text{mm}^4)$$

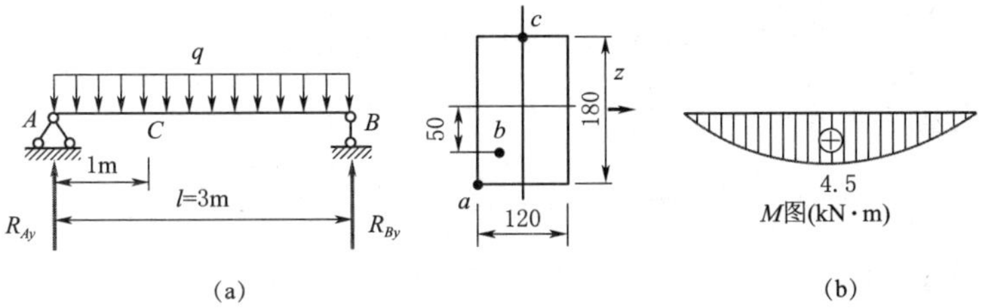

图 6－71

（3）计算各点的正应力

$$\sigma_a=\frac{M_c \cdot y_a}{I_z}=\frac{4\times10^6\times90}{58.3\times10^6}=6.17(\text{MPa})(\text{拉})$$

$$\sigma_b=\frac{M_c \cdot y_b}{I_z}=\frac{4\times10^6\times50}{58.3\times10^6}=3.43(\text{MPa})(\text{拉})$$

$$\sigma_c=\frac{M_c \cdot y_c}{I_z}=\frac{4\times10^6\times90}{58.3\times10^6}=6.17(\text{MPa})(\text{压})$$

（4）求梁最大压应力 σ_{max} 及其位置。由弯矩图可知，最大弯矩在跨中截面：

$$M_{max}=\frac{ql^2}{8}=\frac{1}{8}\times4\times3^2=4.5(\text{kN}\cdot\text{m})$$

$$\sigma_{max}=\frac{M_{max}y_{max}}{I_z}=\frac{4.5\times10^6\times90}{58.3\times10^6}=6.95(\text{MPa})$$

最大压力发生在跨中截面上边缘处。

【例 6－29】 一圆形截面木梁，梁上荷载如图 6－72 所示，已知 $l=3$m，$F=3$kN，$q=3$kN/m，弯曲时木材的许用应力 $[\sigma]=10$MPa，许用剪应力 $[\tau]=2$MPa，试选择圆木的直径。

解：（1）确定最大弯矩和剪力。由静力平衡条件可计算出支座反力：

$R_{By}=8.5$kN(↑)　　$R_{Cy}=3.5$kN(↑)

作弯矩图，从弯矩图上可知危险截面在 B 截面，$M_{z\max}=3$kN·m

$Q_{max}=5.5$kN，在支座 B 截面右侧

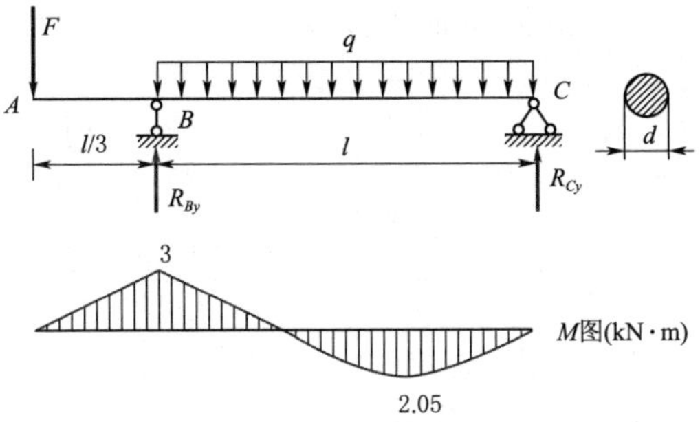

图 6－72

（2）设计截面的直径。根据强度条件式（6－50），此梁所需的弯曲截面系数为

$$W_z=\frac{M_{z\max}}{[\sigma]}=\frac{3\times10^6}{10}=3\times10^5(\text{mm}^3)$$

由于圆截面的弯曲截面系数为 $W_z=\frac{\pi d^3}{32}$，代入得

$d \geqslant \sqrt[3]{\dfrac{3\times10^5\times32}{\pi}}=145(\text{mm})$，取圆木的直径为 $d=15\text{cm}$。

（3）利用剪应力强度条件校核。

$\tau_{\max}=\dfrac{4}{3}.\dfrac{Q}{A}=\dfrac{4}{3}\cdot\dfrac{5.5\times10^3}{\pi\times150^2/4}=0.42(\text{MPa})<[\tau]=2\text{MPa}$，满足要求。

【例 6-30】 T 形截面悬臂梁尺寸及荷载如图 6-73 所示。若材料的许用拉应力 $\sigma^+{}_{\max}=40\text{MPa}$，许用压应力 $\sigma^-{}_{\max}=160\text{MPa}$，截面对形心轴 z 的惯性矩 $I_z=10180\text{cm}^4$，$h_1=96.4\text{mm}$ 试按正应力强度确定该梁的许可荷载 $[F]$。

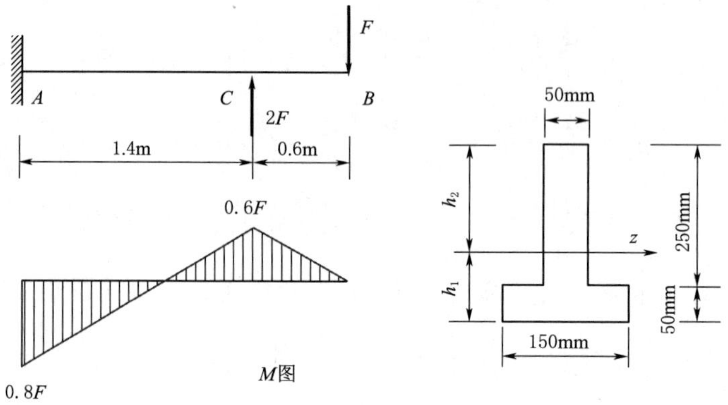

图 6-73

解：（1）确定最大弯矩。作弯矩图如图 6-73 所示。由图可见，在固定端截面 A 处有最大正弯矩，$M_A=0.8F$。在 C 截面有最大负弯矩，大小为 $M_C=0.6F$。由于中性轴不是截面的对称轴，而材料的拉、压许用应力又不相等，应分别考虑 A、C 两截面的强度来确定许可荷载 $[F]$。

（2）由 A 截面强度要求确定 $[F]$。A 截面为正弯矩，下拉上压。根据强度条件，由

$$\sigma^+_{\max}=\frac{M_A h_1}{I_z}\leqslant[\sigma]^+$$

求得 $M_A\leqslant\dfrac{I_z[\sigma]^+}{h_1}=\dfrac{10180\times10^4\times40}{96.4}=42.24\times10^6(\text{N}\cdot\text{mm})=42.24(\text{kN}\cdot\text{m})$

即 $0.8[F]\leqslant42.24$

于是许可荷载为 $\qquad [F]\leqslant52.8(\text{kN}) \qquad$ (a)

又由 $\sigma^-_{\max}=\dfrac{M_A h_2}{I_z}\leqslant[\sigma]^-$

得 $M_A\leqslant\dfrac{I_z[\sigma]^-}{h_2}=\dfrac{10180\times10^4\times160}{250-96.4}=106\times10^6(\text{N}\cdot\text{mm})=106(\text{kN}\cdot\text{m})$

即 $0.8[F]\leqslant106$

于是许可荷载为 $\qquad [F]\leqslant132.5(\text{kN}) \qquad$ (b)

（3）由 C 截面强度要求确定 $[F]$。

C 截面为负弯矩，上拉下压。根据强度条件，由

$$\sigma_{\max}^{+}=\frac{M_C h_2}{I_z}\leqslant[\sigma]^{+}$$

得 $M_C\leqslant\frac{I_z[\sigma]^{+}}{h_2}=\frac{10180\times10^4\times40}{250-96.4}=26.5\times10^6(\text{N}\cdot\text{mm})=26.5(\text{kN}\cdot\text{m})$

即 $0.6[F]\leqslant26.5$

于是许可荷载为 $[F]\leqslant44.2(\text{kN})$ (c)

由 $$\sigma_{\max}^{-}=\frac{M_C h_1}{I_z}\leqslant[\sigma]^{-}$$

得$M_C\leqslant\frac{I_z[\sigma]^{-}}{h_1}=\frac{10180\times10^4\times160}{96.4}=169\times10^6(\text{N}\cdot\text{mm})=169(\text{kN}\cdot\text{m})$

即 $0.6[F]\leqslant169$

于是许可荷载为 $[F]\leqslant281.67(\text{kN})$ (d)

综合式（a）、式（b）、式（c）、式（d）的计算结果，为保证梁的正应力强度安全，应取最小的［F］＝44.2kN。

四、提高梁弯曲强度的措施

（一）合理安排梁的支座和荷载来降低最大弯矩值

1. 合理安排梁支座的位置

当荷载一定时，梁的最大弯矩值 $M_{\max}$ 与梁的跨度有关，首先应当合理安排支座。例如图 6-74（a）所示受均布荷载作用的简支梁，其最大弯矩值 $M_{\max}=0.125ql^2$，如果将两支座向跨中方向移动 $0.2l$，如图 6-74（b）所示，则最大弯矩降为 $0.025ql^2$，即只有前者的 1/5。所以在工程中起吊大梁时，两吊点设在梁端以内的一定距离处。

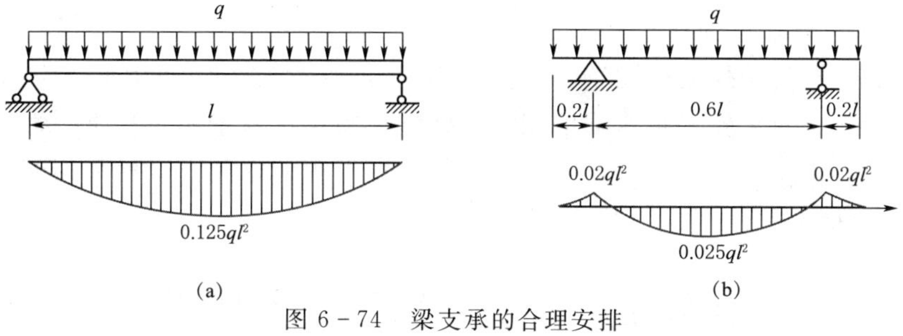

图 6-74 梁支承的合理安排

2. 荷载的合理布置

在工作条件允许的情况下，应尽可能合理地布置梁上的荷载。例如图 6-75 中把一个集中力分为几个较小的集中力，分散布置，梁的最大弯矩就能明显减少。

（二）采用合理的截面形状

1. 从应力分布规律考虑

从应力分布情况看，应使截面面积较多的部分布置在离中性轴较远的地方，凡是中性轴附近用料较多的截面就是不合理的截面。即截面面积相同时，工字形比矩形好；矩形比正方形好；正方形比圆形好。

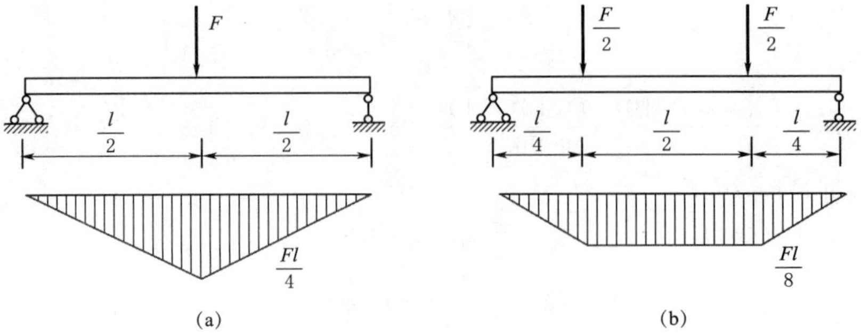

图 6 - 75

2. 从抗弯截面系数 W_z 考虑

由式 $M_{max}=[\sigma]W_z$ 可知，梁所能承受的最大弯矩 M_{max} 与抗弯截面模量 W_z 成正比。通常用抗弯截面模量 W_z 与横截面面积 A 的比值衡量梁的截面形状的合理性和经济性，其比值越大，则其截面的形状越合理、越经济。表 6 - 7 中列出了几种常见的截面形状及其 W_z/A 值。

表 6 - 7　　常见的截面形状及其 W_z/A 值

截面形状	圆形 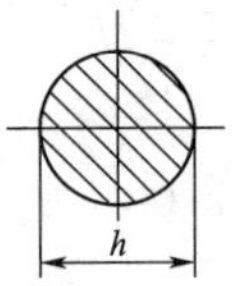	矩形 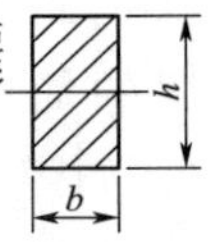	环形 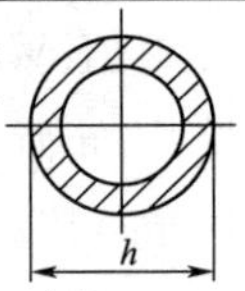 内径 $d=0.8h$	槽钢 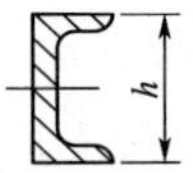	工字钢 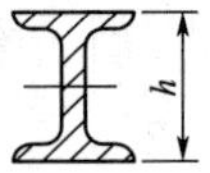
W_z/A	$0.125h$	$0.167h$	$0.205h$	$(0.27\sim0.31)\ h$	$(0.27\sim0.31)\ h$

3. 从材料的强度特性考虑

应合理地布置中性轴的位置，使截面上的最大拉应力和最大压应力同时达到材料的许用应力。对抗拉和抗压强度相等的塑性材料梁，宜采用对称于中性轴截面形状，如矩形、工字形、圆形等。对于拉、压强度不等的材料，一般采用非对称截面形状，使中性轴偏向强度较低的一边，如 T 形等。

任务九　梁弯曲时的变形与刚度

如图 6 - 76 所示，用硬纸板以不同形式和黑板擦作用在一起用来模拟不同形式的梁，用一支铅笔给纸板施加作用力。观察纸板的变形大小，变形大小又与哪些因素有关呢？

梁在外力作用下将产生弯曲变形，如果弯曲变形过大，就会影响结构的正常工作。例如，桥梁的变形过大，在机车通过时会产生较大的振动；楼面梁的变形过大，容易使下面的抹灰层开裂；水闸的工作闸门若变形过大，则会影响闸门的正常启闭。因此，对有些刚度要求高的构件不但要满足强度条件，还应把梁的变形限制

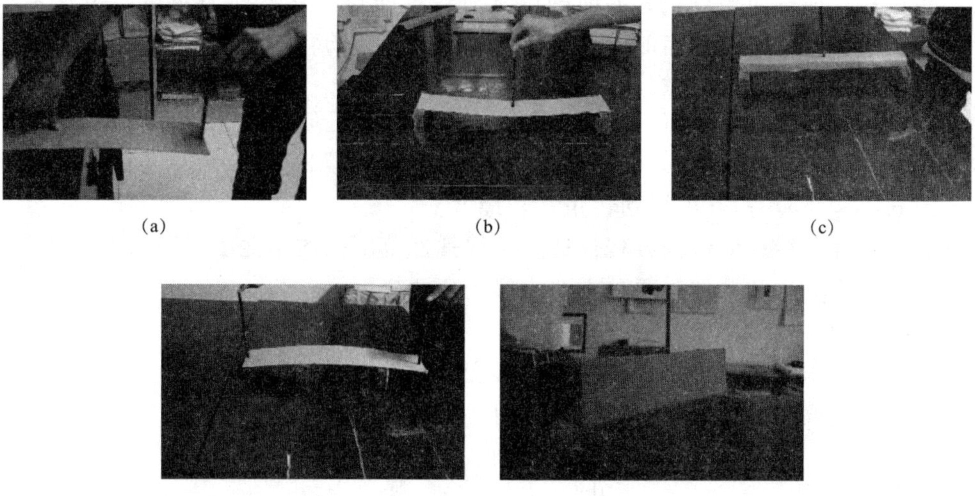

图 6-76

在许可的范围内，所以需要分析梁的变形。

一、梁的挠度和转角

讨论直梁的弯曲变形时，以变形前梁的轴线作为 x 轴，与轴线垂直的轴为 y 轴，如图 6-77 所示。在对称弯曲的情况下，梁的轴线弯曲成纵向对称面内的一平面曲线，该曲线称为梁的挠曲线。研究发现，对于细长梁，剪力对梁的弯曲变形的影响可略去不计，因此横截面在梁弯曲变形后仍保持为平面，且仍然垂直于变形后梁的轴线，并绕中性轴旋转。

梁的变形可用梁轴线上一点（即横截面的形心）的线位移和横截面的角位移表示。轴线上任一点在垂直于 x 轴方向的位移，即挠曲线上相应点的纵坐标，称为挠度，记为 y，梁承载后主要产生两种变形。

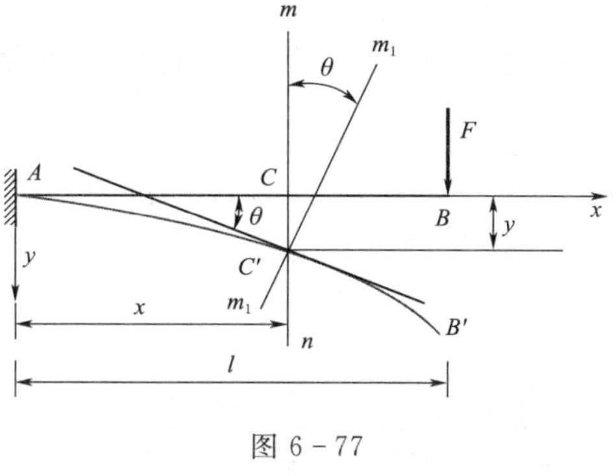

图 6-77

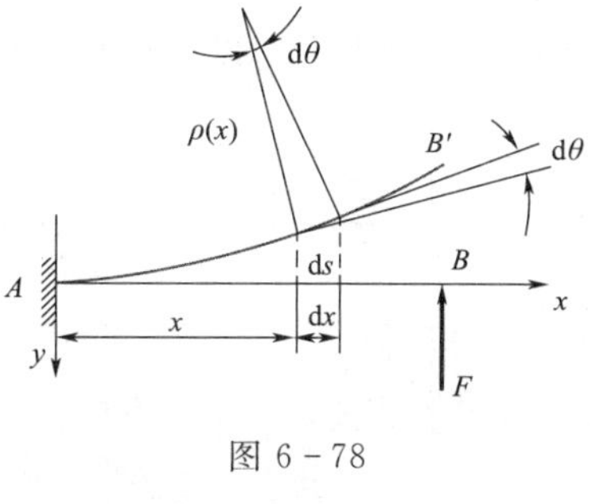

图 6-78

线位移：横截面形心在垂直于梁变形前轴线方向上的线位移，即挠度，用 y 表示。在图 6-78 中直角坐标系中挠度方向规定：向下挠度为正；向上挠度为负。

挠曲线方程为

$$y=y(x) \tag{6-52}$$

角位移：横截面相对于变形前的位置所转过的角位移。称为转角，用 θ 表示。判定转向正负：逆时针转向的转角为正，顺时针转向的转角为负。

梁的梁的挠曲线近似微分方程

$$\frac{d^2y}{dx^2}=-\frac{M(x)}{EI_z} \tag{6-53}$$

对式（6-53）积分可得到转角 θ 和挠度 y。

注意：挠曲线近似微分方程仅适用于线弹性范围内的小挠度平面弯曲问题。

通常用积分法和叠加法两种方法求梁的弯曲变形。

1. 积分法

用积分法求梁的变形，积分法是求梁变形的基本方法。

对于等直梁可直接对式（6-53）进行积分，得转角方程为

$$\theta=\frac{dy}{dx}=\frac{1}{EI}\int M(x)dx+c \tag{6-54}$$

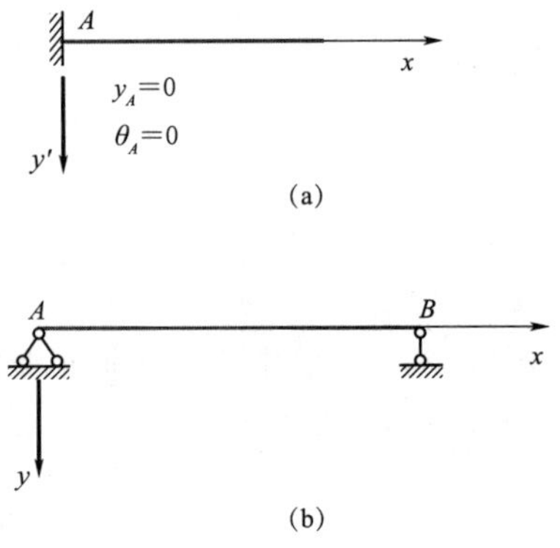

图 6-79

再积分一次得挠曲线方程为

$$y=\frac{1}{EI}\iint M(x)dxdx+Cx+D \tag{6-55}$$

式中，C、D 为积分常数。

积分常数 C、D 的值可利用梁上某些横截面的已知位移（称为边界条件）来确定。

如图 6-79（a）所示的悬臂梁在支座 A 处，挠度 y_A 和转角 θ_A 都等于零；如图 6-79（b）简支梁在支座 A 和支座 B 处，其挠度都等于零。这种条件称为边界条件。确定积分常数 C 和 D 后，就可求得梁的转角方程和挠曲线方程，从而求得梁任一横截面的转角和挠度。这种求挠度和转角的方法称为积分法。

【例 6-31】 求图 6-80 所示悬臂梁的挠曲线方程、转角方程以及最大挠度 y_{max} 和最大转角 θ_{max}。设 EI 为常数。

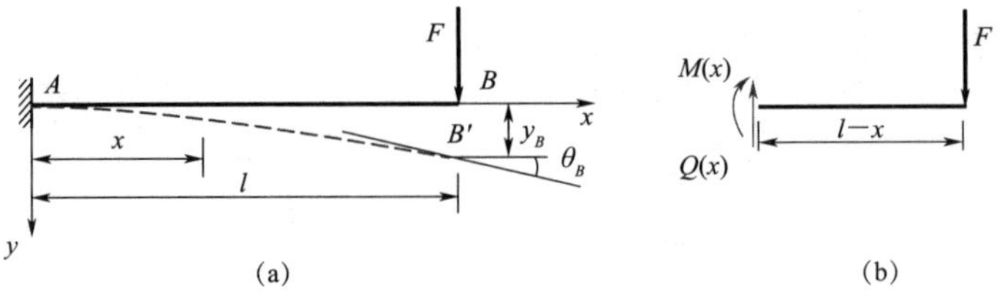

图 6-80

解：（1）求挠曲线方程和转角方程。

梁的弯矩方程为

$$M(x)=-F(l-x)\ (0\leqslant x\leqslant l) \tag{a}$$

挠曲线近似微分方程为

$$\frac{d^2y}{dx^2}=\frac{1}{EI}F(l-x)$$

对上式积分两次，得

$$\theta(x)=\frac{dy}{dx}=\frac{1}{EI}\left(Flx-\frac{Fx^2}{2}+C\right) \quad (b)$$

$$y(x)=\frac{1}{EI}\left(\frac{Flx^2}{2}-\frac{Fx^3}{6}+Cx+D\right) \quad (c)$$

将边界条件在 $x=0$ 处，$y_A=0$ 及 $\theta_A=0$

分别代入式（b）和式（c），解得 $C=0$，$D=0$

将积分常数 C 和 D 的值分别代入式（b）和（c），得转角方程为

$$\theta(x)=\frac{Fx}{2EI}(2l-x)$$

挠曲线方程为

$$y(x)=\frac{Fx^2}{6EI}(3l-x)$$

（2）求最大挠度和最大转角。利用高等数学中求极值的方法，可以由转角方程和挠曲线方程求得最大转角和最大挠度。但一般地，根据梁的受力、边界条件以及弯矩的正负就能绘出挠曲线的大致形状。

本例中梁的挠曲线如图 6－80 中虚线所示。由此可知，梁的最大转角和最大挠度都发生在自由端 B 处，其值分别为

$$\theta_B=\theta(l)=\frac{Fl^2}{2EI}(\downarrow),\quad y_B=y(l)=\frac{Fl^3}{3EI}(\downarrow)$$

转角为正，说明梁端截面 B 绕其中性轴顺时针方向转动；挠度为正，说明梁端截面 B 的形心向下移动。

2. 用叠加法求梁的挠度和转角

当梁上有几个荷载同时作用时，用积分法固然可以求出梁指定截面的位移，但计算过程较麻烦。利用叠加法计算通常会简便得多，故工程上常用叠加法来求梁的挠度和转角。

将梁上所承受的复杂荷载分解为几种简单荷载，分别计算每种荷载单独作用下使梁产生的挠度和转角，然后再将这些位移代数相加，就求得梁相应截面的位移。这就是所谓的叠加法。梁在简单荷载作用下的转角和挠度可从表 6－8 中查得。

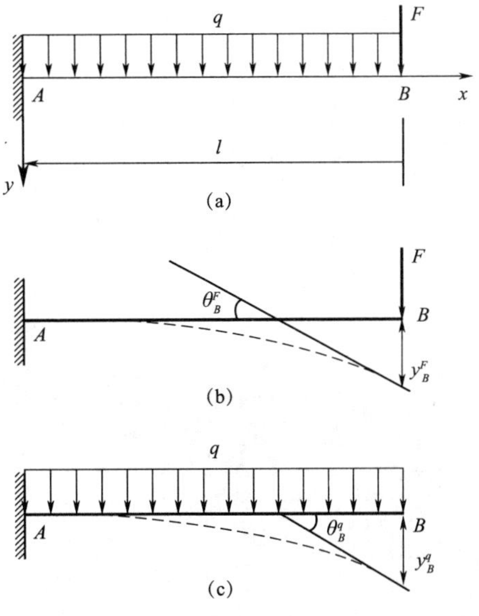

图 6－81

【例 6－32】 如图 6－81（a）所示，试用叠加法求悬臂梁自由端 B 截面的转角

和挠度，其中 $F=ql$，设抗弯刚度 EI 为常数。

表 6-8　　单跨静定梁在简单荷载作用下的挠度

序号	梁的简图	端截面转角	挠曲线方程	挠　度
1	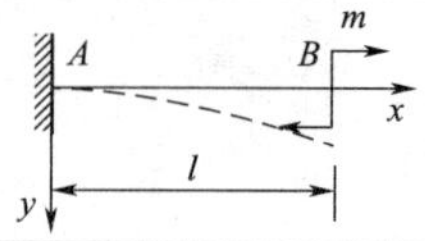	$\theta_B=\frac{ml}{EI}$	$y=\frac{mx^2}{2EI}$	$y_B=\frac{ml^2}{2EI}$
2	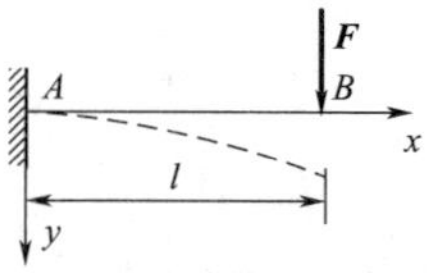	$\theta_B=\frac{ml}{EI}$	$y=\frac{Fx^2}{6EI}(3l-x)$	$y_B=\frac{Fl^2}{3EI}$
3	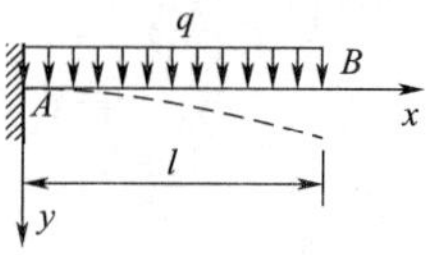	$\theta_B=\frac{ml}{EI}$	$y=\frac{qx^2}{24EI}$ (x^2+6l^2-4lx)	$y_B=\frac{ql^4}{8EI}$
4	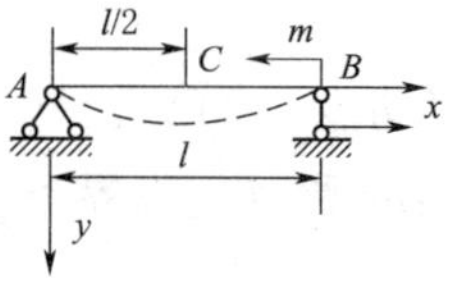	$\theta_A=\frac{ml}{6EI}$ $\theta_B=-\frac{ml}{3EI}$	$y=\frac{mx}{6lEI}(l^2-x^2)$	在 $x=\frac{l}{\sqrt{3}}$ 处 $y=\frac{ml^2}{9\sqrt{3}EI}$ $y_C=\frac{ml^2}{16EI}$
5	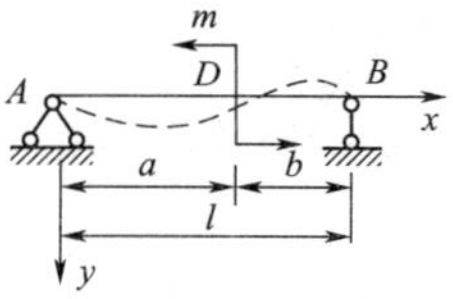	$\theta_A=\frac{ml}{6lEI}(l^2-3b^2)$ $\theta_B=\frac{ml}{6lEI}(l^2-3a^2)$	当 $0\leqslant x\leqslant a$ 时 $y=\frac{mx}{6lEI}(l^2-3b^2-x^2)$ 当 $a\leqslant x\leqslant l$ 时 $y=\frac{m(l-x)}{6lEI}(3a^2-2lx+x^2)$	在 $x=\sqrt{\frac{l^2-3b^2}{3}}$ 处 $y=-\frac{m(l^2-3b^2)^{\frac{3}{2}}}{9\sqrt{3}lEI}$ 在 $x=\sqrt{\frac{l^2-3a^2}{3}}$ 处 $y=-\frac{m(l^2-3a^2)^{\frac{3}{2}}}{9\sqrt{3}lEI}$
6	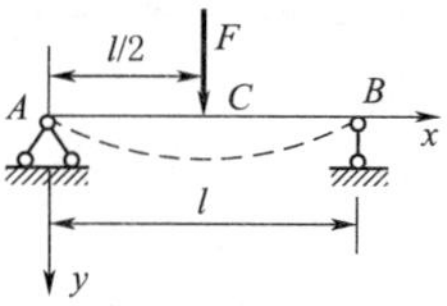	$\theta_A=-\theta_B=\frac{Fl^2}{16EI}$	$0\leqslant x\leqslant\frac{l}{2}$ $y=\frac{Fx}{48EI}(3l^2-4x^2)$	$y_C=\frac{Fl^3}{48EI}$
7	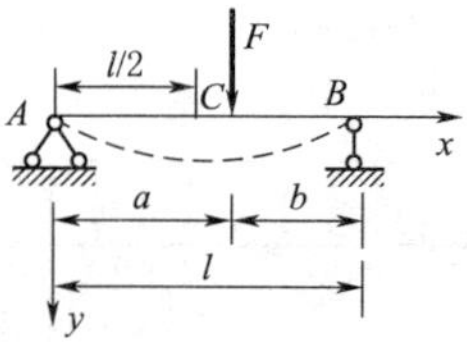	$\theta_A=\frac{Fab(l+b)}{6lEI}$ $\theta_B=-\frac{Fab(l+a)}{6lEI}$	当 $0\leqslant x\leqslant a$ 时 $y=\frac{Fbx}{6lEI}(l^2-x^2-b^2)$ 当 $a\leqslant x\leqslant l$ 时 $y=\frac{Fbx}{6lEI}[(l^2-b^2)x-x^3+\frac{l}{b}(x-a)^3]$	若 $a>b$ 在 $x=\sqrt{\frac{l^2-b^2}{3}}$ 处 $y=-\frac{\sqrt{3}Fb}{27lEI}(l^2-b^2)^{\frac{3}{2}}$ $y_C=\frac{Fb}{48EI}(3l^2-4b^2)$

续表

序号	梁的简图	端截面转角	挠曲线方程	挠　度
8	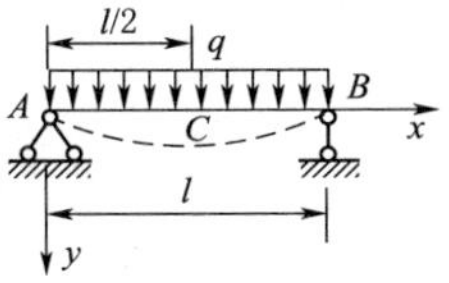	$\theta_A=-\theta_B=\dfrac{ql^3}{24EI}$	$y=\dfrac{qx}{24EI}(l^3-2lx^2+x^3)$	$y_C=\dfrac{5ql^4}{384EI}$
9	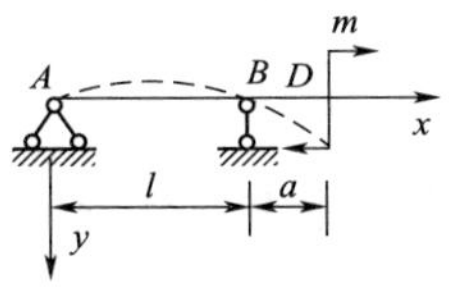	$\theta_A=-\dfrac{ml}{6EI}$ $\theta_B=\dfrac{ml}{3EI}$ $\theta_B=\dfrac{m}{3EI}(l+3a)$	$0\leqslant x\leqslant l$ 时 $y=\dfrac{mx}{6lEI}(x^2-l^2)$ 当 $l\leqslant x\leqslant l+a$ 时 $y=\dfrac{m}{6EI}(3x^2-4lx+l^2)$	在 $x=\dfrac{l}{\sqrt{3}}$ 处 $y=-\dfrac{ml^2}{9\sqrt{3}EI}$ 在 $x=l+a$ 处 $y_D=\dfrac{ma}{6EI}(2l+3a)$
10	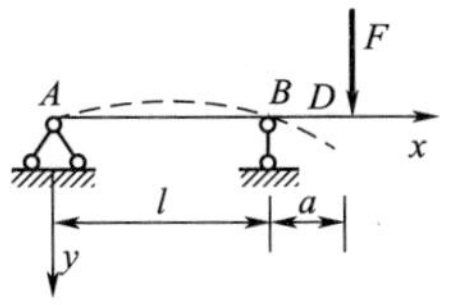	$\theta_A=-\dfrac{qa^2l}{12EI}$ $\theta_B=\dfrac{qa^2l}{6EI}$ $\theta_D=\dfrac{qa^2}{6EI}(l+a)$	$0\leqslant x\leqslant l$ 时 $y=\dfrac{mx}{6lEI}(x^2-l^2)$ 当 $l\leqslant x\leqslant l+a$ 时 $y=\dfrac{m}{6EI}(3x^2-4lx+l^2)$	在 $x=\dfrac{l}{\sqrt{3}}$ 处 $y=-\dfrac{Fal^2}{9\sqrt{3}EI}$ 在 $x=l+a$ 处 $y_D=\dfrac{Fa^2}{3EI}(l+a)$
11	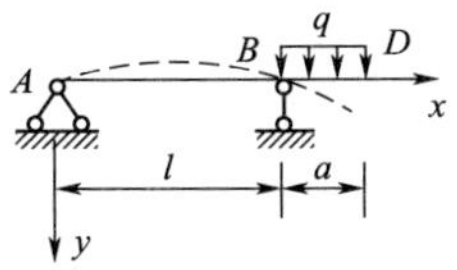	$\theta_A=-\dfrac{qa^2l}{12EI}$ $\theta_B=\dfrac{qa^2l}{6EI}$ $\theta_D=\dfrac{qa^2}{6EI}(l+a)$	$0\leqslant x\leqslant l$ 时 $y=-\dfrac{qa^2}{12EI}(lx-\dfrac{x^2}{l})$ 当 $l\leqslant x\leqslant l+a$ 时 $y=\dfrac{q(x-l)}{24EI}[2a^2(3x-l)+$ $(x-l)^2(x-l-4a)]$	在 $x=\dfrac{l}{\sqrt{3}}$ 处 $y=-\dfrac{qa^2l^2}{18\sqrt{3}EI}$ 在 $x=l+a$ 处 $y_D=\dfrac{qa^3}{24EI}(3a+4l)$

解： (1) 将梁上的荷载分为集中荷载和均布荷载单独作用的情况，如图 6-81 (b)、(c) 所示。由表 6-12 查得悬臂梁在集中荷载和均布荷载单独作用下，B 截面的挠度和转角分别为

$$y_B^F=\frac{Fl^3}{3EI}=\frac{ql^4}{3EI}\quad \theta_B^F=\frac{Fl^2}{2EI}=\frac{ql^3}{2EI}$$

$$y_B^q=\frac{ql^4}{8EI}\quad \theta_B^q=\frac{ql^3}{6EI}$$

(2) 求上述结果的代数和，得在两种荷载共同作用下的挠度和转角分别为

$$y_B=y_B^F+y_B^q=\frac{ql^4}{3EI}+\frac{ql^4}{8EI}=\frac{11ql^4}{24EI}(\downarrow)$$

$$\theta_B=\theta_B^F+\theta_B^q=\frac{ql^3}{2EI}+\frac{ql^3}{6EI}=\frac{2ql^3}{3EI}(\circlearrowright)$$

二、梁的刚度校核

1．刚度条件

刚度校核是检查梁在荷载作用下产生的变形是否超过容许值。梁一般只校核挠度，其刚度条件为

$$y_{max}\leqslant[y] \quad 或 \quad \frac{y_{max}}{l}\leqslant\left[\frac{y}{l}\right] \tag{6-56}$$

$$\theta_{max}\leqslant[\theta] \tag{6-57}$$

式中：$[\theta]$ 为构件的许用转角；$[y]$、$\left[\frac{y}{l}\right]$分别为构件的许用挠度、单位长度许用挠度。

$\left[\frac{y}{l}\right]$的值一般控制在 1/1000～1/200 范围内，在有关规范中有具体规定。虽然梁必须同时满足强度条件和刚度条件，但在一般情况下，强度条件起主要的控制作用。因此，在设计梁时，一般先由强度条件进行计算，再用刚度条件来校核。若刚度条件校核不满足，则需重新按刚度条件进行设计。

2．提高梁刚度的措施

从表 6－12 可见，梁的弯曲变形与弯矩大小、跨度长短、支座条件，梁截面的惯性矩、材料的弹性模量等有关。故提高梁刚度的措施为

（1）改善结构形式，减小弯矩 M。梁的挠度和转角与梁的荷载大小及分布有关。在结构允许的条件下，合理地调整荷载的位置及分布情况，以降低弯矩，从而减小梁的变形。如图 6－82 所示，将集中力分散作用，甚至改为分布荷载，就能使最大的弯矩值变小，从而减小梁的变形。

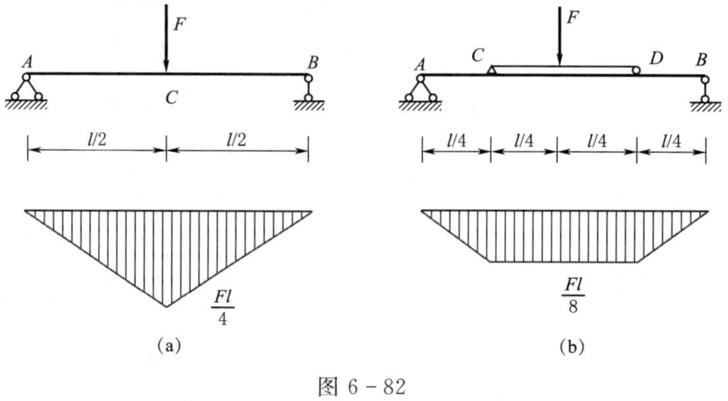

图 6－82

（2）增加支承，减小跨度 l。梁的挠度和转角与梁的跨度成正比。减小梁的跨度，将会有效地减小梁的变形。如均布荷载作用下的简支梁，在跨中的最大挠度为 f，如图 6－83（a）所示；若在跨中增加一支座，如图 6－83（b）所示，则梁的最大挠度 $f_1\approx f/38$。也可以考虑将简支梁的支座向中间适当移动，把简支梁变成外伸梁，如图 6－84（a）、（b）所示。这样，一方面减小了梁的跨度，从而减小跨中最大挠度；另一方面在梁外伸部分的荷载作用下，使梁跨中产生向上的挠度，从而

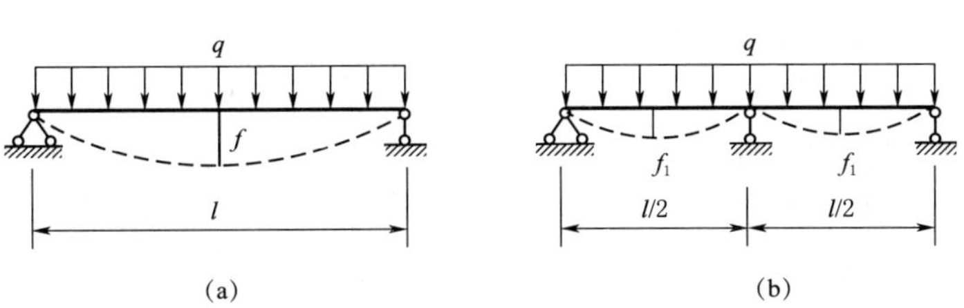

图 6－83

使梁中间段在荷载作用下产生的向下的挠度被抵消一部分，减小了跨中的最大挠度值。

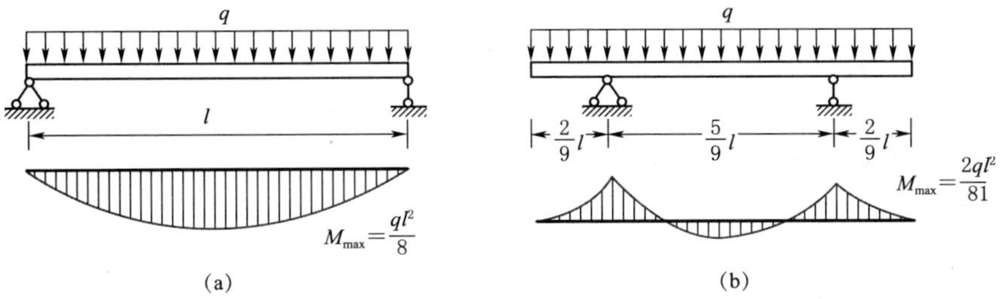

图 6－84

（3）选用合适的材料，增加弹性模量 E。但因各种钢材的弹性模量基本相同，所以为提高梁的刚度而采用高强度钢，效果并不显著。

（4）选择合理的截面形状，提高惯性矩 I，如工字形截面、空心截面等。

小　　结

1. 应用截面法可求出的轴向拉压杆的内力——轴力 N。轴向拉压杆件横截面上只有正应力 σ，且 σ 在横截面上均匀分布，其计算公式为

$$\sigma=\frac{N}{A}$$

2. 直杆轴向拉压时的强度条件为 $\sigma_{max}\leqslant[\sigma]$，可解决强度校核、设计截面和确定承载能力三类强度计算问题。

3. 胡克定律建立了应力和应变之间的关系，其表达式为

$$\Delta l=\frac{Nls}{EA}\text{ 或 }\sigma=Ee$$

纵向线应变 ε 和横向线应变 ε' 之间有如下关系：

$$\varepsilon'=-\mu\varepsilon$$

4. 重点介绍了以低碳钢为代表的塑性材料的拉伸应力——应变曲线。它可分为四个阶段：弹性阶段、屈服阶段、强化阶段和颈缩阶段。低碳钢的强度指标有 σ_s 和 σ_b，塑性指标有 δ 和 ψ。

*5. 剪切强度

$$\tau=\frac{Q}{A}\leqslant[\tau]$$

*6. 圆轴在力偶作用面垂直于轴线的平衡力偶系作用下产生扭转变形。扭转圆轴横截面上任一点的切应力与该点到圆心的距离成正比，在圆心处为零。横截面上各点的切应力的计算公式为

$$\tau_p=\frac{M_n\rho}{I_p}$$

对于等截面圆轴，强度条件为

$$\tau_{\max}=\frac{M_{n\max}}{W_p}\leqslant[\tau]$$

利用强度条件可以完成强度校核、确定截面尺寸和许可载荷等三类强度计算问题。

*7. 等截面圆轴扭转时的变形计算公式为

$$\varphi_{\max}=\frac{M_{n\max}}{GI_p}$$

等截面圆轴扭转的刚度条件为

$$\varphi_{\max}=\frac{Mn_{\max}}{GI_p}\times\frac{180}{\pi}\leqslant[\varphi']$$

8. 梁在平面弯曲变形时横截面上有两种内力—剪力和弯矩。其计算公式为

$Q=\sum F$　截面上的剪力等于截面一侧所有横向外力的代数和。

$M=\sum M_C$　截面上的弯矩等于截面一侧所有外力对截面形心取力矩的代数和。

9. 平面图形的几何性质，形心、面积矩、惯性矩、惯性半径的概念及计算公式。

形心是指截面的几何中心，其计算公式为

$$\begin{cases}y_c=\dfrac{\sum\limits_{i=1}^{n}y_iA_i}{\sum\limits_{i=1}^{n}A_i}\\[2ex] z_c=\dfrac{\sum\limits_{i=1}^{n}z_iA_i}{\sum\limits_{i=1}^{n}A_i}\end{cases}$$

截面惯性矩是面积与其到 z 轴（或 y 轴）距离平方的乘积的总和，称为该图形对 z 轴（或 y 轴）的惯性矩，矩形惯性矩公式为

$$\begin{cases}I_z=\dfrac{1}{12}bh^3\\[1ex] I_y=\dfrac{1}{12}hb^3\end{cases}$$

圆形惯性矩公式为

$$I_z = I_y = \frac{d^4}{64}$$

圆形惯性半径计算公式为

$$i_z = i_y = \sqrt{\frac{I_A}{A}} = \sqrt{\frac{d^4}{64} \Big/ \frac{Pd^2}{4}} = \frac{d}{4}$$

10. 横截面上的正应力计算公式为

$$\sigma = \frac{My}{I_z}$$

该公式是在纯弯曲时导出的，但可适用于剪切弯曲。正应力的大小沿截面高度呈线性变化，中性轴上各点为零，上、下边缘处最大。中性轴通过截面形心，并将截面分为受压区和受拉区。应力的正负号由弯矩的正负及点的位置直观判定。

11. 梁的弯曲正应力强度条件为

$$\sigma_{max} = \frac{M_{max}}{W_z} \leqslant [\sigma]$$

对于脆性材料：

$$\sigma_{max}^{+} \leqslant [\sigma]^{+}$$

$$\sigma_{max}^{-} \leqslant [\sigma]^{-}$$

可解决梁弯曲时的三类问题。对常用截面，如矩形、圆形等的抗弯截面模量应熟练掌握。

梁强度计算的方法和步骤：画出梁的 Q 图、M 图，确定危险截面及相应的 Q、M 最大值；计算最大正应力的危险点，在弯矩最大截面上的上、下边缘处；必要时进行剪应力强度校核。

12. 横截面上的剪应力计算公式：

矩形截面 $$\tau_{max} = 1.5\frac{Q}{A}$$

圆形截面 $$\tau_{max} = \frac{4}{3} \cdot \frac{Q}{A}$$

13. 梁的挠曲线近似微分方程为

$$\frac{d^2 y}{dx^2} = -\frac{M(x)}{EI_z}$$

其适用条件是小变形及梁在弹性范围内。

用积分法计算变形时，若弯矩要分段，则挠曲线近似微分方程也要随之分段列出。

14. 梁的刚度条件为

$$y_{max} \leqslant [y] \quad 或 \quad \frac{y_{max}}{l} \leqslant \left[\frac{y}{l}\right]$$

应用该式可进行刚度条件校核。

15. 提高梁弯曲强度和刚度可采取以下措施：①减小梁的跨度 l；②改善荷载的作用情况；③增大梁的抗弯刚度 EI。

项目六专业知识技能素养训练

项目六参考答案

项目六课堂（读书）学习笔记（10学时）

学号________ 姓名________ 时间：________ 年________月________日

课题学习内容（2学时）____________________	
课堂 （读书）学习 笔记及学 习心得	
课题学习内容（2学时）____________________	
课堂 （读书）学习 笔记及学 习心得	

课题学习内容（2 学时）______________	
课堂（读书）学习笔记及学习心得	
课题学习内容（2 学时）______________	
课堂（读书）学习笔记及学习心得	

课题学习内容（2学时）＿＿＿＿＿＿＿＿＿＿＿＿	
课堂（读书）学习笔记及学习心得	

项目七

组 合 变 形

<table>
<tr><td colspan="3">学习重点
• 掌握等截面直杆组合变形的概念，组合变形问题与基本变形的关系
• 掌握等截面直杆压缩与弯曲的组合变形内力和应力分析、强度条件
• 掌握偏心压缩变时杆件的内力和应力分析、强度计算</td></tr>
<tr><td>知识目标</td><td>能力目标</td><td>占比</td></tr>
<tr><td>组合变形的概念，叠加法及适用条件</td><td>会外力分解，会用叠加法求内力、应力</td><td>40%</td></tr>
<tr><td>偏心压缩时杆件的内力、应力分析与强度计算</td><td>能计算偏心压缩时杆件的内力、应力；
能用强度条件进行强度计算</td><td>60%</td></tr>
</table>

任务一　概　　述

一、组合变形的概念

前面各章已经讨论了杆件在轴向拉伸（压缩）、剪切与扭转和弯曲等基本变形时的强度和刚度计算。在实际工程中，有些杆件的受力情况比较复杂，其变形不只是单一的基本变形，而是两种或两种以上基本变形的组合。如图 7-1（a）所示的烟囱，除由自重引起的轴向压缩外，还有因水平方向的风力作用而产生的弯曲变形；如图 7-1（b）所示的厂房柱，由于受到偏心压力的作用，使柱子产生压缩和弯曲变形；如图 7-1（c）所示的屋架檩条，荷载不作用在纵向对称面内，所以，檩条的弯曲不是平面弯曲，将檩条所受的荷载沿 y 轴和 z 轴分解后可见，檩条的变形是由两个互相垂直的平面弯曲组合而成。

组合变形
工程实例

上述由两种或两种以上的基本变形同时发生在同一构件里所引起的变形，称为组合变形。

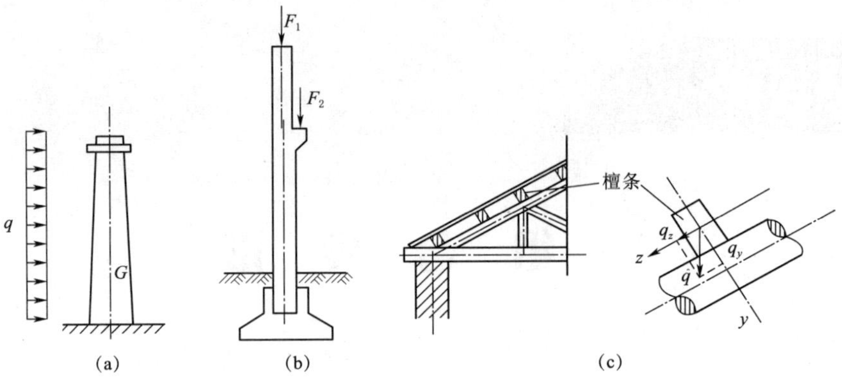

图 7-1

二、组合变形的计算方法——叠加法

求解组合变形问题的基本计算方法是叠加法。分析问题的基本步骤为：

(1) 将杆件的作用荷载分解或者简化成各自引起一种基本变形的荷载分量。

(2) 计算杆件在每一种基本变形情况下所发生的应力和变形。

(3) 将基本变形的计算结果进行叠加，有的是代数相加，有的是几何相加，最后得到构件的总应力和总变形。

在一般情况下，杆件的变形很小，处在线弹性范围内，组合变形中的基本变形相互独立。所以可以把组合变形分解为基本变形，分别分析其内力、应力和变形，然后再叠加其应力和变形，即得组合变形时的应力和变形。上述叠加法所计算的结果与实际情况基本上是符合的。

压缩与弯曲的组合变形

常见的组合变形有斜弯曲和偏心压缩（拉伸），斜弯曲是指梁在两个分荷载作用下，分别在横向对称平面和竖向对称平面内发生平面弯曲，它是两个互相垂直方向的平面弯曲的组合。偏心压缩（拉伸）是指压力（拉力）作用线与杆的轴线平行但不重合时，杆件即为偏心受力（拉或者压）。本章重点介绍偏心压缩（拉伸），实际上就是弯曲和压缩（拉伸）的组合。如图 7-2 所示 AB 杆为压缩和弯曲组合变形。有余力的同学，可以自行自学其他组合变形。

如图 7-3 所示中的的厂房建筑的边柱，吊车的轨道作用在柱子上的压力 F 并不沿柱子的轴线，柱子将会产生压缩和弯曲的组合变形，此变形称为偏心受压。

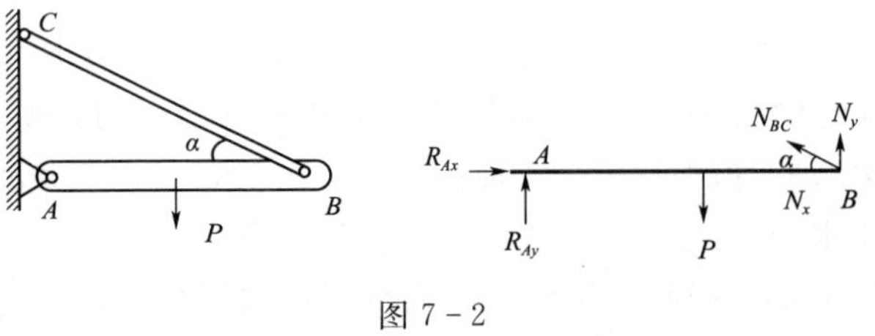

图 7-2

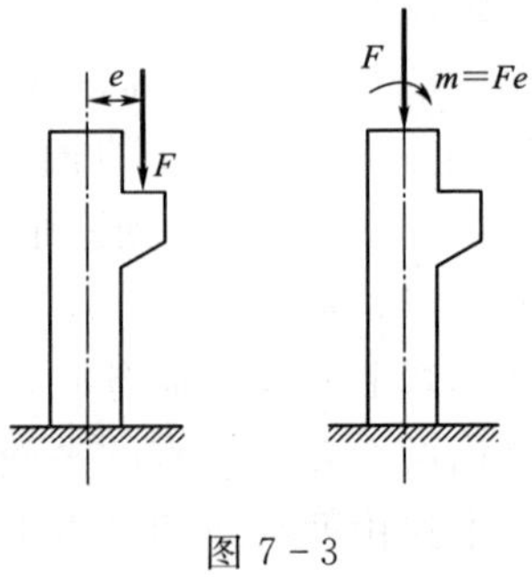

图 7-3

任务二　拉伸（压缩）与弯曲的组合变形

在工程实际中，常常会见到同时发生轴向拉伸（压缩）与弯曲的组合变形情况。如图 7－4 所示的挡土墙，墙会在自重的作用下发生轴向压缩变形；在土的推力作用下发生平面弯曲变形，即挡土墙同时发生压缩和弯曲的组合变形。

如图 7－5（a）所示的悬臂梁 AB，同时作用有垂直于杆件轴线方向的均布荷载 q 和沿着杆件轴线的轴向拉力 F 的作用。显然，梁在 q 的作用下发生弯曲变形，在 F 的作用下发生轴向拉伸变形，即该梁发生轴向拉伸与平面弯曲的组合变形。下面用叠加法来分析轴向拉伸（压缩）与平面弯曲组合变形的内力和应力情况。其方法同样适用于压缩与弯曲的组合变形的情况。

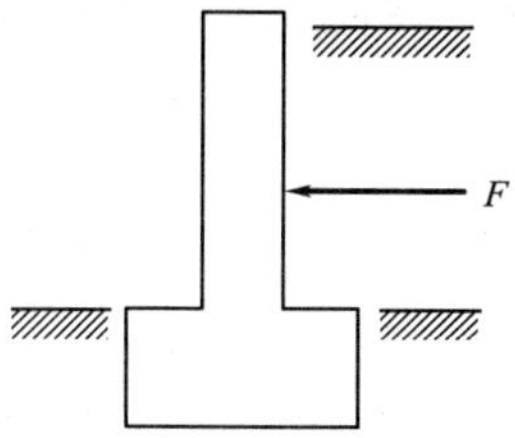

图 7－4

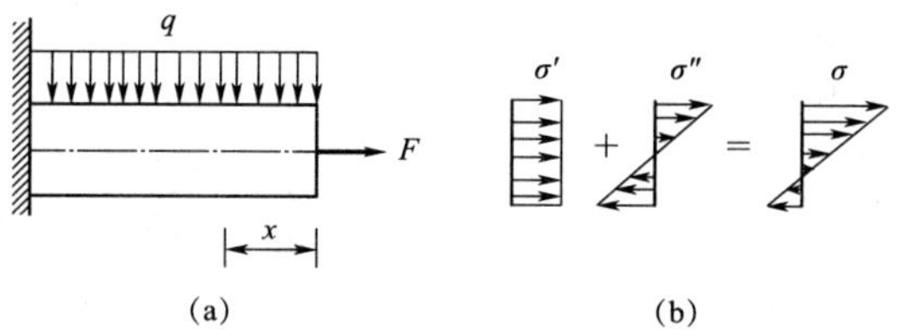

图 7－5

一、内力和应力分析（单向偏心拉或压）

轴向拉力 F 单独作用时，杆件发生轴向拉伸变形，各横截面上的内力即轴力都为 N，且 $N=F$，横截面上各点的正应力 σ' 都相同，且

$$\sigma'=\pm\frac{N}{A}=\pm\frac{F}{A} \tag{7-1}$$

σ' 的正负号由 F 确定。F 为拉力时，σ' 取正号；F 为压力时，σ' 取负号。σ' 的分布情况如图 7－5（b）所示。图中 7－5（a）F 为拉力，故图 7－5（b）中的 σ' 取正号。

在均布荷载 q 的单独作用下，梁产生平面弯曲变形。横截面上的内力有剪力和弯矩。剪力忽略不计，只考虑弯矩 M_z，且 $M_z=\frac{1}{2}qx^2$。M_z 使横截面上产生正应力 σ''，且 $\sigma''=\pm\frac{M_z y}{I_z}$，$\sigma''$ 的分布情况也如图 7－5（b）所示。σ'' 的正负号由观察确定。

根据叠加原理，横截面上任一点的正应力为

$$\sigma=\sigma'+\sigma''=\pm\frac{F}{A}\pm\frac{M_z y}{I_z} \tag{7-2}$$

假设 $|\sigma''_{\max}|>|\sigma'|$，则 σ 的应力分布情况如图 7－5（b）所示。可用相同的方法叠加绘出 $|\sigma''_{\max}|=|\sigma'|$ 和 $|\sigma''_{\max}|<|\sigma'|$ 时的应力分布图。F 为轴向压力时的 σ 的分布情况也可以用相同的方法绘出。

二、单向偏心拉（压）强度条件

最大正应力应发生在危险截面的上下边缘处。如图 7－5 所示梁的最大正应力发生在固定端截面的上下边缘处。对于轴向拉伸（或压缩）与平面弯曲的组合变形，其强度条件如下：

（1）在材料的抗拉压性能相同情况下。

1）当 F 为轴向拉力时

$$\sigma_{\max}=\sigma_{\max}^{+}=\frac{F}{A}+\frac{M_{z\max}}{W_z}\leqslant[\sigma]^{+} \qquad (7-3)$$

2）当 F 为轴向压力时

$$\sigma_{\max}=|\sigma_{\max}^{-}|=\left|-\frac{F}{A}-\frac{M_{z\max}}{W_z}\right|\leqslant[\sigma]^{-} \qquad (7-4)$$

（2）在材料的抗拉压性能不相同情况下，必须同时校核构件的抗拉压强度是否满足。

1）当 F 为轴向拉力时

$$\begin{cases}\sigma_{\max}^{+}=\dfrac{F}{A}+\dfrac{M_{z\max}}{W_z}\leqslant[\sigma]^{+}\\ |\sigma_{\max}^{-}|=\left|\dfrac{F}{A}-\dfrac{M_{z\max}}{W_z}\right|\leqslant[\sigma]^{-}\end{cases} \qquad (7-5)$$

2）当 F 为轴向压力时

$$\begin{cases}\sigma_{\max}^{+}=-\dfrac{F}{A}+\dfrac{M_{z\max}}{W_z}\leqslant[\sigma]^{+}\\ |\sigma_{\max}^{-}|=\left|-\dfrac{F}{A}-\dfrac{M_{z\max}}{W_z}\right|\leqslant[\sigma]^{-}\end{cases} \qquad (7-6)$$

三、偏心压缩*

当外力作用线与杆件轴线平行而不重合时，杆件也将发生轴向压缩弯曲的组合变形，称为偏心压缩（拉伸）。偏心压缩（拉伸）是工程中常见的一种压（拉）弯组合变形，因此在这里对它单独进行分析。如图 7－6 所示厂房建筑中的柱，作用在柱上的压力不与柱的轴线重合，但与柱的轴线平行，故柱的变形为偏心压缩，压力 F 称为偏心压力。本节主要介绍单向偏心压缩。

偏心压力 F 作用在截面的对称轴上且其作用线与杆件轴线平行时，称为单向偏心压缩。如图 7－6（a）所示。作用线与杆件轴线间的距离 e 称为偏心距。

（1）力的平移。把偏心压力 F 平移到截面形心 o 处，附加一力偶。由于偏心压力 F 偏离截面的对称轴 z，因此，附加力偶的矩为偏心力 F 对 z 轴的矩，记为 M_e，其大小为

$$M_e=Fe$$

（2）各基本变形的内力分析。如图 7－6（b）所示，杆的弯矩为

$$M_z=-M_e=-Fe$$

向 y 轴负向凸出变形，则弯矩为负值；

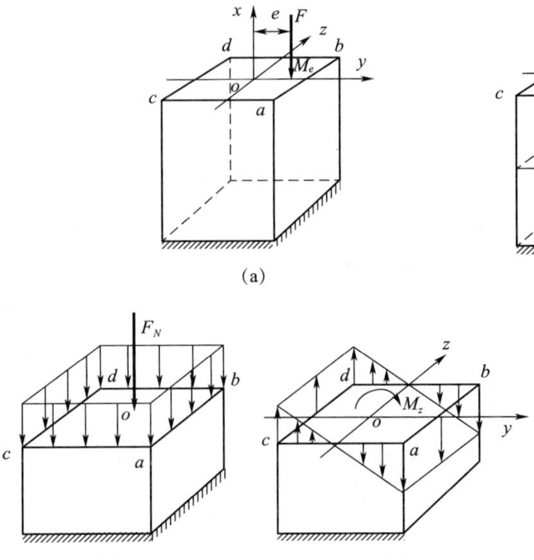

图 7－6

杆的轴力为

$$N = -F$$

（3）应力分析。杆横截面上任一点的正应力应为轴向压缩时产生的正应力 σ_N 如图 7－6（c）所示，与弯曲时产生的正应力 σ_M 如图 7－6（d）所示，叠加得

$$\sigma = \sigma_M + \sigma_N = \pm \frac{M_z y}{I_z} \pm \frac{N}{A} \tag{7-7}$$

式（7－7）也适用于偏心拉伸。

（4）极值应力分析。单向偏心压缩时，横截面上最大压应力发生在纯弯曲时的受压区且距中性轴最远（$y_{\max}^{-}$）的各点。如图 7－6（e）中的 ab 边上。最大压应力为

$$\sigma_{\max}^{-} = -\frac{M_{z\max} y_{\max}^{-}}{I_z} - \frac{N}{A} \tag{7-8}$$

式中：N 为轴力为压力，按绝对值代入上式。单向偏心压缩时，在最大拉应力作用边的对边中 cd 边，如图 7－6（e）所示，计算式为

$$\sigma_{\max}^{+} = \frac{M_{z\max} y_{\max}^{+}}{I_z} - \frac{N}{A} \tag{7-9}$$

应用式（7－9）计算时，结果为正，即为最大拉应力；结果为负，即为最小压应力。

若偏心受压杆为矩形截面，则其截面面积 $A = bh$，$I_z = \frac{bh^3}{12}$，则可以把偏心受压杆应力计算式统一：

$$\sigma_{\substack{\max \\ \min}}^{\pm} = -\frac{F}{A} \pm \frac{M_z}{W_z} = -\frac{F}{bh} \pm \frac{6Fe}{bh^2} = -\frac{F}{bh}\left(1 \mp \frac{6e}{h}\right) \tag{7-10}$$

由上式可知，偏心压缩时，矩形截面上的应力分布情况有以下三种情况：

（1）当 $e<\frac{h}{6}$ 时，σ_{max}^{+} 为压应力，截面全部受压，如图 7－7（a）所示。

（2）当 $e=\frac{h}{6}$ 时，σ_{max}^{+} 为零，边缘上的应力为零，如图 7－7（b）所示。

（3）当 $e>\frac{h}{6}$ 时，σ_{max}^{+} 为拉应力，截面部分受压，部分受拉，如图 7－7（c）所示。

即截面上的应力分布形式与 F 的大小无关，只与 F 离截面形心的距离 e 有关。当截面形状改变时，偏心距 e 的界限公式也改变。

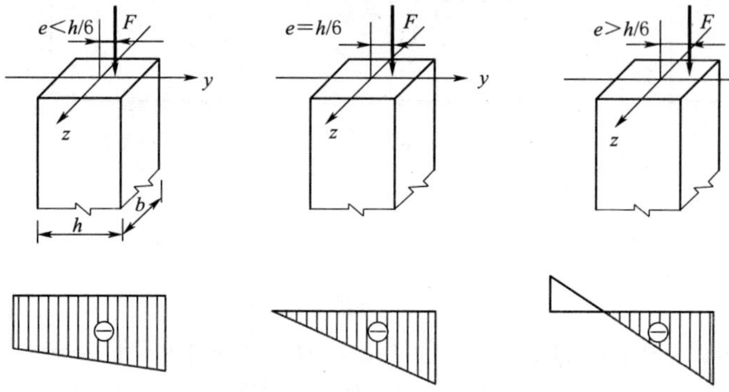

(a)　　(b)　　(c)

图 7－7

【例 7－1】 图 7－8（a）为一厂房的牛腿柱。由屋架传来的压力 $F_1=100\text{kN}$，由吊车梁传来的压力 $F_2=30\text{kN}$，F_2 与柱子轴线有一偏心距 $e=0.2\text{m}$，如果柱横截面宽度 $b=180\text{mm}$，试求当 h 为多少时，截面才不会出现拉应力，并求柱这时的最大压应力。

解：（1）外力计算。将 F_2 平移到柱轴线处，柱的受力如图 7－8（b）所示，附加力偶的力偶矩为

$$M_e=F_2e=30\times0.2=6(\text{kN}\cdot\text{m})$$

（2）内力分析。作柱的轴力图和弯矩图，如图 7－8（c）、（d）所示。由内力图可知，危险面的轴力和弯矩为

$$N_{max}=130\text{kN},M_{z\max}=M_e=6\text{kN}\cdot\text{m}$$

（3）应力计算。使截面不出现拉应力的条件是截面上另一极值应力 σ_{max} 等于零，由式（7－7）可得

$$\frac{M_{z\max}}{W_z}-\frac{N}{A}=0$$

则有
$$\frac{6\times10^6}{180\times h^2}\times6-\frac{130\times10^3}{180\times h}=0$$

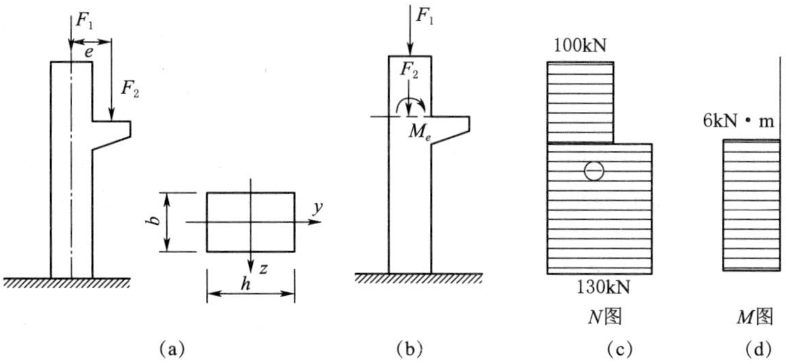

图 7-8

由上式解得 $$h=\frac{6\times10^6\times6\times180}{180\times130\times10^3}=277(\text{mm})$$

同理，由式（7-10）可求柱的最大压应力为

$$\sigma_{\min}^{-}=-\frac{M_{z\max}}{W_z}-\frac{N}{A}=-\frac{6\times10^6}{180\times277^2}\times6-\frac{130\times10^3}{180\times277}=-5.13(\text{MPa})$$

【例 7-2】 起重能力为 80kN 的起重机，安装在混凝土基础上，如图 7-9 所示。起重机支架的轴线通过基础的中心。已知起重机的自重为 180N（荷载 P 及平衡锤Q 的重量不包括在内），其作用线通过基础底面，且有偏心距 $e=0.6$m。若矩形基础的短变长为 3m，问：

（1）其长边的尺寸 a 应为多少才能使基础上不产生拉应力？

（2）在所选 a 值之下，基础底面上的最大压应力等于多少？（已知混凝土的密度 $\rho=2.243\times10^3\text{kg/m}^3$）。

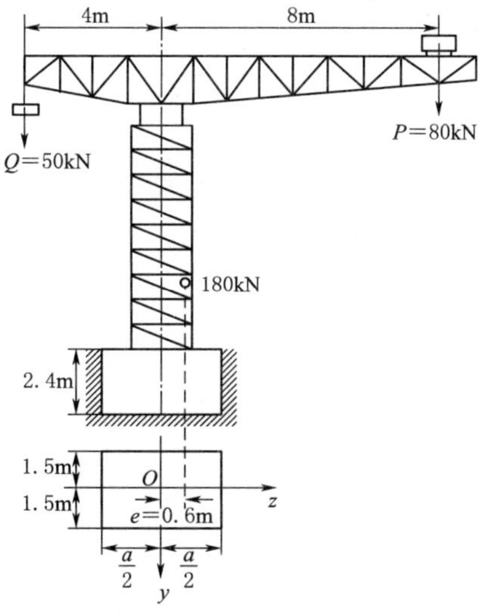

图 7-9

解：（1）将有关各力向基础的中心简化，得到轴向压力：

$$P=50+80+180+2.4\times3\times a\times2.243\times9.81$$
$$=(310+158.4a)\text{kN}$$

对主轴 Oy 的力矩为

$$M=-50\times4+180\times0.6+80\times8=548(\text{kN}\cdot\text{m})$$

要使基础上不产生拉应力，必须使式（7-10）中的 $\sigma_{\min}=\frac{N}{A}+\frac{M}{W}=0$，将 $N=P, A=3a, M$ 和 $W_z=\frac{3a^2}{6}$

代入，可得

$$\sigma_{\min}=\frac{310+158.4a}{3a}-\frac{548}{\frac{3a^{2}}{6}}=0$$

从而解得 $a=3.68\text{m}$，取 $a=3.7\text{m}$。

（2）在基础底面上产生的最大压应力可以由式（7－10）中的另一式求得为

$$\sigma_{\min}=\frac{N}{A}+\frac{M}{W_z}=\frac{310+158.4\times3.7}{3\times3.7}+\frac{548}{\frac{3\times3.7^{2}}{6}}=161(\text{kN/m}^{2})$$

小　结

本项目主要讲授基本组合。这就像我们的学习和生活，要学会合作。单丝不成线，独木不成林。通过本章的学习体会团队合作的重要性，正如著名科学家钱学森说的：“现代科学技术研究不能靠一个人的劳动……95％的科学技术都靠集体。……单干是没有生命力的”。只有在集体中，大家相互协作，才能产生巨大力量，这样个人的才智才能得以发挥；只有在集体中个人才能获得全面自由的发展。具体内容总结如下：

1. 组合变形是两种或两种以上基本变形（拉伸、压缩、扭转、弯曲等）的组合。

2. 组合变形一般用叠加法进行内力和应力分析，从而得出强度条件。

3. 轴向拉伸（压缩）与弯曲组合变形的强度条件为：

当 F 为拉力时

$$\sigma_{\max}^{+}=\frac{F}{A}+\frac{M_{z\max}}{W_z}\leqslant[\sigma]^{+}$$

$$|\sigma_{\max}^{-}|=\left|\frac{F}{A}-\frac{M_{z\max}}{W_z}\right|\leqslant[\sigma]^{-}$$

当 F 为压力时

$$\sigma_{\max}^{+}=-\frac{F}{A}+\frac{M_{z\max}}{W_z}\leqslant[\sigma]^{+}$$

$$|\sigma_{\max}^{-}|=\left|-\frac{F}{A}-\frac{M_{z\max}}{W_z}\right|\leqslant[\sigma]^{-}$$

项目七专业知识技能素养训练　　　　项目七参考答案

项目七课堂（读书）学习笔记（4 学时）

学号________ 姓名________ 时间：________ 年________月________日

<table>
<tr><td colspan="2">课题学习内容（2 学时）____________________</td></tr>
<tr><td>课堂
（读书）学习
笔记及学
习心得</td><td></td></tr>
<tr><td colspan="2">课题学习内容（2 学时）____________________</td></tr>
<tr><td>课堂
（读书）学习
笔记及学
习心得</td><td></td></tr>
</table>

项目八

压 杆 稳 定

学习重点 • 细升压杆的临界力、临界应力与柔度计算 • 提高压杆稳定性的措施		
知识目标	能力要求	所占比重
压杆稳定的概念	运用压杆稳定的概念分析工程案例	10%
欧拉公式	能进行细长压杆的临界力计算	30%
欧拉公式的应用及适用范围、临界应力总图	能进行压杆的临界应力与柔度计算，利用临界应力总图求解工程问题	40%
掌握提高压杆稳定的措施	对细长压杆进行提高稳定性分析	20%

一根细长的杆件，如果承受压力作用时，会突然弯曲，如图 8-1 用锤子钉一根长钉子时，钉子经常会突然弯曲，之后就无法再使用。那这是什么原理呢？

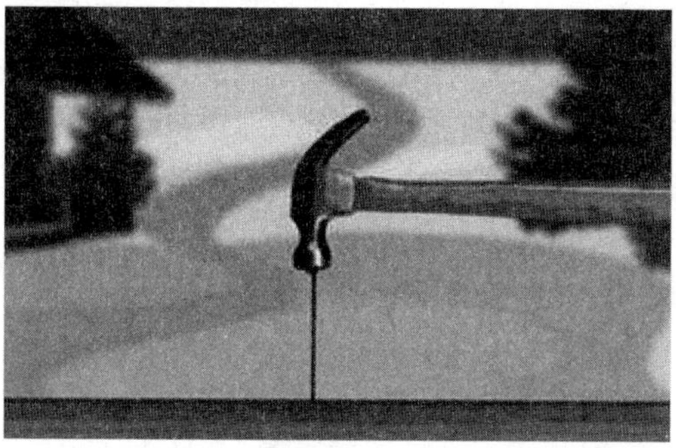

图 8-1

任务一　压杆稳定的概念

工程中把承受轴向压力的直杆称为压杆，如图 8-2 (a) 中的柱、图 8-2 (b)

中翻斗车中的链杆、图 8-2（c）中的千斤顶，图 8-2（d）中高桁架中的压杆、图 8-2（e）中高压输电线路保持相间距离的受压构件等，都是承受轴向压力的压杆。项目六对轴向拉（压）杆进行了强度计算，并建立了强度条件。在一般情况下，对于短而粗的轴向压杆，只要满足强度条件，就能满足安全使用要求，但对于细而长的轴向压杆而言，则并非如此。

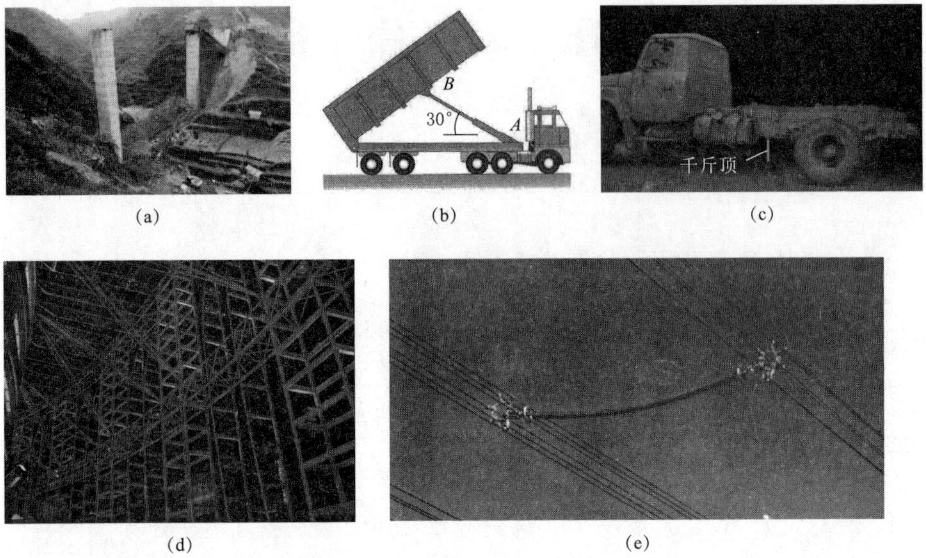

图 8-2

实践告诉我们，细长压杆在轴向压力作用下，杆内的工作应力并没有达到材料的极限应力，甚至还远低于材料的比例极限时，就会突然引起杆件侧向弯曲而失稳丧失承载能力。例如，取一根宽 30mm、厚 5mm 的矩形松木条，它的抗压强度为 40MPa。若木条长仅为 30mm，如图 8-3（a）所示，当压力达到 6kN 时木条破坏。若木条长度为 1m，如图 8-3（b）所示，把一端立在地面上，另一端用手加

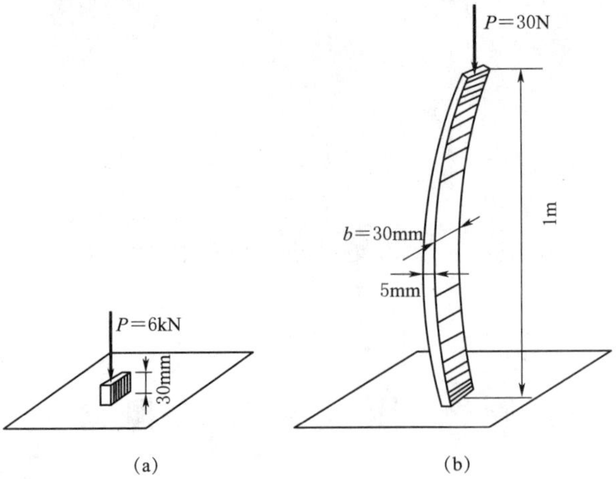

图 8-3

视频：失稳工程案例

压，当压力达 30N 时木条产生显著侧弯，若继续加力则横向挠度迅速增大，也就是说丧失了承载能力。

由此可见，细长压杆的承载能力并不取决于强度，而是压杆在一定压力作用下突然变弯而导致破坏。这种在一定压力作用下，细长压杆突然丧失原有平衡状态的现象称为压杆丧失稳定性，简称压杆失稳。如图 8－4 所示，20 世纪初享有盛誉的美国桥梁学家库柏在圣劳伦斯河上建造魁比克大桥时，悬臂桁架中受压最大的下弦杆失稳，发生稳定性破坏，致使桥梁在施工过程中突然倒塌，85 位工人死亡，成为 20 世纪十大工程惨剧之一，这引起了工程设计人员对稳定性问题的重视和研究；图 8－5 中韩国汉城三丰百货大楼，1995 年由于盲目扩建、加层，致使大楼四五层立柱不堪重负而产生失稳破坏、大楼倒塌，死 502 人，伤 930 人，失踪 113 人；当今城镇的基础设施建设方兴未艾，施工临时脚手架是工业与民用建筑工程中常见的一种设施，它是用连接扣件把空心钢管连接在一起形成的一种临时结构，脚手架失稳是施工现场容易发生的安全事故，图 8－6 中南京电视台演播中心由于脚手架失稳，造成屋顶模板倒塌，死 6 人，伤 34 人。压杆丧失稳定性是突然发生的，事发前无任何预兆，常常导致施工现场人员不能及时逃生，往往造成严重的事故。所以，细长压杆除考虑强度问题外，还必须考虑稳定性问题。

图 8－4

图 8－5

图 8－6

为了说明压杆稳定性的概念，取细长压杆来研究。

以图 8－7（a）中等截面直细长杆为例，在大小不等的轴向压力 P 作用下，观察压杆直线平衡状态所表现的不同特性。为了说明压杆稳定性，对压杆施加不大的侧向干扰力，使其发生微小的弯曲，然后撤去干扰力，观察压杆变形可能出现以下几种情况：

(1) 当杆承受的轴向压力数值 P 小于某一数值 P_{cr} 时，撤去干扰力以后，杆能自动恢复到原有的直线平衡状态而保持平衡，如图 8－7 (b) 所示。这种能保持原有的直线平衡状态的平衡称为稳定平衡。

(2) 当杆承受的轴向压力数值 P 等于某一数值 P_{cr} 时，撤去干扰力，杆不能恢复到原有的直线平衡状态，处于如图 8－7 (c) 所示的一种微弯平衡状态。此时的这种平衡称为临界平衡。

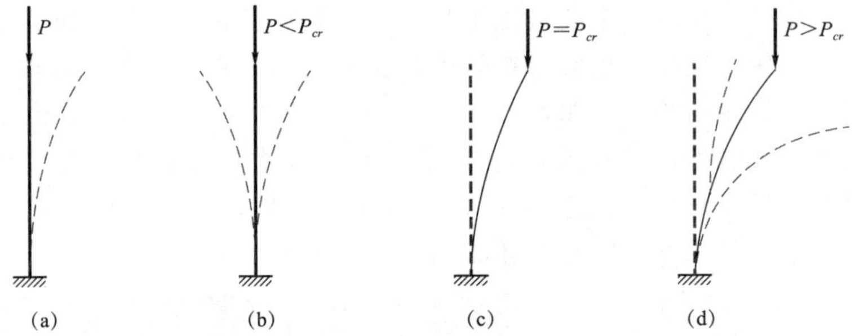

图 8－7

视频：稳定与不稳定平衡

(3) 当杆承受的轴向压力数值 P 超过某一数值 P_{cr} 时，随着力 P 继续增大，则杆继续弯曲，产生显著的变形，从而使压杆失去承载能力，如图 8－7 (d) 所示。这表明此压杆原有直线状态的平衡是不稳定的，即压杆丧失了稳定性；不稳定平衡和稳定平衡可以用小球在曲面位置来认识。

图 8－7 表明，在轴向压力 P 由小逐渐增大的过程中，压杆由稳定平衡转变为不稳定平衡，即发生了压杆失稳现象。稳定平衡如图 8－8 (a) 所示指外界的微小干扰消除后，还能恢复原来的平衡状态，图 8－8 (b) 中不稳定平衡指外界的微小干扰消除后，不能恢复原来的平衡状态。显然，压杆是否失稳取决于轴向压力的数

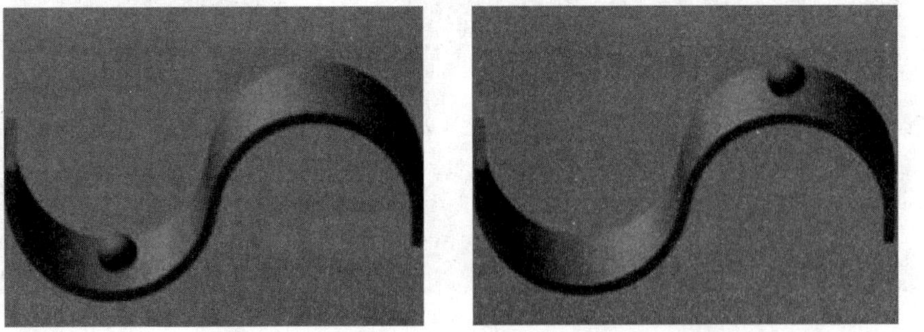

(a)　　(b)

图 8－8

值。压杆处于临界平衡状态时所对应的轴向压力，称为压杆的临界压力或临界力，用 P_{cr} 表示。压杆的临界压力也为不稳定平衡时所受的最小轴向压力，所以压杆稳定问题的关键是确定临界力。

任务二　压杆的临界力

一、两端铰支压杆的临界力——欧拉公式

如图 8-9（a）所示的两端铰支的细长压杆，在临界力（$P=P_{cr}$）作用下，压杆在 xoy 平面内处于微弯平衡状态。

现用一截面将杆截开，画出受力图如图 8-9（b）所示，杆中任意 x 截面上的弯矩方程为

$$M(x)=P_{cr}y \tag{8-1}$$

式中：y 为 x 截面的挠度。

应用梁的挠曲线近似微分方程

$$EIy''=-M(x) \tag{8-2}$$

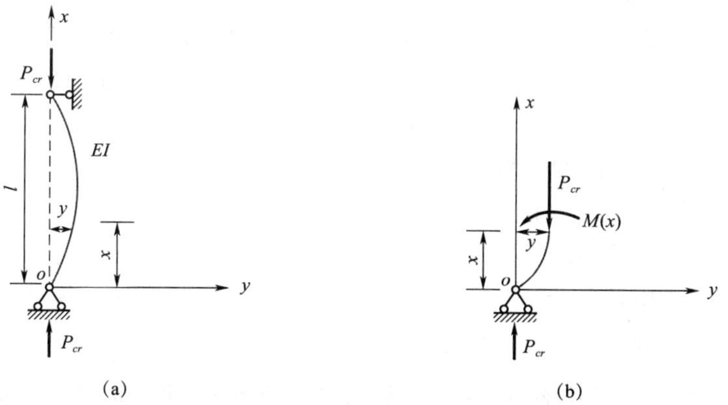

图 8-9

将弯矩方程代入梁的挠曲线近似微分方程中，可得

$$EIy''=-M(x)=-P_{cr}y \tag{8-3}$$

若令

$$k^2=\frac{P_{cr}}{EI} \tag{8-4}$$

则式（8-3）可改写为

$$y''+k^2\cdot y=0 \tag{8-5}$$

这是一个二阶常系数线性齐次微分方程，通解为

$$y=A\sin kx+B\cos kx \tag{8-6}$$

这就是压杆的挠曲线方程，式中 A、B 是两个待定的积分常数。由于临界压力未知，所以式中 $k=\sqrt{\frac{P_{cr}}{EI}}$ 是一个未知数值。

根据此压杆两端的边界条件来确定积分常数。由图 8-9（a）所示压杆可见，在杆的下端，边界条件为 $x=0$ 时，$y=0$。代入式（8-6）中得 $B=0$。因此，挠曲线方程为

$$y=A\sin kx \tag{8-7}$$

在杆的上端，$x=l$ 时，$y=0$，代入式（8-7），得

$$A\cdot\sin kl=0$$

式中 $A\neq 0$，否则，$y\equiv 0$，即压杆各点处的挠度均为零，这显然与压杆处于微弯状态相矛盾。故只有 $\sin kl=0$，即 $kl=n\pi$ 或 $k=n\pi/l$，其中 $n=0$，1，2，3，…

将 $k=n\pi/l$ 代入式（8-4）中，得

$$P_{cr}=\frac{n^2\pi^2EI}{l^2}(n=0,1,2,3,\cdots)$$

由压杆处于微弯状态平衡的假设及临界压力应为不稳定平衡时所受的最小轴向压力，故 $n=1$。由此可得两端铰支细长压杆的临界力公式为

$$P_{cr}=\frac{\pi^2EI}{l^2} \tag{8-8}$$

式（8-8）又称为欧拉公式。

应当注意，两端支承在各方向相同时，杆的弯曲必然发生在抗弯能力（刚度）最小的平面内，所以应用式（8-8）时，惯性矩 I 应为压杆横截面的最小惯性矩；两端支承在各方向不同时，对两个形心轴分别计算，取其最小值作为压杆的临界力。

二、其他约束压杆的临界力

以上讨论了两端铰支细长压杆临界力的计算。对于其他支承形式的压杆，仍可利用梁的挠曲线近似微分方程来推导细长压杆临界力及计算公式，也可以由压杆微弯后的挠曲线与两端铰支压杆微弯后的挠曲线相比拟的方法来确定。这里不作推导，仅把最终结果列入表 8-1 中。

表 8-1　　各种杆端支承细长压杆的临界力公式长度系数

支承情况	两端固定	一端固定一端铰支	两端铰支	一端固定一端自由
压杆计算简图	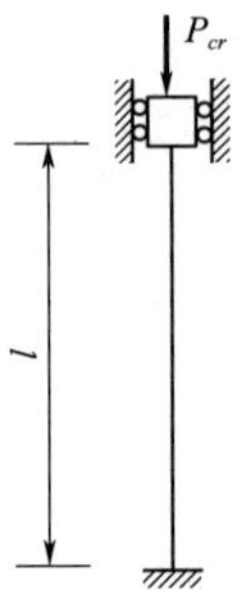	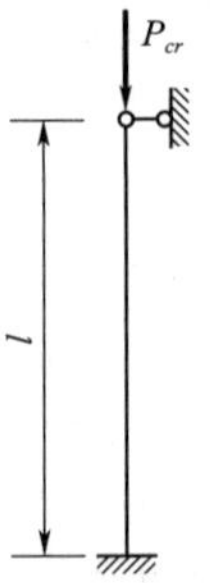	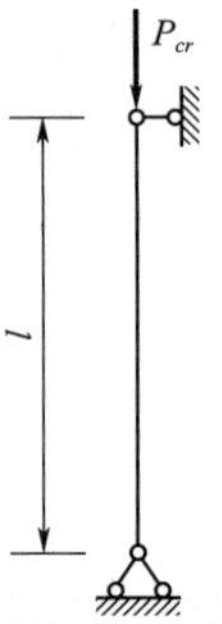	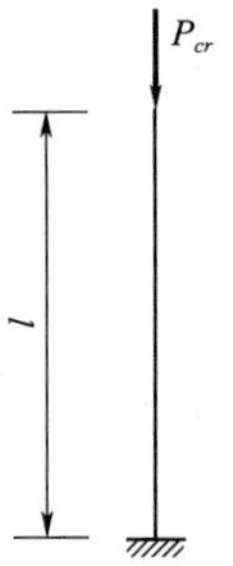
临界力 P_{cr}	$P_{cr}=\frac{\pi^2EI}{(0.5l)^2}$	$P_{cr}=\frac{\pi^2EI}{(0.7l)^2}$	$P_{cr}=\frac{\pi^2EI}{(l)^2}$	$P_{cr}=\frac{\pi^2EI}{(2l)^2}$
相当长度	$0.5l$	$0.7l$	l	$2l$
长度系数	0.5	0.7	1	2

由表中可见，压杆的临界力除与压杆的材料、截面形状尺寸、杆长有关外，还与其杆端的约束情况有关。当杆端的约束发生改变时，即边界条件发生改变，临界力现为的数值就不同。把各种约束条件下压杆临界力公式写成统一形式为

$$P_{cr}=\frac{\pi^2 EI}{(\mu l)^2} \tag{8-9}$$

式中：μ 为称为长度系数，与杆端约束条件有关；μl 为计算长度（或相当长度）。

四种理想支承压杆的长度系数、计算长度和临界力列入表 8-1 中。

任务三　压杆的临界应力

一、临界应力与柔度

为了分析压杆稳定问题，工程上常用临界应力的形式来表示。在临界力 P_{cr} 作用下压杆横截面上的平均正应力，称为压杆的临界应力，其用 σ_{cr} 表示。若以 A 表示压杆的横截面面积，则由欧拉临界力得到临界应力公式为

$$\sigma_{cr}=\frac{P_{cr}}{A} \tag{8-10}$$

将式（8-9）代入上式，得

$$\sigma_{cr}=\frac{\pi^2 EI}{A(\mu l)^2} \tag{8-11}$$

若将压杆的惯性矩 I 用惯性半径 i 和截面积 A 表示，即

$$I=i^2 A \quad 或 \quad i=\sqrt{I/A} \tag{8-12}$$

则临界应力又可写为

$$\sigma_{cr}=\frac{\pi^2 Ei^2}{(\mu l)^2}=\frac{\pi^2 E}{(\mu l/i)^2} \tag{8-13}$$

令

$$\lambda=\frac{\mu l}{i} \tag{8-14}$$

于是推得压杆的临界应力欧拉公式为

$$\sigma_{cr}=\frac{\pi^2 E}{\lambda^2} \tag{8-15}$$

式（8-12）中 $i=\sqrt{I/A}$ 称为惯性半径，它与压杆横截面的形状、尺寸有关。常用截面的惯性半径为

矩形　$i_z=\dfrac{h}{\sqrt{12}}=0.289h$，$i_y=\dfrac{b}{\sqrt{12}}=0.289b$

圆形　$i=\dfrac{D}{4}\sqrt{1+\alpha^2}$，其中 $\alpha=d/D$

式（8-14）中 λ 称为压杆的柔度（或长细比）。柔度 λ 是一个无量纲的量，它与压杆两端的支承情况、杆长 l 及截面尺寸和形状等因素有关。若压杆的柔度 λ 越

大，表明压杆细而长，其临界应力越小，则压杆就越容易失稳；若压杆的柔度 λ 越小，表明压杆短而粗，其临界应力越大，则压杆就越不容易失稳，所以柔度 λ 是压杆稳定计算中的一个很重要的几何参数。

二、大柔度杆的临界应力·欧拉公式

式（8-9）、式（8-15）统称为欧拉公式，可以利用其计算压杆的临界力和临界应力。但是，应用时一定要注意这两个公式的适用范围。欧拉公式是根据挠曲线近似微分方程导出的，此微分方程时只有在材料服从胡克定律的条件下才成立。因此，只有当压杆的临界应力 σ_{cr} 不超过材料的比例极限 σ_p 时，才能用欧拉公式计算临界应力或临界力。

于是欧拉公式的适用条件为

$$\sigma_{cr}=\frac{\pi^2 E}{\lambda^2}\leqslant\sigma_p \quad 或 \quad \lambda\geqslant\pi\sqrt{\frac{E}{\sigma_p}}$$

令

$$\lambda_p=\pi\sqrt{\frac{E}{\sigma_p}} \tag{8-16}$$

式中：λ_p 为压杆的临界柔度，表示临界应力达到材料的比例极限时的柔度值，是能应用欧拉公式的最小柔度。从式（8-15）可知，λ_p 的值仅取决于材料性质，用不同材料制成的压杆，其 λ_p 也不同。例如 Q_{235} 钢，$\sigma_p=200\text{MPa}$，$E=200\text{GPa}$，由式（8-16）可求得

$$\lambda_p=\pi\sqrt{\frac{E}{\sigma_p}}=\pi\sqrt{\frac{200\times10^3}{200}}=\pi\sqrt{1000}=100$$

则欧拉公式的适用范围又为

$$\lambda\geqslant\lambda_p \tag{8-17}$$

当压杆的柔度大于或等于 λ_p 时，才可以应用欧拉公式计算临界力或临界应力。工程中把满足 $\lambda\geqslant\lambda_p$ 这一条件的压杆称为大柔度杆（或细长杆）。

三、中柔度杆的临界应力·欧拉公式

实际工程中常用的压杆，其柔度往往小于 λ_p。当压杆的柔度 $\lambda<\lambda_p$，说明此类压杆的临界应力已经超过材料的比例极限，此时，欧拉公式不再适用。对这类压杆通常采用以试验结果为依据的经验公式计算临界力或者临界应力。常用的经验公式中，以直线形公式最为简单，此外还有抛物线形公式。本章仅介绍直线公式。

（一）直线型经验公式

$$\sigma_{cr}=a-b\lambda \tag{8-18}$$

式中：a、b 为与材料力学性能有关的值，可由实验确定。

对于塑性材料制成的压杆，公式适用于 $\sigma_{cr}=a-b\lambda\leqslant\sigma_s$ 或 $\lambda\geqslant\frac{a-\sigma_s}{b}$。

当压杆的临界应力等于屈服极限时，属于强度问题。因此使用经验公式（8-18）的最小柔度极限值为

$$\lambda_s=\frac{a-\sigma_s}{b} \tag{8-19}$$

式中的 a、b 及 λ_p、λ_s 均是与材料有关的常数，由实验确定。常用材料可从由相应的表中查出（表 8-2）

工程中把 $\lambda_s \leqslant \lambda < \lambda_p$ 的压杆称为中柔度杆（或中长杆），这类杆往往因稳定不够而破坏。

把 $\lambda < \lambda_s$ 的杆件称为小柔度杆（或短粗杆），这类杆往往因强度不够而破坏，应按强度问题处理。

表 8-2　一些常用材料的 a、b 及 λ_p、λ_s 值

材料	a/MPa	b/MPa	λ_p	λ_s
Q345 钢	310	1.14	100	60
35 钢	460	2.57	10	60
45 钢	469	2.62	10	60
铸铁	338.7	1.483	80	
松木	28.7	0.199	59	0

（二）临界应力总图

压杆按其柔度值的不同，分为大柔度杆（$\lambda \geqslant \lambda_p$）、中柔度杆（$\lambda_s \leqslant \lambda < \lambda_p$）和小柔度杆（$\lambda < \lambda_s$），分别由式（8-15）、式（8-18）计算其临界应力。如果把压杆的临界应力与柔度之间的函数关系绘制在 $\sigma_{cr}-\lambda$ 直角坐标系内，即可得到临界应力随柔度变化的曲线图形，称为压杆的临界应力总图，如图 8-10 所示。

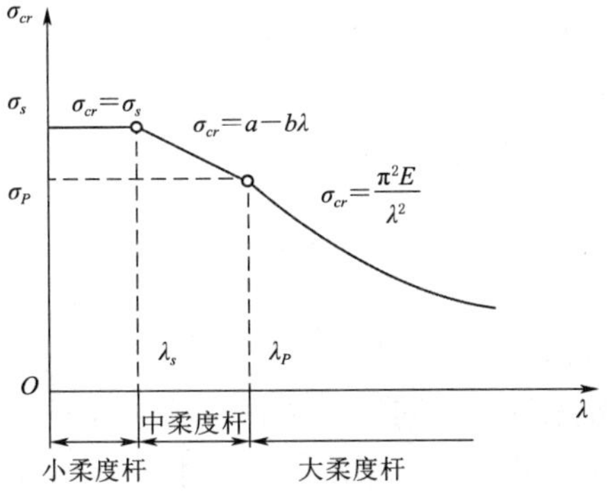

图 8-10

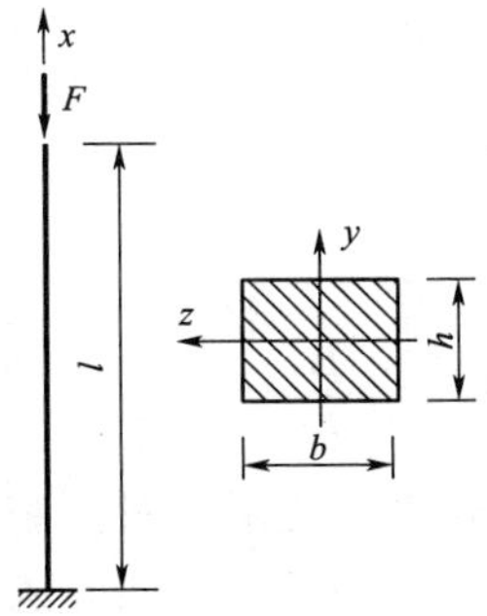

图 8-11

从临界应力总图中可以看出，小柔度杆的 σ_{cr} 与 λ 无关，而大柔度杆与中柔度杆的临界应力 σ_{cr} 则随着柔度 λ 的增大而减小。说明压杆柔度越大（杆越细长）就越容易失稳。

【例 8-1】 如图 8-11 所示，一端固定另一端自由的细长压杆，其杆长 $l=2\text{m}$，截面形状为矩形，$b=20\text{mm}$、$h=45\text{mm}$，材料的弹性模量 $E=200\text{GPa}$，$\sigma_p=130\text{MPa}$。试求：

（1）此压杆的临界力。

（2）若把截面改为 $b=h=30\text{mm}$，而保持长度不变，则该压杆的临界力又为多大？

解：(1) 计算该压杆的临界柔度 $\lambda_p=\pi\sqrt{E/\sigma_p}=123$

(2) 当 $b=20\text{mm}$、$h=45\text{mm}$ 时，计算压杆的临界力。求截面惯性半径、压杆的柔度分别为

$$i_{\min}=\frac{b}{\sqrt{12}}=\frac{20}{\sqrt{12}}=5.774(\text{mm})$$

$$\mu=2.0$$

$\lambda=\dfrac{\mu l}{i_{\min}}=\dfrac{2\times2000}{5.774}=692.8>\lambda_p=123$，属于大柔度杆，故可由欧拉公式计算临界力。取截面的最小惯性矩，则临界力为

$$P_{cr}=\frac{\pi^2EI}{(\mu l)^2}=\frac{\pi^2\times200\times10^9\times3\times10^{-8}}{(2\times2)^2}$$

$$=3701(\text{N})=3.70(\text{kN})$$

$$I_y=\frac{hb^3}{12}=\frac{45\times20^3}{12}=3.0\times10^4(\text{mm}^4)$$

(3) 求截面改为 $b=h=30\text{mm}$ 时的临界应力。求截面惯性半径、压杆的柔度分别为

$$i_z=i_y=\frac{h}{\sqrt{12}}=\frac{30}{\sqrt{12}}=\frac{\sqrt{3}}{2}\times10=8.66(\text{mm})$$

$$\lambda=\frac{\mu l}{i}=\frac{2\times2000}{8.66}=461.9>\lambda_P=123$$

属于大柔度压杆，故可由欧拉公式计算临界力。

截面的惯性矩 $I_y=I_z=\dfrac{bh^3}{12}=\dfrac{30^4}{12}=6.75\times10^4(\text{mm}^4)$

则临界力为

$$P_{cr}=\frac{\pi^2EI}{(\mu l)^2}=\frac{\pi^2\times200\times10^9\times6.75\times10^{-8}}{(2\times2)^2}=8330(\text{N})=8.33(\text{kN})$$

压杆的材料、支承条件、横截面面积都相同，但是截面形状不同，得到的临界力不同，后者大于前者。可见在材料用量相同的条件下，选择恰当的截面形式可以提高细长压杆的临界力，即提高细长压杆的承载能力。

任务四 提高压杆稳定性的措施

提高压杆的稳定性，关键在于提高压杆的临界应力或临界力。从压杆的临界应力公式 $\sigma_{cr}=\dfrac{\pi^2E}{\lambda^2}$ 和 $\sigma_{cr}=a-b\lambda$ 可见，临界应力与压杆的柔度有关，柔度大，临界力小，稳定性差，因此提高压杆的稳定性必须减小压杆的柔度。柔度 $\lambda=\dfrac{\mu l}{i}$，减小压杆柔度要从改变压杆的支承条件、压杆的长度、横截面形状及尺寸等因素入手。

因此，可从以下几个方面考虑提高压杆的稳定性。

一、选择合理的截面形状

增大截面的惯性矩，可以增大截面的惯性半径，降低压杆的柔度，从而可以提高压杆的稳定性。在压杆的横截面面积相同的条件下，应尽可能使材料远离截面形心轴，以取得较大的惯性矩，从这个角度出发，空心截面要比实心截面合理，如图 8－12 所示。在工程实际中，若压杆的截面是用两根槽钢组成的，则应采用如图 8－13 所示的布置方式，可以取得较大的惯性矩或惯性半径。

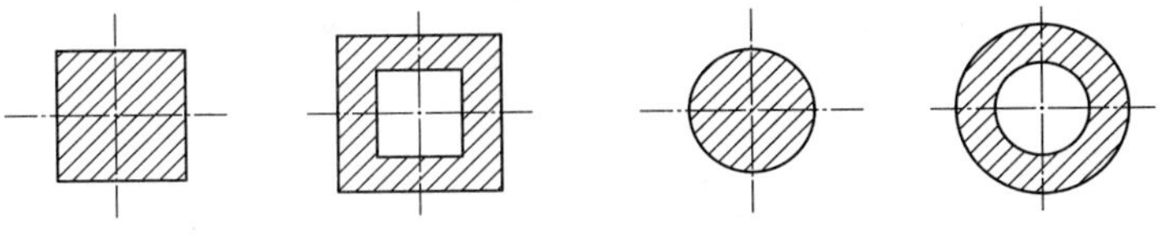

(a)　(b)

图 8－12

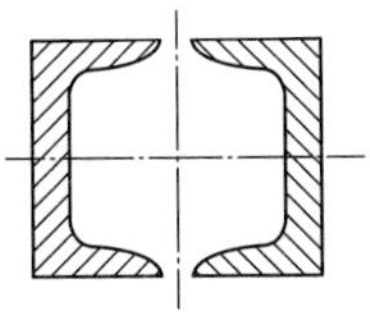

图 8－13

另外，由于压杆总是在柔度较大（临界力较小）的纵向平面内首先失稳，所以应注意尽可能使压杆在各个纵向平面内的柔度都相同，以充分发挥压杆的稳定承载力。

二、改善约束条件、减小压杆长度

减小压杆长度可以降低压杆的柔度，有利于提高压杆的稳定性。在条件允许的情况下，应尽量减小压杆的长度或在压杆中间增加支承。同时尽可能加强杆端的约束。从表 8－1 可以看出，压杆端部越牢固，长度系数 μ 越小，压杆柔度 λ 越小，压杆稳定性越好。

三、合理选择材料

由欧拉公式 $\sigma_{cr}=\dfrac{\pi^2 E}{\lambda^2}$ 可知，大柔度压杆的临界应力与材料的弹性模量成正比。所以，选择大柔度杆应选弹性模量大的材料，来提高大柔度杆的临界应力，即提高其稳定性。但是，对于钢材而言，各种钢的弹性模量大致相同，所以，选用高强度钢并不能明显提高大柔度杆的稳定性。

而对于中柔度杆中长杆，临界应力 $\sigma_{cr}=a-b\lambda$，它与材料的强度有关，采用高强度钢材，可以提高这类压杆抵抗失稳的能力。

小　结

构件的承载能力包括抵抗破坏的能力、抵抗变形的能力，维持原有平衡状态的能力。它也可以用强度、刚度和稳定性三个指标来表示。前面对构件强度和刚度作了研究，由于构件稳定性涉及的知识较广，本项目仅对轴向受压杆件进行稳定性讨论。受压杆的稳定性对整体的安全具有重要意义。而解决压杆稳定的关键在于计算临界力。

1. 压杆稳定的概念

当压杆的工作力小于临界力时，压杆能保持原来的平衡状态，称为稳定平衡状态。

当压杆的工作力大于、等于临界力时，压杆不能保持原来的平衡状态，称为不稳定平衡状态。

2. 临界力和临界应力的计算

(1) 当 $\lambda \geqslant \lambda_p$ 时，压杆为大柔度杆（细长杆），可用欧拉公式计算临界力及临界应力。其计算公式：

$$P_{cr}=\frac{\pi^2 EI}{(\mu l)^2}$$

$$\sigma_{cr}=\frac{\pi^2 E}{\lambda^2}$$

(2) 当 $\lambda_s \leqslant \lambda < \lambda_p$ 时，压杆为中柔度杆（中长杆），可用经验公式计算临界力及临界应力。其计算公式：

$$\sigma_{cr}=a-b\lambda \quad P_{cr}=\sigma_{cr}A$$

(3) 当 $\lambda < \lambda_s$ 时，压杆为小柔度杆（短杆），属于强度问题。

3. 提高压杆稳定的措施

(1) 选择合理的截面形状所用材料。

(2) 改善约束条件、减小压杆长度。

(3) 合理选择材料。

项目八专业知识技能素养训练

项目八参考答案

项目八课堂（读书）学习笔记（4 学时）

学号________ 姓名________ 时间：________ 年________月________日

<table>
<tr><td colspan="2">课题学习内容（2 学时）____________________</td></tr>
<tr><td>课堂
（读书）学习
笔记及学
习心得</td><td></td></tr>
<tr><td colspan="2">课题学习内容（2 学时）____________________</td></tr>
<tr><td>课堂
（读书）学习
笔记及学
习心得</td><td></td></tr>
</table>

提　高　篇

项目九

静定结构的内力计算

学习重点 • 多跨静定梁内力计算及内力图的绘制 • 静定平面刚架的内力计算及内力图绘制 • 静定平面桁架的内力计算		
知识目标	素养目标	所占比重
静定结构基本形式	能将实际结构转化为静定结构计算模型	10%
多跨静定梁	掌握多跨静定梁的内力计算及绘制内力图	30%
静定平面刚架	掌握悬臂刚架、简支刚架和三铰刚架内力计算及绘制内力图	30%
静定平面桁架、零杆	熟练掌握零杆判别，掌握结点法、截面法计算平面简单桁架的内力	25%
三铰拱*	了解三铰拱的内力计算原理及合理拱轴线	5%

任务一　静定结构的基本形式

在实际工程中，有许多结构可以简化为静定结构，常见几种典型静定结构如下所述。

一、静定梁

工程上习惯上把以弯曲变形为主的构件叫梁，如图 9－1（a）吊车梁、图 9－1（b）

摇臂钻的臂、图 9－1（c）火车轮轴、图 9－1（d）桥梁等。

二、静定平面刚架

静定平面刚架是由梁和柱所组成的平面结构，其特点是在梁与柱的连接处为刚结点，当刚架受力而产生变形时，刚结点处各杆端之间的夹角始终保持不变。静定平面刚架示例如站台雨篷支撑，如图 9－1（e）所示。

三、拱

由曲线构件组成在竖向荷载作用下其支座处产生向内的水平反力的结构叫作拱。根据作用与反作用原理可知，拱对支座必定有向外的水平推力，所以拱属于有推力结构。工程上常用三铰拱，如图 9－1（f）所示。

四、静定平面静定桁架

由若干直杆在两端用铰连接组成的结构称桁架，若每个直杆的轴线与外荷载作用线在同一平面称平面桁架，如图 9－1（g）所示。

桁架是由许多直杆按一定方式相互结合起来的杆系结构，在桁架中，几根杆件互相结合的地方称为结点。桁架的杆件，由于所处的位置不同，分别有不同的名称。如图 9－1（g）所示的桁架。

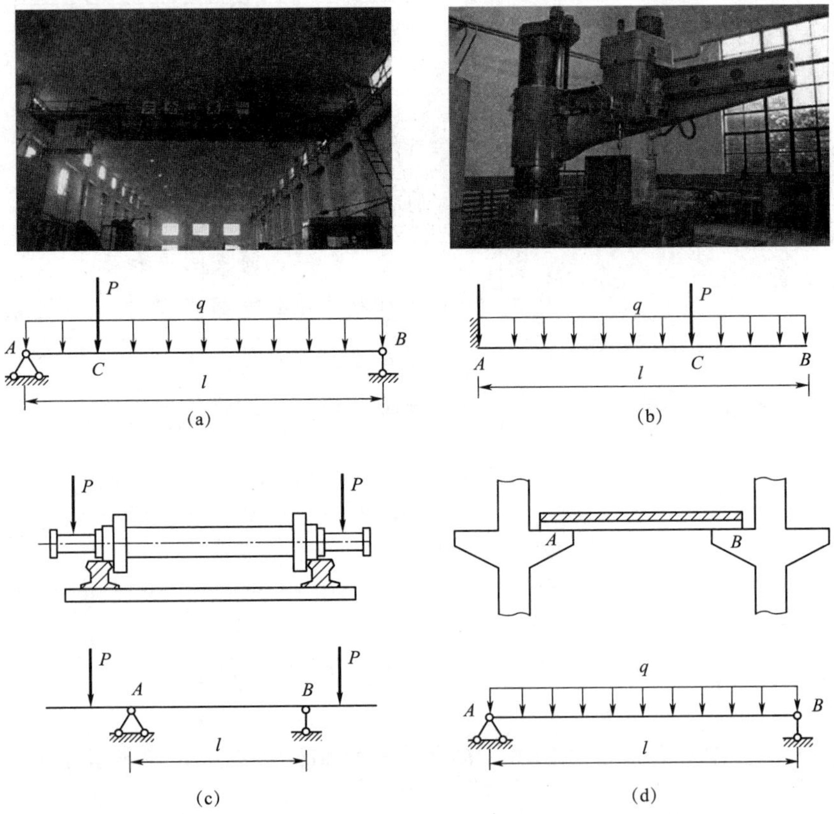

图 9－1（一）

(e)

(f)

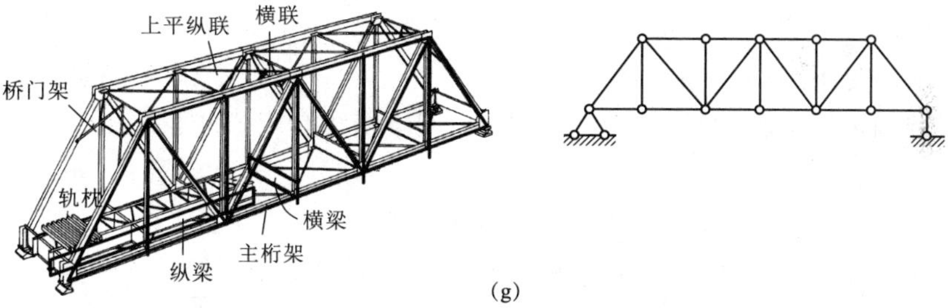

(g)

图 9-1（二）

任务二　多跨静定梁

单跨静定梁在项目六已重点介绍，本节重点介绍多跨静定梁的内力计算。在桥梁工程和房屋建筑工程中，我们经常用到多跨静定梁的结构形式。若干根梁用铰和支座连接而成的梁称为多跨静定梁，如图 9-2（a）中所示的公路桥。

多跨静定梁基本的组成形式有两种：第一种如图 9-3（a）所示，系由伸出梁 AB、CD 和短梁 BC 用铰链连接而成。这种形式的特点是无铰跨和两铰跨交互排列。第二种如图 9-3（b）所示，这种形式特点是除第一跨为无铰跨外，其余每跨均有一铰链。根据这两种基本形式，可以组合成混合形式，如图 9-3（c）所示。

多跨静定梁的梁段之间是用铰链连接的，要想使它成为静定的几何不变体系，

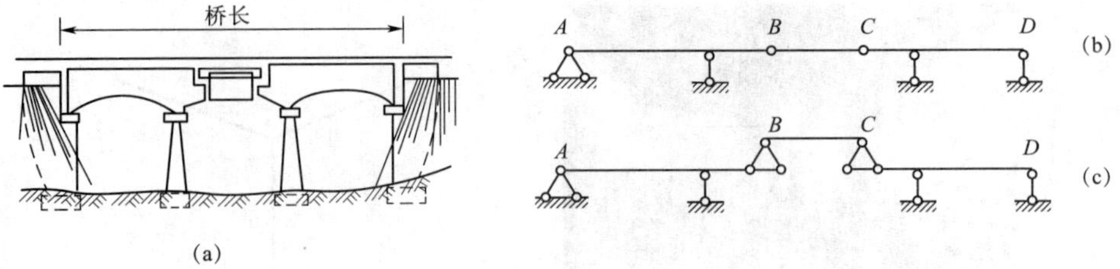

图 9-2

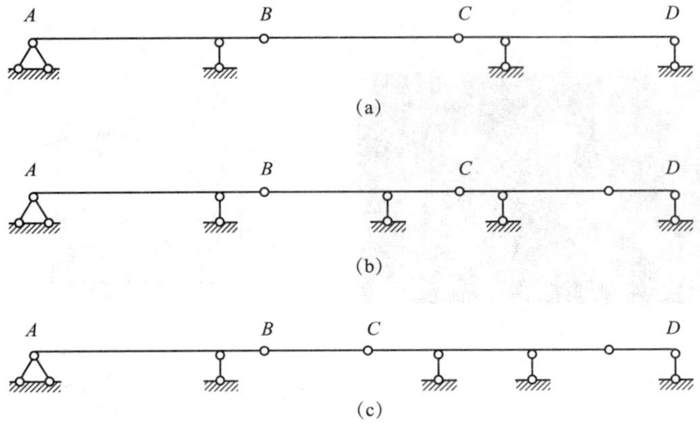

图 9-3

设计时必须满足下列两个条件：

（1）结构体系为稳定的几何不变体系，用平衡方程可以求解。

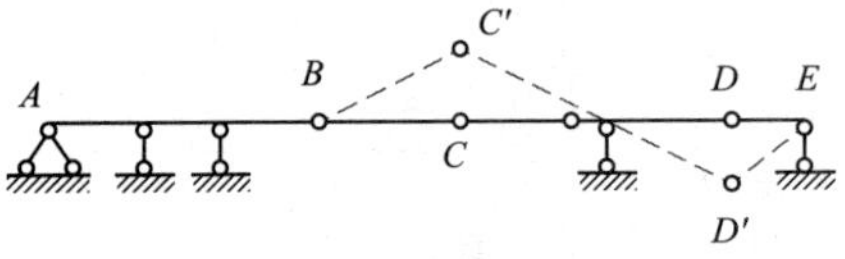

图 9-4

（2）铰位置要布置合理，必须符合静定结构特点，如铰布置不当，可能产生位移，不能作为结构使用，如图 9-4 所示。

图 9-3（a）中 AB 段与地面组成基本简支梁结构，它可以单独承受荷载，所以称其为基本部分。短梁 BC 则需依赖基本部分的支撑才能承受荷载，所以称其为附属部分。梁 CD 本身亦能独立承受竖向荷载，又能支承 BC 梁，所以 CD 梁也称为基本部分。为了使上述关系更为明确，将图 9-2（b）所示的多跨静定梁的分层图画出，如图 9-3（b）所示。将图 9-3（b）、（c）所示的多跨静定梁的分层图画出，分别如图 9-5（a）、（b）所示 。

多跨静定梁分层图是明确计算和绘制内力图顺序，按照分层图结构，计算顺序为先附属部分，后基本部分。

由于多跨静定梁是由短梁和外伸梁组成的，它的弯矩比简支梁的弯矩要小，而且沿梁长方向的分布较均匀，所以建造的材料较为节省。多跨静定梁可以在工厂预制再到工地直接装配，便于施工，节省工期。但是，多跨静定梁也有不足之处，例如它的整体性不如连续梁，假如基本部分被破坏，将导致整个结构的破坏。因此，

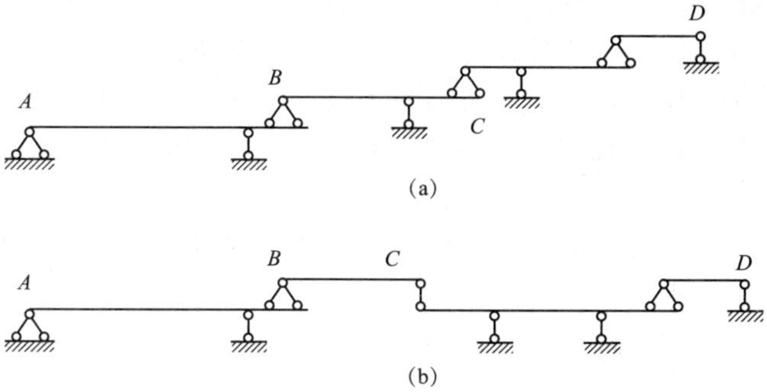

图 9－5

在实际工程中是否采用多跨静定梁，应根据具体条件决定。

【例 9－1】 试作图 9－6（a）所示多跨静定梁的内力图。

解：（1）绘层次图。梁 AB 固定在基础上，是基本部分；梁 BCD 固定在梁 AB 上，为附属部分，画出层次图如图 9－6（b）所示。

（2）计算约束反力。取 BD 为隔离体，如图 9－6（c）所示，由平衡方程求出 BD 梁的支座反力为

$$R_{Cy}=15\text{kN}\ ,\ R_{By}=5\text{kN}$$

将 R_{By} 反方向作用于 AB 梁上，对 AB 梁列平衡方程可得

$$R_{Ay}=15\text{kN},M_A=10\text{kN}\cdot\text{m}$$

（3）绘制内力图。分段绘制出各段梁的弯矩图和剪力图，连成一体即得多跨静定梁的弯矩图和剪力图，如图 9－6（d）、（e）所示。

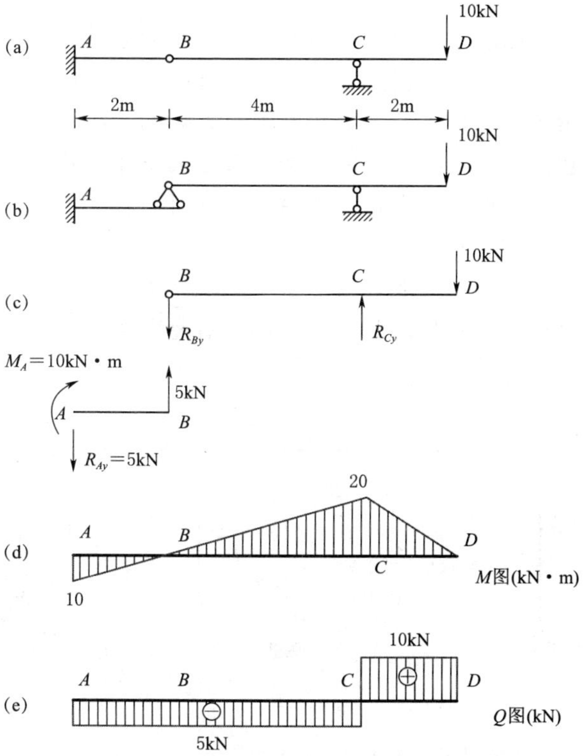

图 9－6

归纳总结多跨静定梁内力计算的一般步骤：

（1）对结构进行几何组成分析，弄清结构的几何组成顺序并画出结构层次图，基本部分画在下面，附属部分画在上面。

（2）画出由结构层次图所确定的各单跨静定梁的受力图，并计算出各支座的约束反力。

（3）取相同的比例尺，在同一直线上绘制出各跨梁的剪力图和弯矩图。

中间铰结点可以保证其所传递剪力不变，因此其所连的两梁段上：

（1）如果无荷载作用，弯矩图将表现为过此中间铰的一根完整直线。

（2）如果仅有均布荷载作用，弯矩图将表现为过此中间铰的一根完整二次抛物线。

（3）如果仅有某段铰端的集中力偶作用，弯矩图将在此突变，但是两梁段上的弯矩图将保持为平行直线。

此外，中间结点还包括中间定向联系，这类结点可以传递弯矩和沿其链杆方向的内力。

任务三　静定平面刚架

平面刚架是由梁和柱所组成的平面结构，梁和柱的轴线在同一平面内，其特点是在梁与柱的连接处为刚结点，当刚架受力而产生变形时，刚结点处各杆端之间的夹角始终保持不变，如图 9-7 所示，由于刚结点能约束杆端的相对转动，故能承受和传递弯矩，从而使结构中弯矩的分布较均匀，峰值较小，与梁相比刚架具有减小弯矩极值的优点，节省材料，并且有较大的空间。在建筑工程中常采用刚架作为承重结构。

平面刚架一般分为静定平面刚架与超静定平面刚架。本节研究静定平面刚架的内力计算；常见的静定平面刚架有悬臂刚架、简支刚架、三铰刚架，分别如图 9-8 所示。

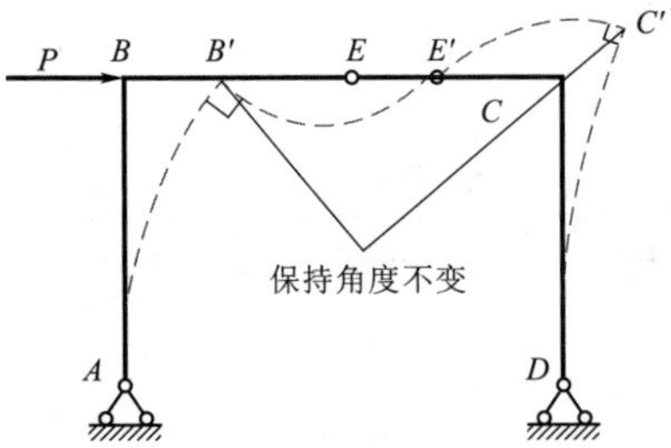

图 9-7

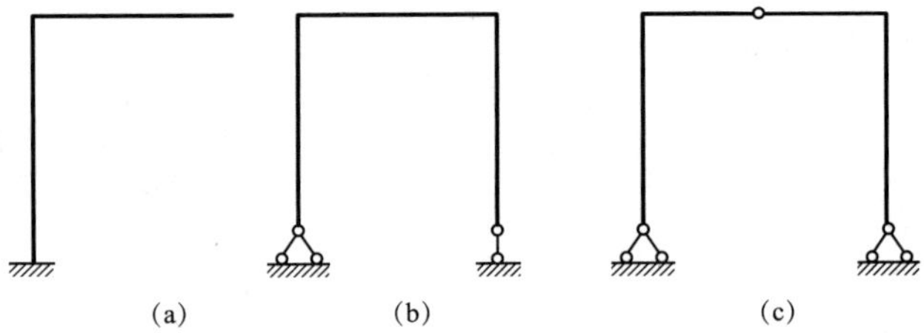

图 9-8

静定平面刚架内力计算的一般步骤：

1. 静定刚架支座反力的计算

刚架在外力作用下处于平衡状态，其约束反力可用平衡方程来确定。若刚架由一个构件组成，可列三个平衡方程求出其支座反力。若刚架由两个构件或多个构件组成，可按物体系统的平衡问题来处理。

2. 绘制内力图

为了明确各截面内力，特别是区别相交于同一结点的不同杆端截面的内力，在内力符号右下角采用两个角标，其中第一个角标表示内力所属截面，第二个角标表示该截面所在杆的另一端。M_{AB} 表示 AB 杆 A 端截面的弯矩，M_{BA} 表示 AB 杆端

B 截面的弯矩。

刚架内力的符号规定与梁相同。轴力：杆件受拉为正，受压为负；剪力：使分离体顺时针方向转动为正，反之为负；弯矩：不作正负规定，但总是把弯矩图画在杆件受拉的一侧。

截面法也是求解刚架的任一截面内力的基本方法。一般由平衡条件先把每个杆件两端的内力求出来，然后利用杆端内力分别作出各杆件的内力图。即：

（1）作弯矩图时，先求每根杆的杆端弯矩，将杆端弯矩画在受拉一侧，连以直线，再叠加上由横向荷载产生的简支梁的弯矩图即可。

（2）作剪力图时，先求每根杆的杆端剪力，杆端剪力通常可根据截面一侧的荷载及支座反力直接算出；若情况复杂，可以取杆为分离体利用平衡方程求出。杆的剪力图可以利用简支梁的内力图规律画出。

（3）作轴力图时，先求杆的杆端轴力，杆端轴力通常可以根据截面一侧的荷载及支座反力直接算出。

3. 内力图的校核

内力图的校核是必要的。通常截取刚架的一部分或结点为分离体，验证其是否满足平衡条件。

【例 9－2】 作图 9－9（a）所示悬臂刚架的内力图，已知 $F=2\text{kN}$，$h=a=4\text{m}$。

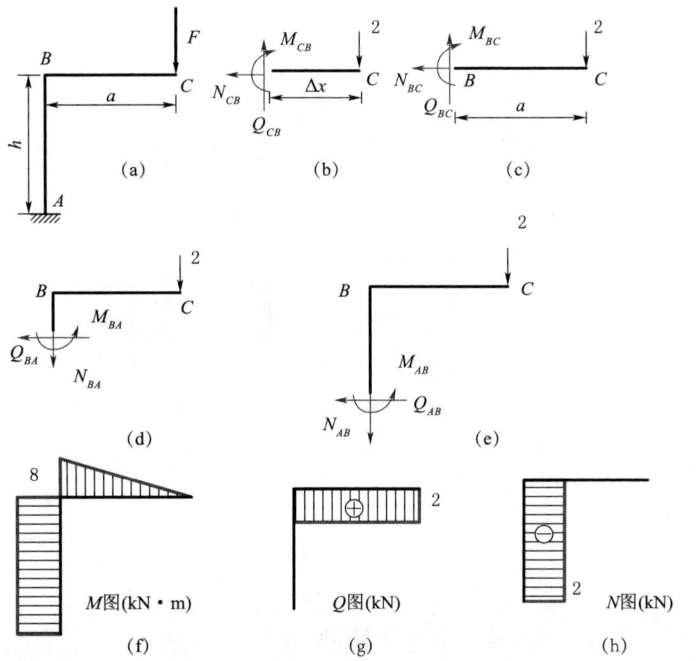

图 9－9

解： 悬臂刚架可不计算其支座反力，用截面法计算各杆端内力。

（1）计算各杆端内力。

BC 杆：取分离体如图 9－9（b）、（c），由平衡方程得

$$M_{CB}=0 \quad M_{CB}=-8\text{kN}\cdot\text{m}(\text{上侧受拉})$$

$$Q_{CB}=2 \qquad Q_{CB}=2\text{kN}$$

$$N_{CB}=0$$

AB 杆：取分离体如图 9-9（d）、（e），由平衡方程得

$$M_{BA}=2\times4=8(\text{kN}\cdot\text{m})$$

$$Q_{BA}=0 \quad N_{BA}=-2\text{kN}$$

（2）绘内力图。根据求出的各杆杆端内力，按内力图特征，画内力图如图 9-9（f）、（g）、（h）即为所求悬臂刚架 M、Q、N 图。

【例 9-3】 作图 9-10（a）所示简支型刚架的内力图。

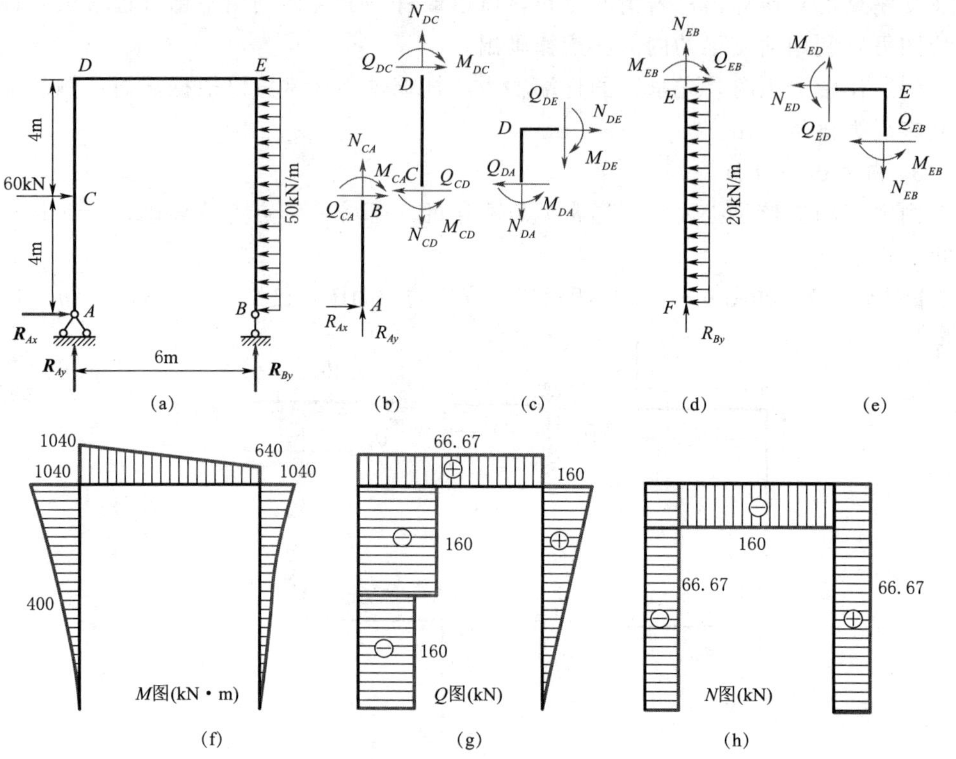

图 9-10

解：（1）求支座反力。

$$R_{Ax}=40\text{kN}(\rightarrow)$$

$$R_{Ay}=75\text{kN}(\uparrow)$$

$$R_{Dy}=125\text{kN}(\uparrow)$$

（2）求控制截面内力。根据控制截面的确定原则，则 A、B、C、D 为控制截面；A、B、C、D 将此刚架分为 AB、BC、CD 三段。各计算段的杆端（控制截面）内力

AB 杆：取研究对象（分离体）如图 9-10（b）所示，由平衡方程得

$$M_{AB}=0 \quad M_{BA}=160\text{kN}\cdot\text{m}$$

$$Q_{AB}=-40\text{kN}\quad Q_{BA}=-40\text{kN}$$
$$N_{AB}=-75\text{kN}\quad N_{BA}=-75\text{kN}$$

BC 杆：取研究对象（分离体）如图 9－10（b）所示，由平衡方程得

$$M_{BC}=-160\text{kN}\cdot\text{m}\quad M_{CB}=260\text{kN}\cdot\text{m}$$
$$Q_{BC}=75\text{kN}\quad Q_{CB}=-125\text{kN}$$
$$N_{BC}=-80\text{kN}\quad N_{CB}=-80\text{kN}$$

CD 杆：取研究对象（分离体）如图 9－10（b）所示，由平衡方程得

$$M_{CD}=-160\text{kN}\cdot\text{m}(\text{右侧受拉})\quad M_{DC}=0$$
$$Q_{CD}=80\text{kN}\quad Q_{DC}=80\text{kN}$$
$$N_{CD}=-125\text{kN}\quad N_{DC}=-125\text{kN}$$

（3）绘内力图。根据求出的各杆杆端内力，按内力图特征，绘制弯矩图、剪力图和轴力图分别如图 9－10（c）、（d）、（e）所示。

【例 9－4】 试作图 9－11（a）所示三铰刚架内力图。

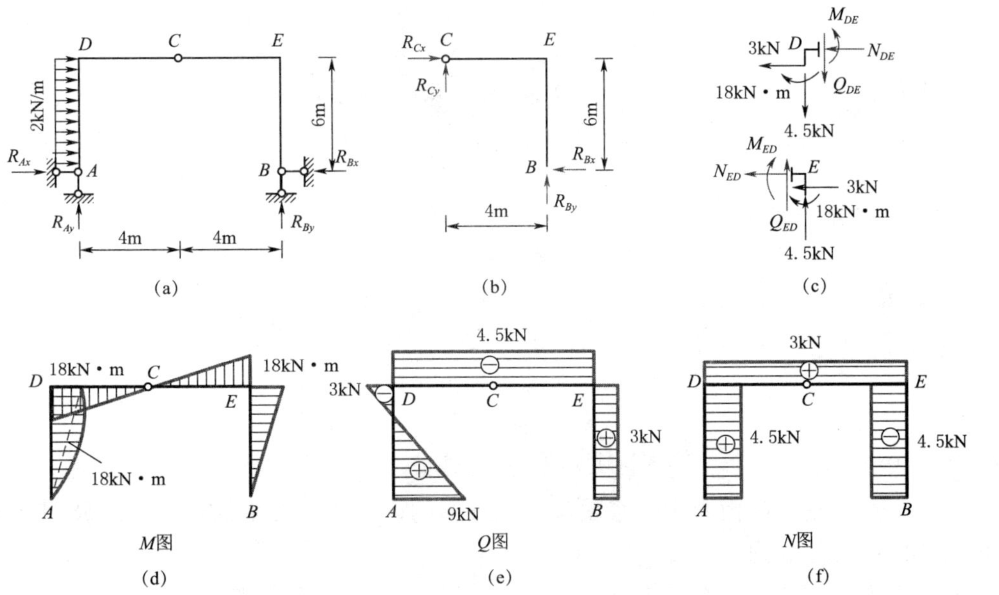

图 9－11

解：（1）求支座反力。先考虑整体刚架平衡，列平衡方程

由 $\quad \sum M_A=0\qquad -R_{By}\times 8+2\times 6\times 3=0$

求得 $\quad R_{By}=4.5\text{kN}(\uparrow)$

由 $\quad \sum Y=0\qquad R_{Ay}+R_{By}=0$

求得 $\quad R_{Ay}=-R_{By}=-4.5\text{kN}(\downarrow)$

由 $\quad \sum X=0\qquad R_{Ax}-R_{Bx}+2\times 6=0$

求得 $\quad R_{Ax}=R_{Bx}-12$

再考虑 CB 部分刚架平衡，画出 CB 部分刚架的受力图如图 9－11（b）所示。

由 $\quad \sum M_C=0\qquad R_{Bx}\times 6-4.5\times 4=0$

$$R_{Bx}=3\text{kN}(\leftarrow) \qquad R_{Ax}=-9\text{kN}(\leftarrow)$$

(2) 求各杆杆端内力。对于 DA 杆：

$$M_{AD}=0 \qquad M_{DA}=9\times6-2\times6\times3=18(\text{kN}\cdot\text{m})(\text{右侧受拉})$$

$$Q_{AD}=-R_{Ax}=9\text{kN}\ Q_{DA}=-R_{Ax}-2\times6=-3(\text{kN})$$

$$N_{AD}=N_{DA}=-R_{Ay}=4.5\text{kN}$$

对于 BE 杆：

$$M_{BE}=0 \qquad M_{EB}=6\times3=18(\text{kN}\cdot\text{m})(\text{右侧受拉})$$

$$Q_{BE}=Q_{EB}=R_{Bx}=3\text{kN}$$

$$N_{BE}=N_{EB}=R_{By}=-4.5\text{kN}$$

对于 DE 杆：

可分别取刚性结点 D 和 E 为研究对象，画出受力图如图 9-11（c）所示。

考虑 D 结点平衡：

由 $\sum M_D=0$，即 $M_{DE}-18=0$

求得 $M_{DE}=18\text{kN}\cdot\text{m}$（下侧受拉）

由 $\sum X=0，-N_{DE}-3=0$

求得 $N_{DE}=-3\text{kN}$

由 $\sum Y=0，-Q_{DE}-4.5=0$

求得 $Q_{DE}=-4.5\text{kN}$

考虑 E 结点平衡：

由 $\sum M_E=0，M_{DE}+18=0$

求得 $M_{ED}=-18\text{kN}\cdot\text{m}$（上侧受拉）

由 $\sum X=0，-N_{ED}-3=0$

求得 $N_{ED}=-3\text{kN}$

由 $\sum Y=0，Q_{ED}+4.5=0$

求得 $Q_{DE}=-4.5\text{kN}$

(3) 绘制刚架的内力图。根据所求各杆端的内力值及杆中的荷载情况分别绘出该刚架的内力图如图 9-11（d）、(e) 和 (f)。

刚架内力图的绘制总结如下：

(1) 求支座反力，其中悬臂刚架支座反力可以省略不求。

(2) 根据控制截面的确定原则，确定控制截面，求控制截面的弯矩、剪力和轴力值。

(3) 作弯矩图时，将控制截面的弯矩值画在控制截面的受拉纤维一侧，相邻截面间的弯矩值连以虚直线，再叠加上相邻截面间原有荷载作用下的对应简支梁弯矩图，叠加后描以实线为实际的弯矩图。

(4) 作剪力图时，将控制截面的剪力值画在控制截面的任一侧，可规定剪力为负时画在外侧（则剪力为正时画在内侧），反之也行，将相邻截面的剪力值连以实线即可得实际的剪力图。

(5) 作轴力图时，将控制截面的轴力值画在控制截面的任一侧，可规定轴力为正时画在内侧（则轴力为负时画在外侧），反之也行，将相邻截面的轴力值连以实线即可得实际的轴力图。

（6）内力图的校核是必要的，通常截取刚架的任一部分或结点为研究对象（分离体），作其受力分析图，验证其是否满足平衡条件，若满足平衡条件，则计算正确，若不满足平衡条件，则计算有误，需作进一步检查。

并且在实际计算中可发现以下规律：结构对称、荷载对称，M、N 图对称，Q 图反对称；结构对称，荷载反对称，M、N 图反对称，Q 图对称刚架内力图的绘制也可以用叠加法求解。

任务四 静定平面桁架

一、平面桁架的特点

由若干个直杆在两端用铰连接组成的结构称桁架，组成桁架直杆的重量不计，若每个直杆的轴线与外荷载的作用线在同一平面内称平面桁架。

桁架在各种工程实际中的用途非常广泛，如图 9－12（a）所示桥梁，图 9－12（b）为国家体育场馆“鸟巢”；“鸟巢”被专家们认为“在世界建筑设计史上具有开创性的意义”，它是由一系列辐射式门式钢桁架围绕碗状坐席区旋转而成，结构科学简洁，设计新颖独特，为国际上极富特色的巨型建筑。

(a)

(b)

图 9－12

桁架是由许多直杆按一定方式相互结合起来的杆系结构，在桁架中，几根杆件互相结合的地方称为结点。桁架的杆件，由于所处的位置不同，分别有不同的名称。如图 9－13 所示的桁架，在上边的各杆称为上弦杆，在下边的各杆称为下弦杆，在中间的各杆称为腹杆（竖杆、斜杆）。我们把桁架两支座间的距离叫作桁架的跨度，两个相邻结点间的距离叫作节间长度，上弦杆与下弦杆轴线之间的最大距离叫作桁架的高度。

二、桁架的分类

桁架是工程中常用的一种杆系结构，根据其组成方式可分为简单桁架、联合桁架和复杂桁架；根据制造所用的材料还可以分为刚桁架、木桁架、钢筋混凝土桁架和钢木桁架。

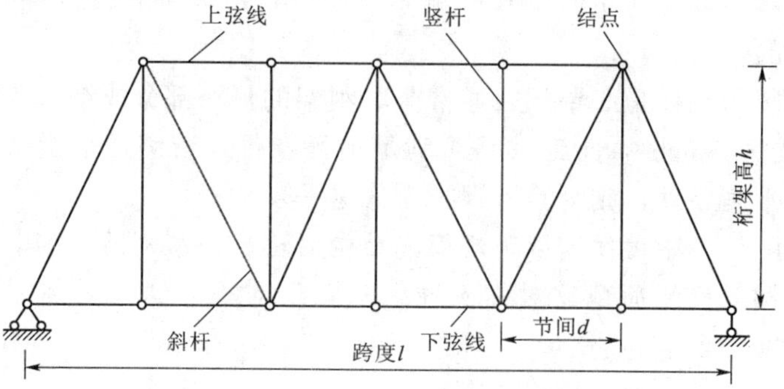

图 9－13

视频：工程中的桁架结构

（1）按组成方式分桁架一般包括：

1）简单桁架：由一基本三角形开始，依次增加二元体所组成的桁架，如图 9－14 所示。

2）联合桁架：由几个简单桁架按几何不变体系组成规则组成的桁架，如图 9－15（a）、（b）所示。

3）复杂桁架：不按上述两种方法组成的其他静定桁架，如图 9－15（c）所示。

应指出：简单桁架也可认为是联合桁架；而联合桁架却不能认为是简单桁架。

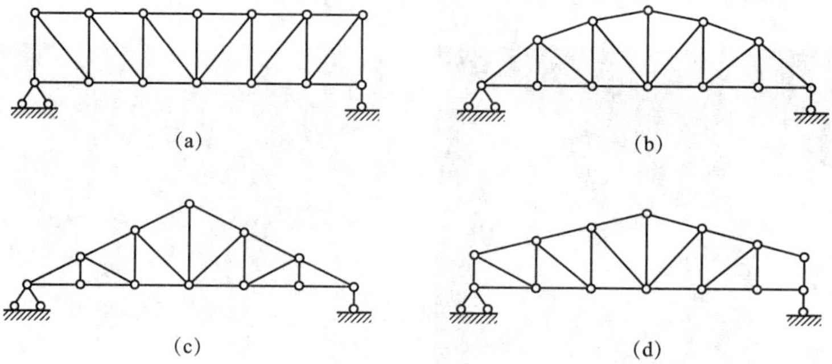

图 9－14

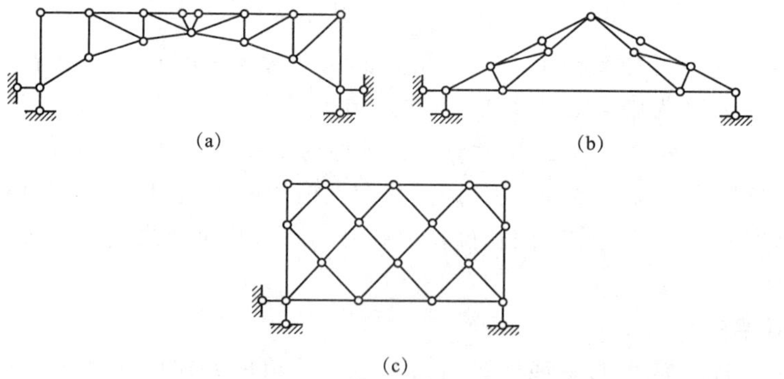

图 9－15

（2）按整体受力特征分：

1）梁式桁架，如图 9-14 所示（竖向荷载作用时支座无水平推力）。

2）拱式桁架，如图 9-15（a）所示（竖向荷载作用时支座有水平推力）。

三、平面简单桁架的计算

工程实际中的桁架，其受力和构造都比较复杂，在计算中必须抓住主要矛盾，作一些必要的简化。通常在桁架的内力计算中采用如下三个方面的假定：

（1）桁架的结点都是光滑的铰链，即所谓铰接。

（2）组成桁架的各杆均为等截面直杆，各杆的轴线都是直线并通过铰链中心。

（3）所有的外力（包括荷载和反力）都作用在结点上。

满足上述假定的桁架称为理想桁架。理想桁架在结点荷载作用下，其各杆中的内力只有轴力，而不产生弯矩和剪力。

根据上述假定可以画出某屋顶桁架的计算简图，如图 9-16（a）所示，各杆均用轴线表示，结点均用铰链表示。荷载及反力都作用在结点上。

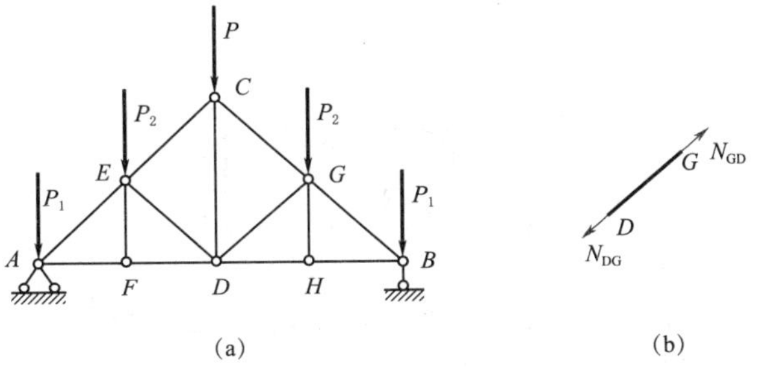

图 9-16

从这个桁架中任意取出一根杆件如图 9-16（b）所示，因杆件自重不计，则杆只在两端受力并且处于静力平衡状态，由于结点不承受力矩，所以作用在杆件两端的力 N_{DG} 和 N_{GD}，必然是数值相等，方向相反，其作用线都与杆轴线重合，因此，杆件内力只是轴力。这种杆件只在两端受力，称为二力杆。桁架中其他杆件符合上述条件的均为二力杆，其轴力可能是拉力，也可能是压力，应由具体情况通过计算确定。

应当指出，实际桁架与上述假定是有差别的。

但是，科学实验和工程实践证明，结点刚性、非结点荷载、结点偏心等影响因素，一般说来对桁架是次要的，按照上述假定计算，桁架各杆只受轴力作用，基本上能反映桁架的主要受力特征，完全能满足实际工程要求，并大大地简化了计算工作。

这里重点介绍平面简单桁架的内力计算。

四、平面简单桁架的内力计算方法

桁架的内力计算有两种基本方法：结点法和截面法。为了求得桁架各杆的轴力，一般是根据桁架的计算简图，首先求出支座反力，然后截取桁架中的一部分为研究对象（分离体），考虑研究对象（分离体）的平衡，建立平衡方程，由平衡方程解出各杆的轴力。

1. 结点法

结点法就是按照一定的顺序截取桁架的结点为研究对象（分离体），考虑结点平衡，从而求解桁架各杆内力的方法。因为杆件都汇交于结点的几何中心，每一结点上所作用的力都是平面汇交力系，在每一结点处只能列出两个独立的平衡方程，所以应用这个方法求解未知力时，应从未知力不超过两个的结点开始，并按照适当的次序截取结点（让每个截取的结点只包含至多有两个未知力），直到求出桁架所有杆件的轴力。

在计算中，通常先假设杆的未知内力为拉力，在画结点的受力图时，使拉力的指向背离结点，如果计算的结果是正值，表明这个假设是正确的；如果计算的结果是负值，表明实际的内力指向与假设的方向相反，即杆的内力是压力。

【例 9-5】 试求图 9-17（a）所示三角形屋架各杆的轴力。

解：（1）根据此桁架所承受的荷载及结构的对称性，支座 A 及 G 的反力都等于 $2P$，左右两边的对称杆内力相同，因此，只要计算桁架对称轴一侧的杆件内力即可。顺序将结点 A、B、C 分别取研究对象（分离体）如图 9-17（b）所示，设杆件 AB、AC、BC、BD、CD、CE 的内力分别为 N_1、N_2、N_3、N_4、N_5、N_6，并假定它们都是拉力。

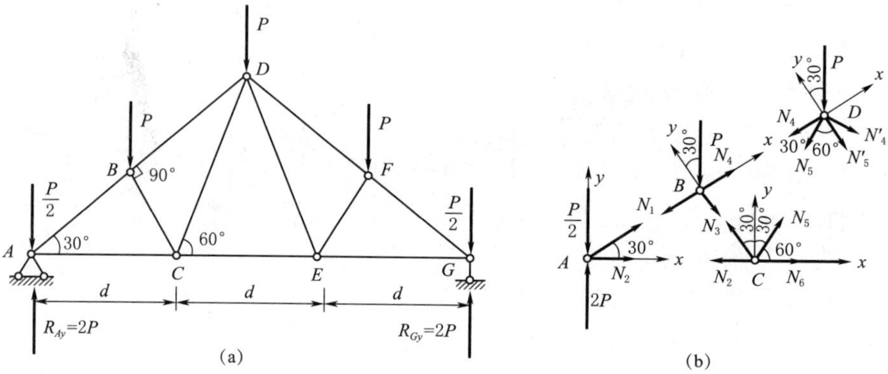

图 9-17

（2）按结点法计算。

1）取结点 A，按平面汇交力系平衡条件

由 $$\sum Y=0 \quad 2P-\frac{P}{2}+N_1\sin 30°=0$$

得 $$N_1=-3P$$

由 $$\sum X=0 \quad N_1\cos 30°+N_2=0$$

得 $$N_2=2.598P$$

计算结果，N_1 为负值，表明 AB 杆是压力，N_2 为正值，表明 AC 杆是拉力。

2）取结点 B，按平面汇交力系平衡条件

由 $$\sum Y=0 \quad -P\cos 30°-N_3=0$$

得 $$N_3=-0.866P$$

由 $$\sum X=0 \quad N_4-N_1-P\sin 30°=0$$

得 $$N_4=-2.5P$$

3）取结点 C，按平面汇交力系平衡条件

由 $\sum Y=0 \quad N_3\cos30°+N_5\sin60°=0$

得 $N_5=0.866P$

由 $\sum X=0 \quad N_6+N_5\cos60°-N_3\sin30°-N_2=0$

得 $N_6=1.732P$

在桁架杆件内力计算时，少数杆件内力计算结果为零，这类轴力为零的杆件称为零杆。因此，在桁架的内力计算前如果能将零杆识别判断出来，可直接减化运算。以下三种情形可很容易地直接判断零杆。

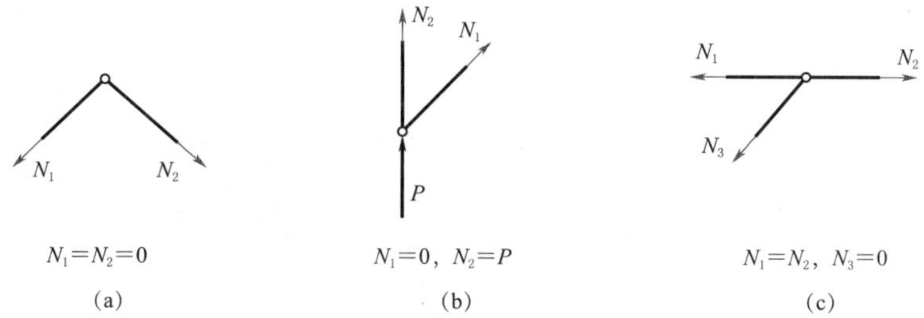

图 9-18

a. 不在一条直线上的二杆交于一个结点，且结点上没有外力作用时，此二杆都是零杆，如图 9-18（a）所示，因为根据二力平衡条件，当二力 N_1、N_2 平衡时，他们的作用线应在同一直线上，现此二力的作用线不在同一直线上，所以它们的大小都必为零。

b. 不在同一直线上的二杆交于一个结点，如作用在此结点上的外力沿其中一杆的轴线方向，则另一杆件的轴力必为零，如图 9-18（b）所示；因为如取外力 P 和 N_2 的作用线为 y 轴，与 y 轴垂直的为 x 轴，根据平衡条件 $\sum X=0$，可知 $N_1=0$。

c. 如三杆交于一个结点，其中的二杆在一条直线上，且结点上没有外力作用时，则第三杆必为零杆，如图 9-18（c）所示，因为如取二杆所在的直线为 x 轴，而与 x 轴垂直为 y 轴，根据平衡条件 $\sum Y=0$，可知 $N_3=0$。

掌握上述关于零杆的判断方法后，在桁架计算时首先把零杆找出来，这样可以大大简化桁架内力计算。

特别指出，在一定荷载作用下桁架有零杆出现，如果荷载改变了，它们就不一定是零杆了。因此，零杆并不是可有可无的杆件。为了适应荷载变化，以及保证结构形状的几何不变性，在特定荷载作用下的零杆，是不能任意去掉的，具体问题应具体分析。

【例 9-6】 按零杆判别方法找出图 9-19（a）、（b）所示结构中的零杆。

解： 按结点平衡的特殊情况可以判别图 9-19（a）、（b）所示桁架中零杆，即图中虚线所示杆件均为零杆。

2. 截面法

用结点法计算桁架内力时，必须从只有两个未知内力的结点开始，按照一定顺

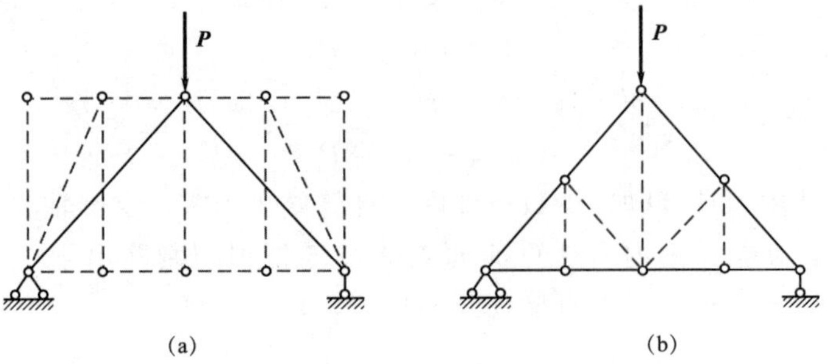

图 9－19

序逐个地考虑结点平衡，求解出全部杆件内力。在桁架计算中，有时只需要求出某几个指定杆件的内力，采用结点法计算工作量大，容易出错，这时就可以采用截面法。

截面法，就是用一假想截面将所求解其内力的杆件截开，此时桁架被分为两个部分，并取其中任一部分为研究对象（分离体），按照平面一般力系平衡条件求解。一般情况下，因为平面一般力系只有三个平衡方程，所以被截断的待求的杆件数不应超过三根，但在特殊情况下，也可允许截断三根以上的杆件。所取的截面不一定是平面截面，也可以是曲面。

在计算时仍假设截开杆件的未知内力为拉力，如果计算的结果为正值，说明实际的轴力是拉力，如果计算结果是负值，说明实际的轴力是压力。

【例 9－7】 求图 9－20（a）所示的桁架结构中指定杆 BD、BE、CE 的内力。

解：（1）求支座反力，此桁架为简支桁架，在 C 和 H 处各有竖向集中荷载作用。整体平衡由平衡方程求得

$$\begin{cases} R_{Ax}=0 \\ R_{Ay}=0 \\ R_{Gy}=90\text{kN} \end{cases}$$

（2）截面法，取截面 $m—m$ 截桁架为左右两部分，取左边为研究对象（分离体），如图 9－20（b）所示。该部分切开三根杆，按平面一般力系平衡条件

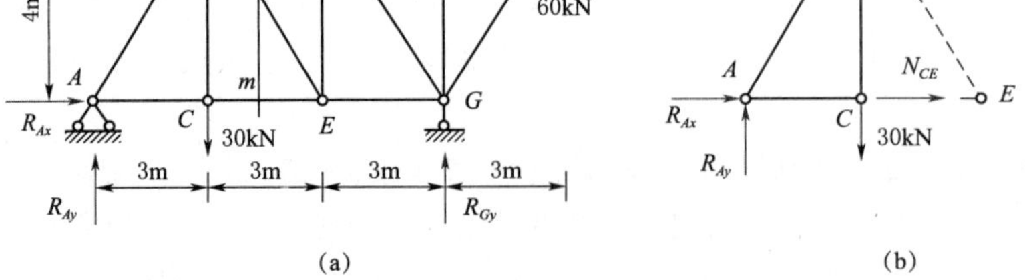

图 9－20

由$\sum m_E=0$　$N_{BD}\times4=30\times3$　得　$N_{BD}=22.5\text{kN}$

由$\sum m_B=0$　$N_{CE}\times4=0$　得　$N_{CE}=0$

由$\sum Y=0$　$N_{BE}\times\frac{4}{5}+30=0$　得　$N_{BE}=-37.5\text{kN}$

计算结果，N_{BE} 为负值，表明该杆内力为压力，N_{BD} 为正值，表明该杆的内力是拉力。

任务五　三　铰　拱*

拱结构是一种主要承受轴向压力并由两端推力维持平衡的曲线或折线形构件。拱结构比桁架结构具有更大的力学优点。拱连同其支座或拉杆构成拱结构。由于存在水平推力，拱各截面以受压为主，与同跨度的梁相比，拱内的弯矩和剪力要小得多，因而可以节省材料，提高刚度，增大跨度，并能有效地利用砖、石、砌块、混凝土等抗压性能好而抗拉性能差的廉价材料。钢拱和钢筋混凝土拱可跨越很大的空间。拱结构可以是单跨或多跨的，它们早已在桥梁，屋盖，隧洞衬砌中得到应用。中国在隋朝建成的赵州石拱桥就是一例，如图 9－21 所示。

图 9－21

拱一般分为三铰拱，如图 9－22（a）所示；两铰拱，如图 9－22（b）所示；无铰拱，如图 9－22（c）所示。两铰拱和无铰拱都属于超静定结构，本节只讨论三铰拱，三铰拱属静定结构。

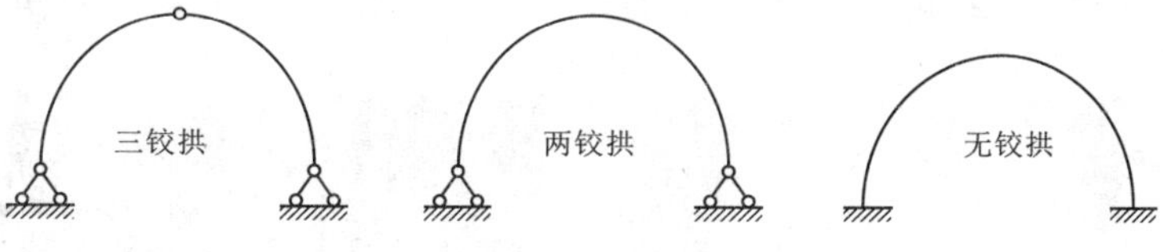

图 9－22

拱与我们前面研究过的梁或梁式结构不同，因为梁或梁式结构在竖向荷载作用下不会产生水平推力，如图 9－23 所示的结构称曲梁，在竖向荷载作用下它对支座不会产生水平推力，支座对梁也就不会有水平反力，这是拱和梁的本质区别。为了方便阐述，下面介绍拱式结构各部分的名称，如图 9－24 所示。组成拱的曲线构件叫作拱圈，通过拱圈各横截面中心的连线叫作拱轴线，拱轴上的最高点叫作拱顶，三铰拱的中间铰通常设在拱顶叫作顶铰，拱的支座处叫作拱趾，拱趾之间的水平距离叫作拱的跨度（l），拱趾间的连线叫作起拱线，工程中大多数拱结构的两个拱脚

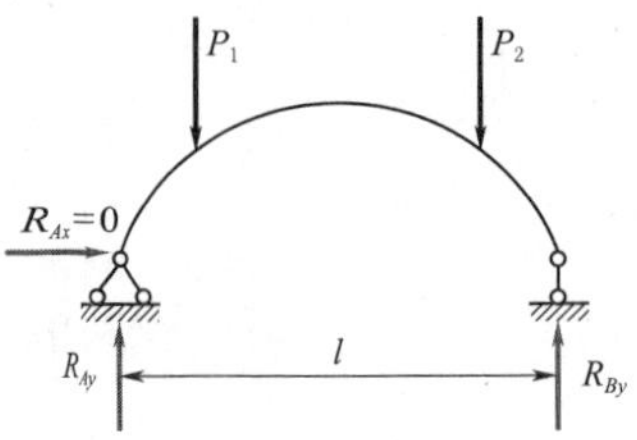

图 9-23

在同一水平线上，拱顶至起拱线的竖直距离叫作拱高（矢高 f），拱高与跨度之比，称为高跨比或矢跨比。拱的主要力学性能与高跨比有关，在工程结构中常取这个比值在 $1\sim\frac{1}{10}$之间。

拱结构的应用范围很广，这是因为在拱结构上由于水平反力的存在，拱的各个截面上主要承受压力，适用于砖、石、混凝土等抗压性能较好的材料

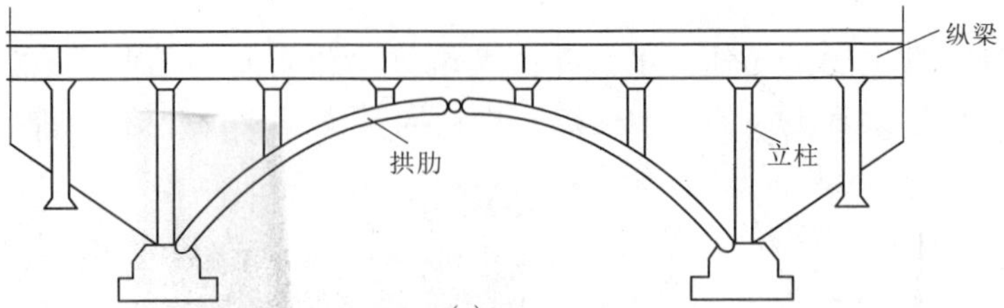

(a)

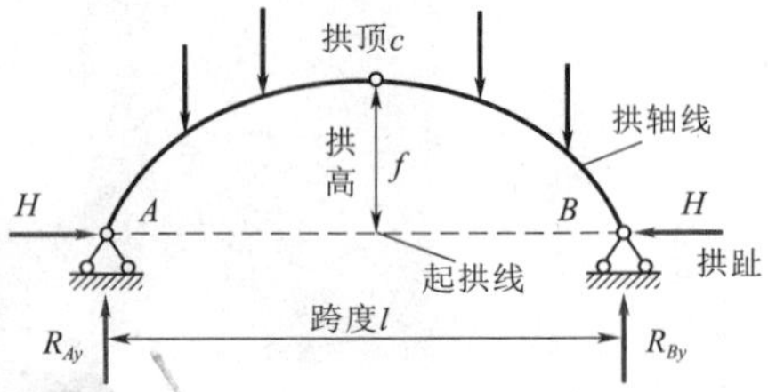

(b)

图 9-24

来建造，便于就地取材；同时由于拱轴是曲线，下面有较大的空间，和梁比较拱可以跨越较大的跨度，所以在水利工程、桥梁工程和房屋建筑中应用很广泛。

云南人字桥作五家寨铁路桥，也叫矮寨大桥，如图 9-25 所示，位于屏边县和

图 9-25

平乡五家寨，它的桥梁学名是肋式三铰拱钢梁桥，因桥梁外形酷似汉字“人”，又得名人字桥。人字桥是建于20世纪初的巨型钢梁结构铁路高架桥，位于滇越铁路坡度箐站与倮姑站之间的五家寨，横跨于两山悬崖峭壁之间，长71.7m、宽4.2m、距谷底102m。桥梁构思巧妙、结构独特，是世界铁路桥梁史上的杰作之一，被列入了《世界名桥史》。

临澧县青山水轮泵灌溉工程中雄伟的姜家坡渡槽，如图9-26所示。青山工程1966年始建，经过数十万人近10年的艰苦奋战，建成了亚洲最大的水轮泵灌溉工程。姜家坡渡槽是青山工程的亮点，长1.5km，高44m，由七个大拱组成，跨越1.5km的地面与河流，飞渡50年，如今依然高耸云天，发挥着巨大功效。

武汉大学宋卿体育馆于1935年10月开工，如图9-27所示。主要建筑材料采用钢筋混凝土梁、柱，屋顶则采用当时国际上最先进的建筑工艺——三铰拱钢架结构，以跨度22.6m的三铰拱钢屋架承重，并利用密檐高差采光通风。绿色琉璃瓦屋顶随三铰拱的弧线轮廓而转折，形成别具一格的轮舵式的山墙和三重檐歇山屋顶造型，既表现出现代新型的建筑技术，又保持和发扬了中国传统建筑的特色，馆内还做了只有宫廷或高规格庙宇才采用的斗拱。

图9-26

图9-27

一、三铰拱的内力计算

三铰拱属拱结构中最基本的静定结构，计算三铰拱的内力，与计算三铰刚架一样，首先求出拱的支座反力，然后再用截面法，通过取研究对象（分离体）和列平衡方程求出拱的各部分的内力。下面以工程中常见的在竖向荷载作用下的平拱为例，说明三铰拱的内力计算方法。

1. 支座反力的计算

三铰拱有四个支座反力，R_{Ax}、R_{Ay}、R_{Bx}、R_{By}，如图 9-28（a）所示，求解时需要列四个方程式，先整体列三个平衡方程，再以 AC 为研究对象列一补充方程。为此，所列方程如下：

由整体平衡，则平衡方程

由$\sum m_A=0$ 得：$R_{By}=\dfrac{P_1a_1+P_2a_2}{l}=\dfrac{\sum P_ia_i}{l}$

由$\sum m_B=0$ 得：$R_{Ay}=\dfrac{P_1b_1+P_2b_2}{l}=\dfrac{\sum P_ib_i}{l}$

由$\sum X=0$ 得：$R_{Ay}=R_{Bx}=H$

以 AC 为研究对象列平衡方程

由$\sum m_C=0$ 得：$R_{Ax}=\dfrac{R_{Ay}\times\dfrac{l}{2}-P_1\left(\dfrac{l}{2}-a_1\right)}{f}=R_{Bx}=H$

下面考察三铰拱的支座反力与同跨度、同荷载的简支梁的支座反力之间的关系，假设梁支座 A、B 的反力以 R^0_{Ay}、R^0_{By} 表示，容易求出 R^0_{Ay}、R^0_{By} 和跨中弯矩 M^0_C，如图 9-28（b）所示。

$$R^0_{By}=\frac{P_1a_1+P_2a_2}{l}=\frac{\sum P_ia_i}{l}$$

$$R^0_{Ay}=\frac{P_1b_1+P_2b_2}{l}=\frac{\sum P_ia_i}{l}$$

$$M^0_C=R_{Ay}\times\frac{l}{2}-P_1\left(\frac{l}{2}-a_1\right)$$

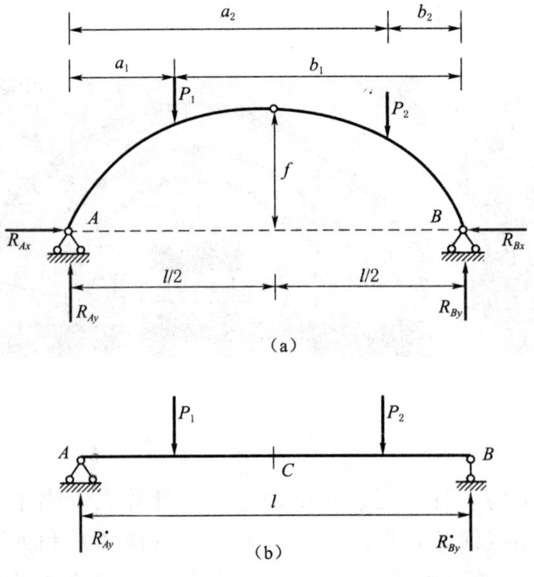

图 9-28

我们将上述两种结构支座反力计算结果作相应比较，可得出

$$\begin{cases}R_{Ay}=R^0_{Ay}\\R_{By}=R^0_{By}\\R_{Ay}=-R_{Bx}=\dfrac{M^0_C}{f}\end{cases}\tag{9-1}$$

将与拱同跨度、同荷载的简支梁称为代梁。三铰拱的支座反力可直接用代梁相应的支座反力代替和转换，即拱的竖向反力与代梁的竖向反力相等；两个水平（反力）推力大小相等、方向相反、其数值等于代梁上与拱顶相对应的截面 C 处弯矩 M^0_C 除以矢高 f，使计算更为便捷。

2. 内力的计算

三铰拱任一截面上也存在着弯矩、剪力、轴力三种内力，在计算中对弯矩和剪力正负号的规定仍与梁相同，对轴力正负号的规定则改为以压力为正，拉力为负，这是由于拱的轴力主要是压力的缘故。

如图 9－29（a）所示三铰拱，取任一截面 k，用垂直于拱轴的假想截面将三铰拱从 k 截面处截断，并取出其左边部分为研究对象（分离体），如图 9－29（b）所示。截面 k 的位置由该截面形心的坐标 x_k、y_k 以及拱轴在 k 处的切线倾角 φ_k 来决定。与刚架一样，在截面上按正号方向画出弯矩 M_k、剪力 Q_k、轴力 N_k，然后分别计算这三种内力。

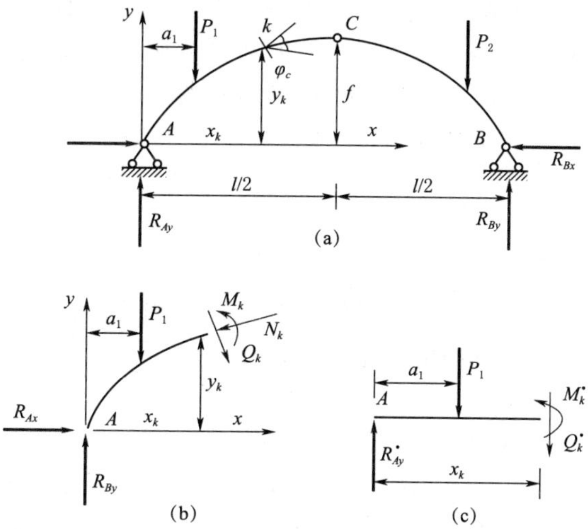

图 9－29

（1）弯矩 M 的计算。根据图 9－29（b）所示受力图，由 $\sum m_k=0$ 得

$$M_k=[R_{Ay}x_k-P_1(x_k-a_1)]-Hy_k$$

由式（9－1）$R_{Ay}=R_{Ay}^0$ 可知，上式方括号的数值正好等于代梁上与三铰拱 k 截面相对应的 k 截面处的弯矩 M_k^0，表明三铰拱任一截面的弯矩等于代梁上对应截面的弯矩减去由于拱的推力引起的弯矩，即

$$M_k=M_k^0-Hy_k \tag{9-2}$$

由此可见拱由于推力的存在，三铰拱内的弯矩比相应的简支梁的弯矩要小得多，这就是工程实际中常以拱式结构代替梁式结构的主要原因。

（2）剪力 Q 的计算。

根据图 9－29（b）所示受力图，将其上所有的力向截面 k 的切线方向投影得

$$\begin{aligned}Q_k&=R_{Ay}\cos\varphi_k-P_1\cos\varphi_k-H\sin\varphi_k\\&=(R_{Ay}-P_1)\cos\varphi_k-H\sin\varphi_k\\&=Q_k^0\cos\varphi_k-H\sin\varphi_k\end{aligned} \tag{9-3}$$

$R_{Ay}-P$ 等于代梁与拱相应 k 处的剪力值，用 Q_k^0 表示；φ_k 为截面 k 处拱轴切线的倾角，一般规定所取截面 k 在左半拱时 φ_k 取正值，截面 k 在右半拱时 φ_k 取负值。

（3）轴力 N 的计算。根据图 9－29（b）所示受力图，将其上所有的力向截面 k 的法线方向投影得

$$\begin{aligned}N_k&=-R_{Ay}\sin\varphi_k+P_1\sin\varphi_k-H\cos\varphi_k\\&=(-R_{Ay}+P_1)\sin\varphi_k-H\cos\varphi_k\\&=-Q_k^0\sin\varphi_k-H\cos\varphi_k\end{aligned} \tag{9-4}$$

利用式（9－2）、式（9－3）、式（9－4）即可求出竖向荷载作用下三铰拱任意

截面的内力。

二、合理拱轴线的概念

拱的截面上是否出现拉应力，主要取决于截面上的弯矩。在一定的荷载作用下，拱内所有截面的弯矩是否为零，与拱轴线的形式有关。如果在一定的荷载作用下，某种形式的拱轴线能够使拱内所有截面的弯矩都为零，则拱的所有截面上都不会出现拉应力，我们把这种拱轴线叫作合理拱轴线。确定合理拱轴线的条件是任一截面的弯矩都等于零，则由

$$M=M^0-Hy=0$$

得

$$y=\frac{M^0}{H} \tag{9-5}$$

式中说明合理拱轴的纵坐标与相应的简支梁（代梁）跨中弯矩成正比。下例说明合理拱轴线的确定基本步骤。

【例 9-8】 三铰拱结构受力如图 9-30 所示，试确定此拱的合理拱轴线。

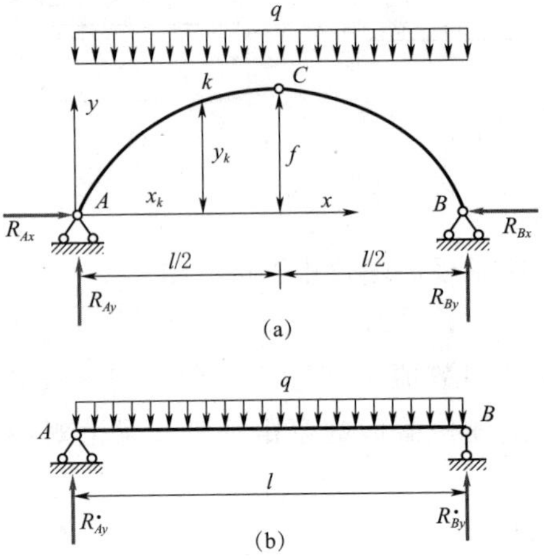

图 9-30

解：（1）在图 9-30（a）中取支座 A 为坐标原点，建立坐标系如图所示。作出相应的简支代梁如图 9-30（b）所示，则有

$$R_{Ay}=R^0_{Ay}=\frac{1}{2}ql^2(\uparrow)$$

$$R_{By}=R^0_{By}=\frac{1}{2}ql^2(\uparrow)$$

三铰拱的水平推力为

$$H=\frac{M^0_c}{f}=\frac{1}{8}ql^2\times\frac{1}{f}=\frac{1}{8f}ql^2$$

（2）k 截面的弯矩计算：由式（9-2）得 k 截面的弯矩方程为

$$\begin{aligned}M_k&=M^0_k-Hy\\&=R^0_2x-\frac{1}{2}qx^2-Hy\\&=\frac{1}{2}qlx-\frac{1}{2}qx^2-\frac{1}{8f}ql^2y\end{aligned}$$

令 $M_k=0$

$$\frac{1}{2}qlx-\frac{1}{2}qx^2-\frac{1}{8f}ql^2y=0$$

即合理拱轴线方程为

$$y=\frac{4f}{l^2}x(l-x)$$

此为三铰拱在竖向均布荷载作用下合理拱轴线，当拱跨和矢高确定时，它的合

理拱轴线为一个确定的二次抛物线，这在房屋建筑中经常用到。

应注意，在工程实际中，作用在拱上的荷载是比较复杂的，对应不同的荷载有不同的合理拱轴线。

小　　结

1. 构件某横截面的内力，是以该截面为界，构件两部分之间的相互作用力。当构件所受的外力作用在通过构件轴线的同一平面内时，一般说，横截面上的内力有轴力 N、剪力 Q 和弯矩 M，且 N、Q、M 都处在外力作用面内。

2. 求内力的基本方法是截面法。截面法就是项目六中讲述的求解平衡问题的方法：以假想截面截开构件（结构）为两部分，取其中一部分为研究对象（分离体），用平衡方程求解截开面上的内力。

为计算方便，对内力的正负号作出了规定。画受力图时，内力应先按假定的正方向画出。

3. 一般情况下，不同横截面的内力值不同。将横截面的内力沿构件轴线变化的情况用图形表示出来，此图形称为内力图。内力图是结构设计的依据。

4. 作刚架内力图的基本方法也是截面法。首先将刚架中各杆件两端的杆端内力计算出来，分别作出各杆件的内力图，然后将各杆件的内力图合并在一起，得到刚架的内力图。

值得注意的是：

（1）刚架的弯矩不作符号规定，弯矩图一律画在杆件受拉一侧。刚架的剪力图、轴力图可画在刚架的内外侧的任意一侧，要求具有一致性，内外正、负号不能交叉，剪力图、轴力图必须标出其正号、负号（⊕、⊖）；

（2）刚结点应满足平衡条件。

5. 桁架是以轴力为内力的杆件组成的结构。求桁架内力的基本方法是结点法和截面法。前者以结点为研究对象，用平面汇交力系的平衡方程求解内力；后者以桁架的一部分为研究对象，用平面一般力系的平衡方程求解内力。

6. 三铰拱的内力计算，就是用截面法求解其内力。为便于应用，拱的内力计算引用为相应简支梁的弯矩和剪力计算。这样求三铰拱的内力归结为求水平推力和相应梁的弯矩、剪力，然后代入式（9－2）、式（9－3）、式（9－4）即可。

项目九专业知识技能素养训练　　　　项目九参考答案

项目九课堂（读书）学习笔记（12学时）

学号________ 姓名________ 时间：________ 年________月________日

课题学习内容（2学时）____________________	
课堂（读书）学习笔记及学习心得	
课题学习内容（2学时）____________________	
课堂（读书）学习笔记及学习心得	

<table>
<tr><td colspan="2">课题学习内容（2 学时）________________</td></tr>
<tr><td>课堂
（读书）学习
笔记及学
习心得</td><td></td></tr>
<tr><td colspan="2">课题学习内容（2 学时）________________</td></tr>
<tr><td>课堂
（读书）学习
笔记及学
习心得</td><td></td></tr>
</table>

课题学习内容（2学时）________________	
课堂（读书）学习笔记及学习心得	
课题学习内容（2学时）________________	
课堂（读书）学习笔记及学习心得	

项目十

静定结构的位移计算

学习重点		
• 挠曲线近似微分方程求单跨静定梁的位移。 • 图乘法计算结构位移。		
知识要求	能力要求	所占比重
结构位移	掌握结构位移的基本概念	10%
挠曲线及挠曲线方程	会计算梁的挠曲线方程，挠度和转角	20%
单位荷载法	能运用单位荷载法计算简单简支梁、悬臂钢架以及对称桁架的位移	20%
图乘法	（1）掌握直角三角形、任意三角形、二次抛物线及三次抛物线等常用图形面积形心的位置及计算面积的公式； （2）能运用图乘法计算简单简支梁的位移	50%

任务一　概　　述

本章研究静定梁等结构在外荷载、温度等因素作用下的微小变形，变形后的位移计算。

结构上的任意点由于各种原因产生的移动称为结构位移。

为使计算简化，在求解结构位移时，常作如下假设：

（1）结构的材料服从胡克定律，即应力与应变成线性关系。

（2）结构的变形（位移）是微小的。

(3) 结构各部分之间为理想连接，不需要考虑摩擦阻力等影响。

如图 10－1 (a) 所示的悬臂梁，在集中力偶作用下变形情况：悬臂梁在纵向对称面内受集中荷载 P 的作用，如图 10－1 (b) 所示，AB 梁的轴线由变形前的直线变成曲线 AB'，如图 10－1 (c) 所示，曲线 AB' 为平面曲线。

梁变形时，其上各横截面的位置发生了移动和转动，产生位移。位移用挠度和转角两个基本量来描述。如某横截面 C 沿与梁轴线垂直方向移动到 c'，线位移 cc' 称为截面 C 的挠度（又称竖向线位移），以 y_c 表示，规定挠度以 x 轴线下方位移为正，反之为负；截面 C 在变形后绕中性轴转过一角度，截面 C 的转角 θ_c 称角位移，如图 10－1 (c) 所示，规定角位移以顺时针旋转为正，反之为负。

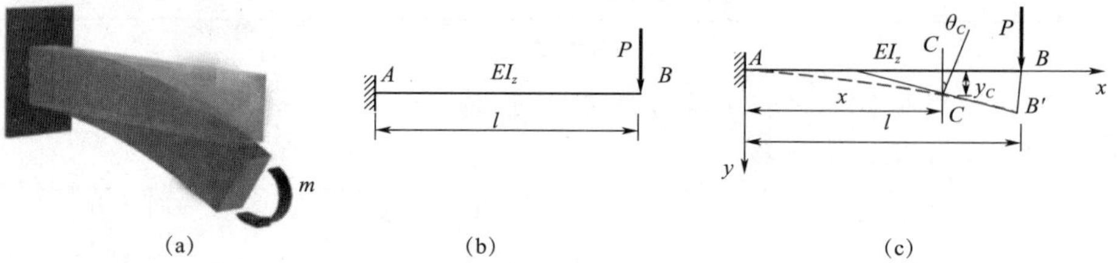

图 10－1

图 10－1 (c) 中虚线所示梁的变形曲线称为挠曲线，其方程为称为挠曲线方程，挠曲线方程数学表达式：

$$EI_z y = \int[-\int M(x)\mathrm{d}x]\mathrm{d}x + Cx + D$$

式中：x 为截面坐标；y 为截面挠度。

截面挠度是截面位置的单值连续函数。在小变形情况下，截面转角：

$$EI_z\theta = EI_z y' = EI_z\frac{\mathrm{d}y}{\mathrm{d}x} = -\int M(x)\mathrm{d}x + C$$

即挠曲线上任意点的切线斜率为该点处横截面的转角。

这样，研究梁的弯曲变形时，只要能确定挠曲线方程，构件变形后的任意横截面的挠度和转角都可以计算。然而除了荷载以外，温度改变、支座移动、制造误差和材料收缩等因素，也能使结构产生位移。用挠曲线方程确定梁的位移是很方便的。但这种方法不适于求结构的位移。如图 10－2 (a) 所示的刚架，受荷载 P 作用产生虚线所示的变形，求解各构件的挠曲线方程是很麻烦的。

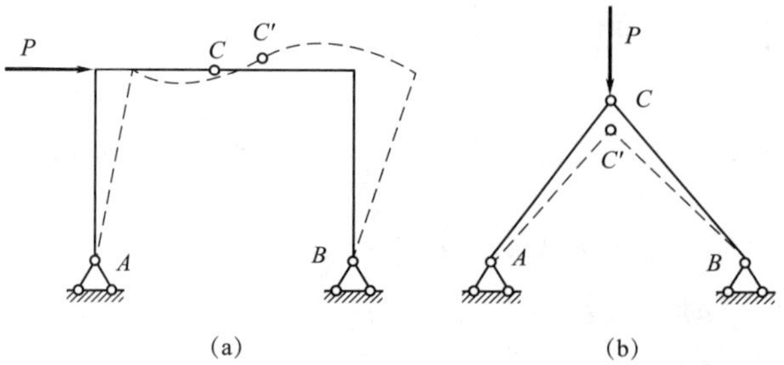

图 10－2

组成结构的各构件，除产生弯曲变形外，还可能有其他的变形形式。如图 10－2 (b) 所示的简单桁架，受荷载作用产生虚线所示的变形，结点 C 的位移是由构件轴向压缩所引起，上述求弯曲变形的方法就不适用了。为此，本项目还介绍求结构位移的单位荷载法，并由单位荷载法引出的图乘法。这种方法是以功的概念为基础建立起来的，用它计算结构的位移十分方便，不但适用于各种变形形式，也可用于求解温度变化和支座移动等原因所引起的位移。

计算结构位移的目的首先是为了校核结构的刚度，保证它在使用过程中不至于发生过大的变形。其次，在计算超静定结构时，除利用静力平衡条件外，还必须考虑结构的位移条件，也就是说结构的位移计算是超静定结构计算的基础。除此之外，结构在制作、施工、架设和养护等过程中采取技术措施时，也需要知道结构的位移。

任务二　梁的挠曲线近似微分方程及其积分

为了得到变形后的挠曲线方程，必须建立变形与外荷载间的关系。对于工程中常用的梁，大多数情况下，外荷载产生的剪力 Q 对变形的影响很小，可略去不计，主要是弯矩 M 对变形的影响很大。梁在弯曲时的挠曲线近似微分方程为

$$EI_z y''=-M(x) \tag{10-1}$$

求解这一微分方程，即可得出挠曲线方程，从而求得挠度和转角。

在计算梁的变形时，可直接对挠曲线的近似微分方程进行积分。在抗弯刚度 EI_z 为常数的情况下，对式（10－1）积分一次，可得出转角方程

$$EI_z\theta=EI_z y'=EI_z\frac{\mathrm{d}y}{\mathrm{d}x}=-\int M(x)\mathrm{d}x+C \tag{10-2}$$

再积分一次，可得出挠曲线方程

$$EI_z y=\int\left[-\int M(x)\mathrm{d}x\right]\mathrm{d}x+Cx+D \tag{10-3}$$

式（10－2）和式（10－3）中出现的 C 和 D 是积分常数，其值可由梁产生变形前后的边界等条件来确定。积分常数 C、D 确定后，利用式（10－2）、式（10－3）便可计算出任一截面的转角和挠度。

【例 10－1】 一等截面悬臂梁如图 10－3 所示，自由端受一集中力 P 作用，梁的抗弯刚度为 EI_z，求自由端截面的转角和挠度。

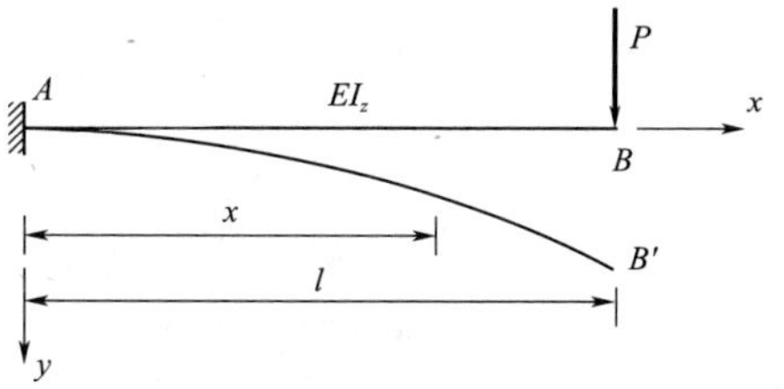

图 10－3

解：（1）取坐标轴如图 10－3 所示，建立挠曲线近似微分方程。

梁的弯矩方程为

$$M(x)=-P(l-x)$$

挠曲线近似微分方程

$$EI_z y''=-[-P(l-x)]$$

$$EI_z y''=P(l-x)$$

（2）对微分方程二次积分。

积分一次，得转角方程为

$$EI_z\theta = Plx - \frac{1}{2}Px^2 + C \tag{a}$$

再积分一次，得挠度方程为

$$EI_z y = \frac{1}{2}Plx^2 - \frac{1}{6}Px^3 + Cx + D \tag{b}$$

（3）利用边界条件确定积分常数。在固定端处，截面的转角和挠度均为零，即当 $x=0$ 时，$\theta_A=0, y_A=0$

将边界条件代入式（a）、式（b）得

$$C=0 \quad D=0$$

（4）给出转角方程和挠曲线方程。将所求得的积分常数 C、D 值代入式（a）、式（b），得梁的转角方程和挠曲线方程分别为

$$EI_z\theta = Plx - \frac{1}{2}Px^2 \tag{c}$$

$$EI_z y = \frac{1}{2}Plx^2 - \frac{1}{6}Px^3 \tag{d}$$

（5）求指定截面的转角和挠度值。将 $x=l$ 代入式（c）、式（d），可计算自由端截面的转角和挠度分别为

$$\theta_B = \frac{1}{EI_z}(Pl^2 - \frac{1}{2}Pl^2) = \frac{Pl^2}{2EI_z}$$

$$y_B = \frac{1}{EI_z}(\frac{1}{2}Pl^3 - \frac{1}{6}Pl^3) = \frac{Pl^3}{3EI_z}$$

转角 θ_B 为正，说明截面 B 是顺时针旋转；挠度 y_B 为正，说明截面 B 挠度是向下的。

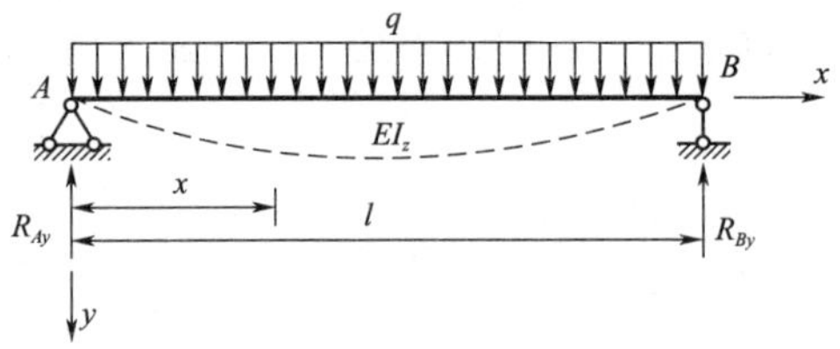

图 10－4

【例 10－2】 一承受均布荷载的等截面简支梁，如图 10－4 所示，梁的抗弯刚度为 EI_z，求梁的最大挠度和 B 截面的转角。

解：（1）求支座反力

$$R_{Ay} = R_{By} = \frac{1}{2}ql$$

（2）建立坐标轴如图 10－4 所示，则梁的弯矩方程为

$$M(x) = \frac{1}{2}qlx - \frac{1}{2}qx^2$$

挠曲线近似微分方程为

$$EI_z y'' = -\frac{1}{2}qlx + \frac{1}{2}qx^2$$

(3) 对微分方程二次积分。积分一次，得转角方程为

$$EI_z\theta=\frac{1}{6}qx^3-\frac{1}{4}qlx^2+C \tag{a}$$

再积分一次，得挠度方程为

$$EI_z y=\frac{1}{24}qx^4-\frac{1}{12}qlx^3+Cx+D \tag{b}$$

(4) 利用边界条件确定积分常数。简支梁在两端处截面的挠度均为零，即

$$当\ x=0\ 时，y_A=0$$

$$当\ x=l\ 时，y_B=0$$

将边界条件代入式（a）、式（b）得

$$C=\frac{1}{24}ql^3 \quad D=0$$

(5) 给出转角方程和挠曲线方程。将所求得的积分常数 C、D 值代入式（a）、式（b），得梁的转角方程和挠曲线方程分别为

$$EI_z\theta=\frac{q}{24}(4x^3-6lx^2+l^3) \tag{c}$$

$$EI_z y=\frac{q}{24}(x^4-2lx^3+l^3x) \tag{d}$$

(6) 求最大的挠度和 B 截面的转角。由于梁上荷载及梁是对称的，最大的挠度发生在跨中，将 $x=\frac{l}{2}$ 代入式（d）得

$$y_{\max}=\frac{5ql^4}{384EI_z}$$

将 $x=l$ 代入式（c），可计算 B 端截面的转角为

$$\theta_B=-\frac{ql^3}{24EI_z}$$

挠度 $y_{\max}$ 为正，说明最大挠度是向下的。转角 θ_B 为负，说明 B 截面是逆时针旋转。

任务三　单位荷载法

梁的挠度转角方程可以计算简单梁的位移，对于较复杂结构（如拱、刚架、桁架等）的位移求解就显得繁杂。因此，本任务介绍适用于计算各种弹性杆系结构在荷载作用下所引起位移的一般计算方法——单位荷载法，单位荷载法的理论基础——虚功原理。

1. 计算结构位移的一般公式

力在其位移上做功，当力与位移彼此独立无关时，这时的功称为虚功。对于具有理想约束的刚体体系，体系所作用的任意力系，在可能位移上受作的虚功总和为零，是刚体上所受力系平衡的必要和充分条件，称为刚体的虚功原理。

根据虚功原理，我们就可计算结构由于各种原因（荷载作用、温度变化、支座沉陷、制作安装不准确等）引起的位移；在荷载作用下，结构位移计算的一般公式

$$P_k\Delta_{Ki}=\sum\int\frac{\overline{M}M_P}{EI_z}ds+\sum k\int\frac{\overline{Q}Q_P}{GA}ds+\sum\int\frac{\overline{N}N_P}{EA}ds \tag{10-4}$$

令 $P_k=1$ 则

$$\Delta_{Ki}=\sum\int\frac{\overline{M}M_P}{EI_z}ds+\sum k\int\frac{\overline{Q}Q_P}{GA}ds+\sum\int\frac{\overline{N}N_P}{EA}ds \tag{10-5}$$

静定结构在荷载作用下，按结构变形情况，结构位移计算的一般公式可简化，简化一般分为两类，其相应的位移计算公式如下所述：

（1）梁或刚架以弯曲变形为主的位移计算公式为

$$P_k\Delta_{Ki}=\sum\int\frac{\overline{M}M_P}{EI_z}ds \tag{10-6}$$

令 $P_k=1$ 则

$$\Delta_{Ki}=\sum\int\frac{\overline{M}M_P}{EI_z}ds \tag{10-7}$$

式中：M_P 为梁或刚架在实际荷载作用下构件弯矩方程的表达式；$\overline{M}$ 为梁或刚架在虚设单位荷载 $P_k=1$ 作用下构件弯矩方程的表达式；EI_z 为杆件的抗弯刚度。

（2）桁架以轴向拉（压）变形形式的位移计算公式为

$$P_k\Delta_{Ki}=\sum\int\frac{\overline{N}N_P}{EA}ds=\sum\frac{\overline{N}N_P}{EA}l \tag{10-8}$$

令 $P_k=1$ 则

$$\Delta_{Ki}=\sum\int\frac{\overline{N}N_P}{EA}ds=\sum\frac{\overline{N}N_P}{EA}l \tag{10-9}$$

式中：N_P 为桁架结构在实际荷载作用下各杆件的轴力；$\overline{N}$ 为桁架结构在虚设单位荷载 $P_k=1$ 作用下各杆件的轴力；EA 为杆件的抗拉（压）刚度；l 为杆件的长度。

2. 单位荷载设定

单位荷载必须根据所求位移而设定。如图 10－5（a）所示悬臂刚架，横梁上作用有竖向荷载，当求此结构在荷载作用下任意截面的不同位移时，其虚设单位荷载有以下几种不同情况：

（1）欲求 C 截面的水平方向的线位移，应在 C 截面处沿水平方向加一单位集中力（$P_k=1$），如图 10－5（b）所示。

（2）欲求 C 截面的角位移，应在 C 截面处加一个单位集中力偶（$P_k=1$），如图 10－5（c）所示。

（3）欲求 C、D 两点的相对线位移（即 C、D 两点间相互靠拢或拉开的距离），应在 C、D 两点沿 CD 连线方向加一对反向的单位集中力（$P_k=1$），如图 10－5（d）所示。

（4）欲求 C、D 两截面相对角位移，应在 C、D 两截面处加一对反向的单位力偶（$P_k=1$），如图 10－5（e）所示。

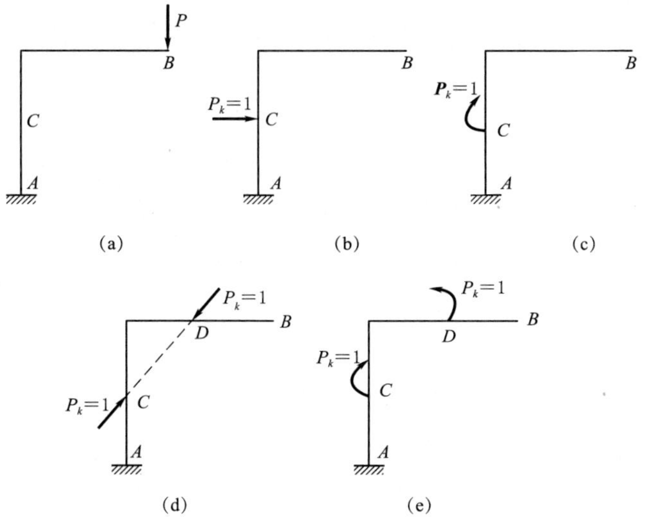

图 10 - 5

结构在荷载作用下位移计算，不论属于哪种情况，虚设单位荷载必须是与所求位移相对应的单位力。

利用式（10 - 7）和式（10 - 9）计算结构位移的基本步骤如下：

（1）在欲求位移处沿所求位移方向虚设单位力，然后分别列各杆段内力方程。

（2）列实际荷载作用下各杆段内力方程。

（3）根据所列内力方程或轴力值选择式（10 - 7）或式（10 - 9），积分求和即可计算出所求位移。

【例 10 - 3】 一等截面悬臂梁如图 10 - 6（a）所示，自由端受一集中力 P 作用，EI_z 为常数，求 B 端的竖向线位移 Δ_{By}。

解：（1）在 B 端加一竖向单位力 $P_k=1$，如图 10 - 6（b）所示，设以 B 为原点，则当 $0\leqslant x\leqslant l$ 变化时，弯矩方程式为

$$\overline{M}=-x \quad (0\leqslant x\leqslant l)$$

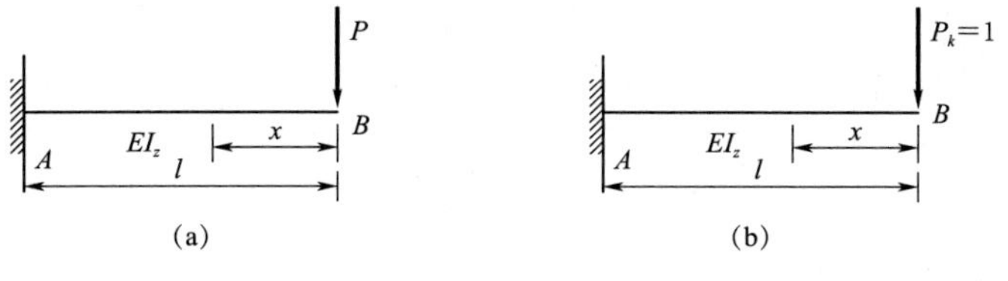

图 10 - 6

（2）列实际荷载作用下梁的弯矩方程时，应同取 B 为原点，同时当 $0\leqslant x\leqslant l$ 时，弯矩方程为

$$M_P=-px\ (0\leqslant x\leqslant l)$$

（3）将 $\overline{M}$、M_P 代入式（10 - 7）得

$$\Delta_{By}=\sum\int\frac{\overline{M}M_P}{EI_z}\mathrm{d}s=\frac{1}{EI_z}\int_0^l(-px)\times(-x)\mathrm{d}x$$

$$=\frac{1}{EI_z}\left[\frac{px^3}{3}\right]_0^l=\frac{pl^3}{3EI_z}(\downarrow)$$

计算结果为正值，说明 Δ_{By} 的实际方向与虚设单位力的方向一致。

【例 10-4】 已知对称桁架所受荷载如图 10-7 所示，杆件的截面面积 $A=0.1\text{m}^2$，$E=210\text{GPa}$，求该桁架 D 点的竖向位移 Δ_{Dy}。

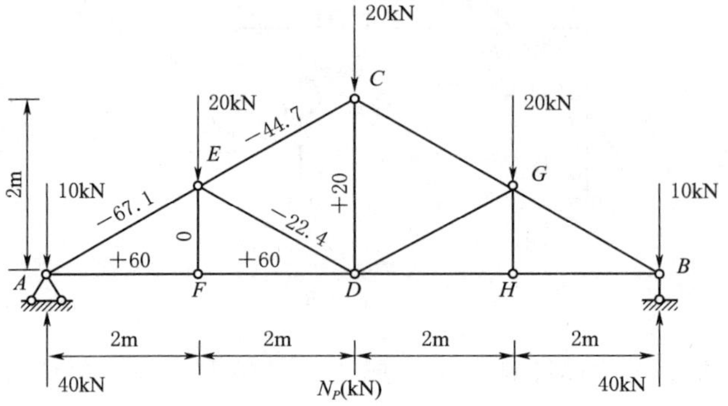

图 10-7

解：(1) 求 D 铰处竖向线位移，在 D 处加一单位集中力 $P_k=1$，如图 10-8 所示，计算桁架在 $P_k=1$ 作用下各杆轴力 $\overline{N}$ 并标于图上。

(2) 桁架在实际荷载作用下，各杆轴力 N_P，计算结果标于图 10-8 上。

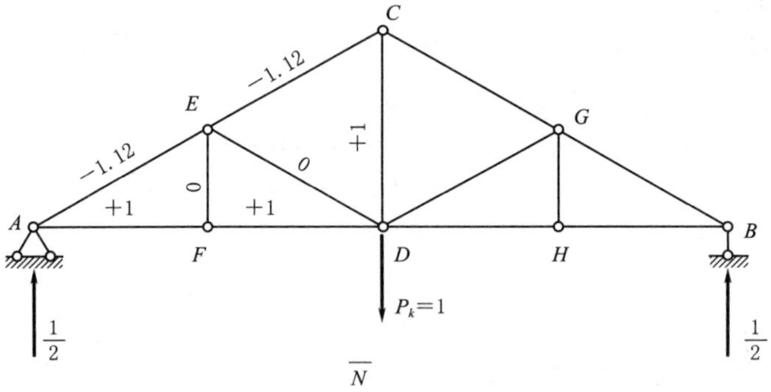

图 10-8

(3) 将 $\overline{N}$，N_P 代入式 (10-9) 得

$$\Delta_{Dy}=\Sigma\frac{\overline{N}N_P}{EA}l$$

$$=\frac{[(67.1\times1.12\times\sqrt{5}+44.7\times1.12\times\sqrt{5}+60\times1\times2+60\times1\times2)\times2+20\times1\times2]\times10^6}{210\times10^9\times0.1}$$

$$=5.14(\text{mm})(\downarrow)$$

任务四 图 乘 法

用积分法计算结构的位移，当杆件数量较多或遇到变截面杆件时，运用积分运算比较麻烦，特别是当外荷载较多，结构较复杂时，积分运算更加繁杂，并容易出错。于是，我们可以利用弯矩图来计算位移，此方法为图乘法。当研究的结构为等截面直杆（EI_z 为常数），而且两个弯矩图中至少有一个为直线图形，如图 10－9 所示。

现从求弯曲变形引起的位移为例，导出图乘法计算公式。如求梁和刚架截面的位移，其位移公式为

$$\Delta_{kP}=\sum\int\frac{\overline{M}M_P}{EI_z}\mathrm{d}s=\frac{1}{EI_z}\sum\int\overline{M}M_P\mathrm{d}s$$

把弯矩图 $\overline{M}$ 的上下二边延长所得交点为坐标原点，则任一截面弯矩值应为

$$\overline{M}=x\tan\alpha$$

令： $\mathrm{d}s=\mathrm{d}x$

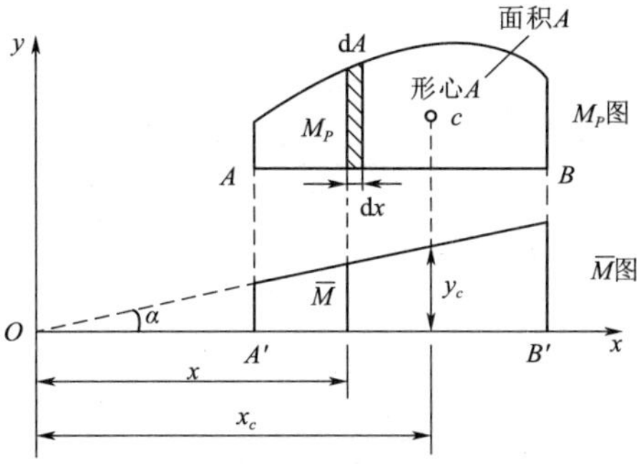

图 10－9

代入积分式中，可得

$$\Delta_{kP}=\frac{1}{EI_z}\sum\int\overline{M}M_P\mathrm{d}s=\frac{1}{EI_z}\sum\int x\tan\alpha M_P\mathrm{d}x$$

$$=\frac{\tan\alpha}{EI_z}\sum\int M_P x\mathrm{d}x=\frac{\tan\alpha}{EI_z}\sum\int x\mathrm{d}A$$

式中：$\mathrm{d}A$ 为 M_P 图中微面积；$x\mathrm{d}A$ 为 M_P 图中微面积对 y 轴的面积矩，且 $\int_a^b x\mathrm{d}A=Ax_c$ 。

所以计算位移的积分式可表示为

$$\Delta_{kP}=\sum\frac{1}{EI_z}Ax_c\tan\alpha$$

将 $\tan\alpha x_C=y_C$ 代入上式得

$$\Delta_{kP}=\sum\frac{Ay_c}{EI_z}\tag{10-10}$$

式（10－10）即为用图乘法计算位移的计算公式。

用图乘法计算位移应注意以下几点：

（1）杆件应为等截面直杆，且 EI_z 为常数。

（2）$\overline{M}$ 图和 M_P 图中至少必须有一个是直线图，并且纵坐标 y_c 应在直线 $\overline{M}$（M_P）图中选取，如果 $\overline{M}$、M_P 图均为直线图，则 y_c 可取自任一直线弯矩图，而 A 则应为另一弯矩图的面积。

（3）两弯矩图均画在杆件受拉一侧，图乘时同侧图形（同侧是指图形面积形心

与 y_c 的位置）相乘为正，异侧图相乘为负值。

应用图乘法时，必须确定弯矩图面积及形心位置，图 10－10 绘出几种常用图形面积形心的位置及计算面积的公式。

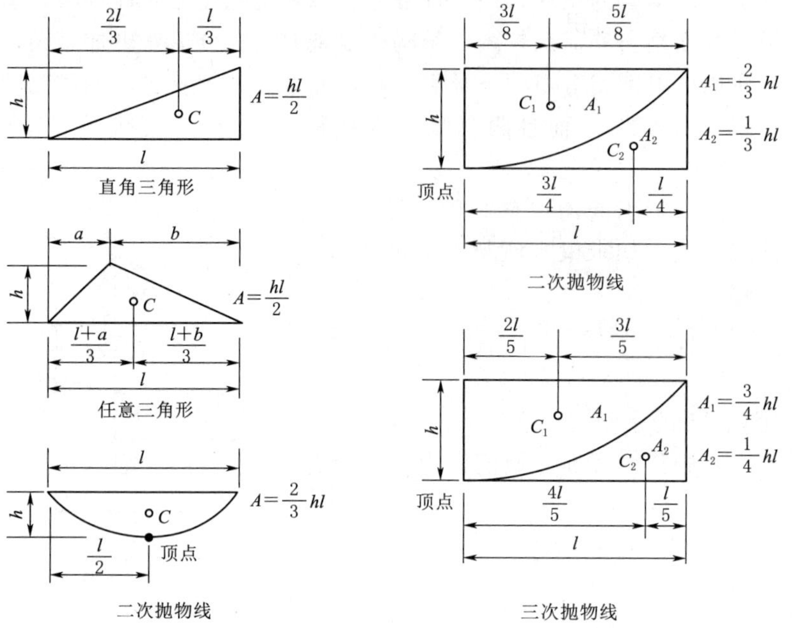

图 10－10

除上述图形外，图乘时还经常出现梯形等较为不标准的图形，这不再一一介绍，继续学习时可参考其他资料。

【例 10－5】 图 10－11（a）所示一悬臂梁受一集中力 P 作用，用图乘法求 B 端的竖向线位移和转角，EI_z 为常数。

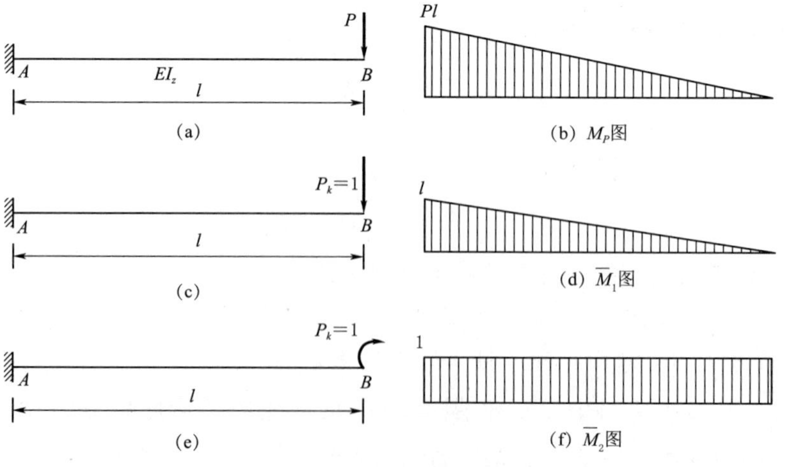

图 10－11

解：(1) 求 Δ_{By} 时在悬臂梁的悬臂端 B 处点加一单位集中荷载 $P_k=1$，分别画出悬臂梁在 P 与 $P_k=1$ 作用下的弯矩图，如图 10－11 (c)、(d) 所示，M_P 与 $\overline{M}_1$ 图均是直线图形，任取一个弯矩图计算面积，则另一个弯矩图计算 y_c。

(2) 取 M_P 图计算面积 A，$\overline{M}_1$ 图计算对应的 y_{c1}，则 $A=\frac{1}{2}\times Pl\times l=\frac{1}{2}Pl^2$，$y_{c1}=\frac{2}{3}\times l$ 代入式 (10－10) 得

$$\Delta_{By}=\sum\frac{Ay_c}{EI_z}=\frac{1}{EI}\times\frac{1}{2}\times Pl\times l\times\frac{2}{3}\times l=\frac{Pl^3}{3EI_z}(\downarrow)$$

(3) 求 θ_B 时在悬臂梁的悬臂端 B 处点加一单位集中力偶 $P_k=1$ [图 10－11 (e)]，画出悬臂梁在 $P_k=1$ 作用下的弯矩图，如图 10－11 (f) 所示，M_P 与 $\overline{M}_2$ 图均是直线图形，任取一个弯矩图计算面积，则另一个弯矩图计算 y_{c2}。

(4) 取 M_P 图计算面积 A，$\overline{M}_2$ 图计算对应的 y_{c2}，则 $A=\frac{1}{2}\times Pl\times l=\frac{1}{2}\times Pl^2$，$y_{c2}=1$ 代入式 (10－10) 得

$$\theta_B=\sum\frac{Ay_c}{EI_z}=\frac{1}{EI_z}\times\frac{1}{2}\times Pl\times l\times 1=\frac{Pl^2}{2EI_z}(\text{顺时针})$$

【例 10－6】 用图乘法求图 10－12 (a) 所示简支梁中点的竖向线位移，EI_z 为常数。

解：(1) 在梁中点加一单位集中荷载 $P_k=1$，分别画出 P 与 P_k 作用下梁的弯矩图，如图 10－12 (b)、(d) 所示，M_P 与 $\overline{M}$ 图均是对称的，两个弯矩图的形心位置理应在跨中处，由于我们导出公式的前提条件是上下二边均必须为直线，而现在弯矩图跨中处有折线，故应将弯矩图分成左右两部分，分别图乘，然后相加，因本例两弯矩图具有同轴对称关系，可只需计算一半，然后乘以 2 即可得到计算结果。

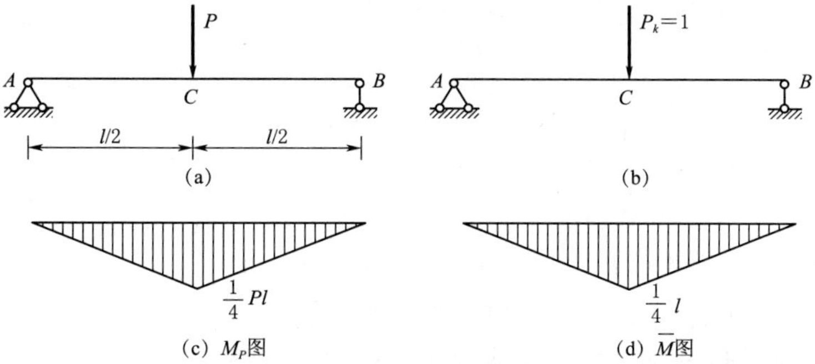

图 10－12

(2) 取 M_P 图计算面积 A，$\overline{M}$ 图计算对应的 y_c，$A=\frac{1}{2}\times\frac{Pl}{4}\times\frac{l}{2}=\frac{Pl^2}{16}$、$y_c=\frac{2}{3}\times\frac{l}{4}=\frac{l}{6}$ 代入式 (10－10) 得

$$\Delta_{cy}=\sum\frac{Ay_c}{EI_z}=2\times\frac{1}{EI_z}\times\frac{1}{2}\times\frac{Pl}{4}\times\frac{l}{2}\times\frac{2}{3}\times\frac{l}{4}=\frac{Pl^3}{48EI_z}(\downarrow)$$

【例 10－7】 悬臂钢架 ABC 在 BC 杆上有一集中荷载 $P=20\text{kN}\cdot\text{m}$ 作用，如图 10－13（a）所示，钢架的 EI_z 为常数。用图乘法求悬臂端 C 截面的竖向线位移 Δ_{cy} 和角位移 θ_c。

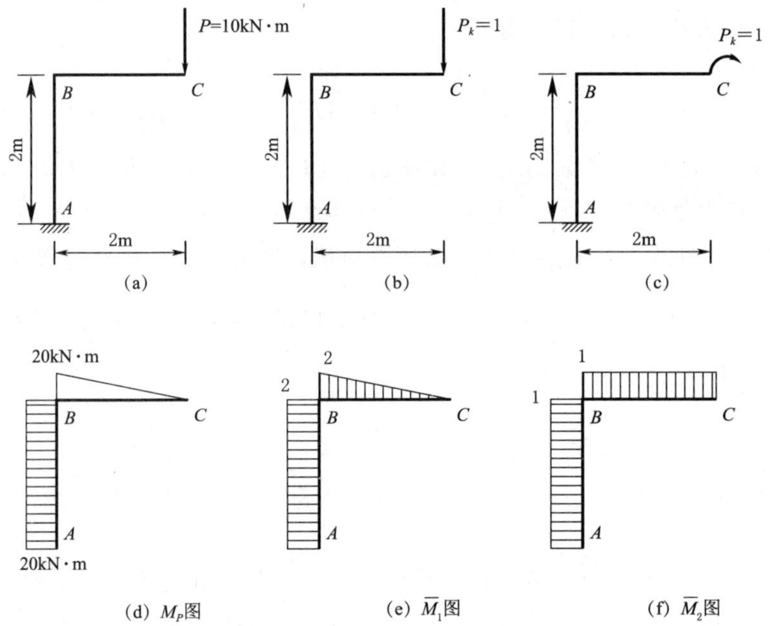

图 10－13

解：（1）求 Δ_{cy} 时在悬臂刚架的悬臂端 C 处点加一单位集中荷载 $P_k=1$，分别画出悬臂刚架在 P 与 P_k 作用下悬臂刚架的弯矩图，如图 10－13（d）、（e）所示。

（2）取 M_P 图计算面积 A，$\overline{M}_1$ 图计算对应的 y_{c1}，$A_1=0.5\times20\times2=20$、$y_{c1}=\frac{2}{3}\times2=\frac{4}{3}$、$A_2=2\times20=40$、$y_{c2}=1$ 代入式（10－10）得

$$\Delta_{cy}=\sum\frac{Ay_c}{EI_z}=\frac{1}{EI_z}\times(\frac{4}{3}\times20+1\times40)=\frac{200}{3EI_z}(\downarrow)$$

（3）求 θ_c 时在悬臂刚架的悬臂端 C 处点加一单位集中力偶 $P_k=1$，画出悬臂刚架在 P_k 作用下悬臂刚架的弯矩图，如图 10－13（f）所示。

（4）取 M_P 图计算面积 A，$\overline{M}_2$ 图计算对应的 y_{c2}，$A_1=0.5\times20\times2=20$、$y_{c1}=1$、$A_2=2\times20=40$、$y_{c2}=1$ 代入式（10－10）得

$$\theta_c=\sum\frac{Ay_c}{EI_z}=\frac{1}{EI_z}\times(1\times20+40\times1)=\frac{60}{EI_z}(\text{顺时针})$$

小　结

1. 构件和结构上各横截面的位移用线位移（水平线位移和竖直线位移）、角位

移两个基本量来描述。

2. 对弯曲变形的构件，可建立挠曲线近似微分方程，通过积分运算求出转角方程 θ（x）和挠度方程 y（x）。其中，正确地写出弯矩表达式、正确地运用边界条件和变形协调条件确定积分常数是十分重要。

3. 虚功原理是结构变形计算重要的基本概念之一。单位荷载法是在这一概念的基础上建立的，它适用于求解各种变形形式（组合变形）构件的位移。求线位移时需写出单位力作用下的内力表达式；求角位移时需写出单位力偶作用下的内力表达式。当表达式 $M_P(x)$、$\overline{M}(x)$需要分段写出，或杆件为分段等截面杆件时，式（10－7）的积分应分段进行。

4. 在某些条件下，单位荷载中的积分运算可转化为单位弯矩图和荷载弯矩图两图形的图乘。图乘法是求指定截面位移的最基本方法之一。作图乘时，纵坐标必须在直线弯矩图上取得。当有弯矩图形为折线，或杆件为分段等截面杆件时，图乘应分段进行。对复杂的图形，可分解为几个简单图形，分别图乘后再代数和。

项目十专业知识技能素养训练

项目十参考答案

项目十课堂（读书）学习笔记（8 学时）

学号________ 姓名________ 时间：________ 年________月________日

<table>
<tr><td colspan="2">课题学习内容（2 学时）____________________</td></tr>
<tr><td>课堂
（读书）学习
笔记及学
习心得</td><td></td></tr>
<tr><td colspan="2">课题学习内容（2 学时）____________________</td></tr>
<tr><td>课堂
（读书）学习
笔记及学
习心得</td><td></td></tr>
</table>

续表

课题学习内容（2 学时）________________	
课堂（读书）学习笔记及学习心得	
课题学习内容（2 学时）________________	
课堂（读书）学习笔记及学习心得	

项目十一

超静定结构内力求解基本简介*

学习重点

- 重点掌握一次超静定结构力法基本方程
- 重点掌握用力矩分配法绘制多跨超静定连续梁

知识目标	能力目标	占比
超静定结构的概念、超静定次数的确定	理解超静定结构的概念；能确定超静定的次数	20%
力法基本原理（力法的基本结构和基本未知量）	会力法解题思路及力法的基本原理能选取力法基本结构、建立基本方程（一次超静定）	20%
力法典型方程的应用、求解基本步骤	会判定力法基本未知量，建立典型方程（主系数、副系数、自由项）；能熟练掌握一次超静定结构内力及内力图绘制	25%
力矩分配法的概念，转动刚度、分配系数、传递系数	能熟练地计算分配系数，熟记三类单杆超静定梁的转动刚度、传递系数	20%
力矩分配法的应用，力矩分配法的计算步骤	能熟练应用力矩分配法计算多跨静定梁的内力，并能绘制内力图	15%

超静定结构引例

任务一　超静定结构概述

一、超静定结构的概念

前面研究了静定结构的计算，静定结构与超静定结构是两类结构类型。静定结构的支座反力及各截面的内力都可以用静力平衡条件唯一确定。超静定结构的支座反力及各截面的内力不可以用静力平衡条件唯一确定。如图 11－1（a）所示的连续梁，它有 4 个支座反力，而静力平衡方程只有 3 个。未知力的个数超出静力平衡方程的个数，结构的支座反力和各截面的内力不能完全由静力平衡方程唯一地确定，此类结构就称为超静定结构。

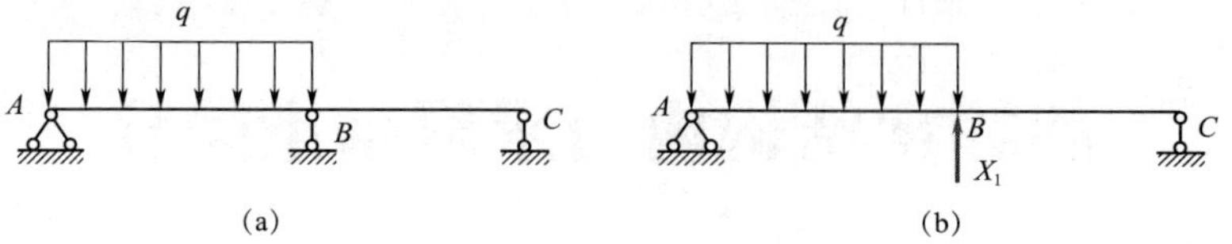

图 11－1

从平面结构的几何组成分析，静定结构是无多余约束的几何不变体系，而超静定结构则是有多余约束的几何不变体系。这里的几何不变体系是指结构受到荷载作用后，在不考虑体系材料应变的前提下，能保持其几何形状和位置不变，而不发生刚体运动的体系。如图 11－1（b）所示连续梁，是具有一个多余约束的几何不变体系。所谓多余约束是指在保持体系的几何不变的条件下可以去掉的约束。多余约束中产生的力叫作多余约束力。

常见的超静定结构形式有超静定梁、超静定拱、超静定刚架、超静定桁架、超静定组合结构等，分别如图 11－2 所示。

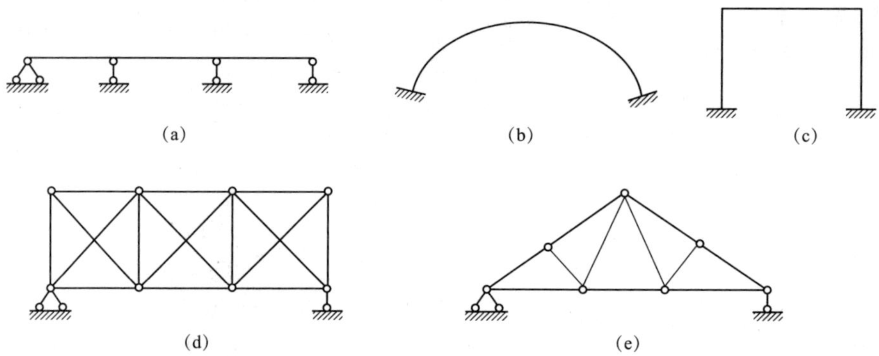

图 11－2

超静定结构的基本特征是具有多余约束的几何不变体系，且反力和内力不能单独由静力平衡方程求得唯一确定的解答。

求解超静定结构的方法有多种，其中最基本方法是力法和位移法，此外还有各种派生出来的方法，如力矩分配法、矩阵位移法。本项目将介绍用力法和力矩分配法求解超静定结构。

二、超静定次数及其判定

超静定结构具有多余约束，因而具有相应的多余约束（未知）力。通常将多余约束的个数或多余约束（未知）力的个数称为超静定次数。从静力分析角度看超静定次数等于未知力个数与平衡方程个数的差数。

确定超静定次数通常采用解除多余约束的方法。该方法是解除结构中的多余约束，代以相应的多余约束反力（多余未知力），使之成为静定结构，解除多余约束的个数就是原结构的超静定次数。

在超静定结构上解除多余约束通常有如下几种情况：

(1) 去掉一根支座链杆（可动铰支座）或切断一根连杆，相当于去掉一个约束如图 11－3 (a)、(b) 所示。

(2) 去掉一个固定铰支座或拆开一个单铰，相当于解除两个约束，如图 11－3 (c)、(d) 所示。

(3) 去掉一个固定端支座或切断一个梁式杆，相当于解除三个约束。如图 11－3 (e) 所示。

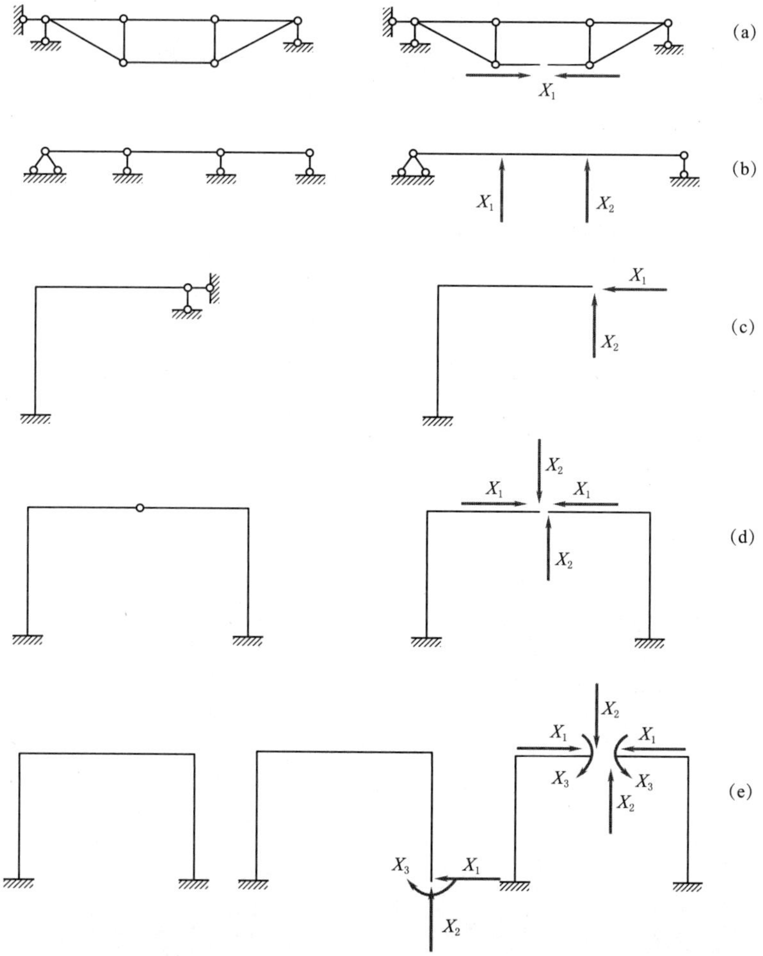

图 11－3

(4) 去掉联结 n 个杆的复铰，相当拆开 ($n-1$) 个单铰，解除 2 ($n-1$) 个约束。

(5) 一个闭合框是三次超静定，n 个闭合框，是 $3n$ 次超静定。

（6）将固定端支座改成铰支座，或在梁式杆上嵌入一个单铰铰，相当于解除一个约束，如图 11－4 所示。

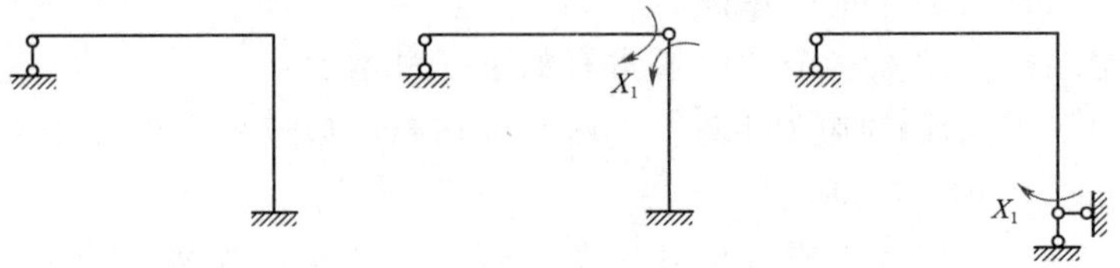

图 11－4

采用上述去掉多余约束法可较方便地确定超静定结构的超静定次数。

超静定次数＝多余约束个数＝原结构变成静定结构所去掉的多余约束个数。力法的基本结构就是去掉多余约束后的静定结构。

【例 11－1】 确定图 11－5（a）所示结构的超静定次数。

解： 图 11－5（a）所示刚架，若将横梁中点加铰，得到 11－5（b）所示的静定结构，即相当于去掉一个约束，故原结构是 1 次超静定。

若去掉支座 B 处的水平支杆，则得图 11－5（c）所示的静定结构，即相当于去掉一个约束，故原结构也是 1 次超静定。

但是，若去掉支座 B 或支座 A 的竖向支杆，如图 11－5（d）所示成瞬变体系，显然这是不允许的。所以此刚架支座处的竖向支杆不是多余约束，而是必要约束。

由以上分析可见，对于任一个超静定结构，去掉多余约束的方式可能多种方式，因而得到的静定结构形式相应也有多种形式。

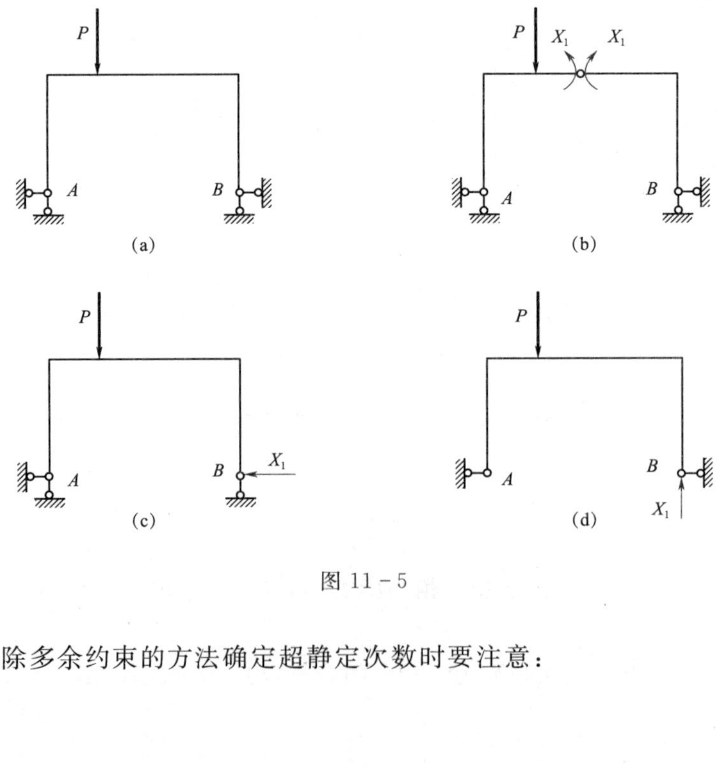

图 11－5

采用解除多余约束的方法确定超静定次数时要注意：

（1）解除一个外部多余约束代以一个多余未知力，解除一个内部多余约束代以一对多余未知力。

（2）同一超静定结构，超静定次数是不会因为解除多余约束的方式不同而改变。

（3）解除全部多余约束得到静定结构，而不能解除必要约束使结构变成几何可变体系，如图 11-5（d）所示。

任务二 力法的基本原理

力法是分析超静定结构最基本的一种计算方法。力法的求解思路是“由已知到未知”思路，即利用我们已经熟悉的静定结构内力和位移计算，把超静定结构的计算转化为静定结构，以达到计算超静定结构的目的。求解步骤：

（1）解除超静定结构中的多余约束，代以相应的多余约束（未知）力，使之成为静定结构。

（2）由该静定结构在解除多余约束处的位移与原结构位移相同的协调条件，求出多余未知力。

（3）再利用静力平衡方程求出其余反力和内力。

根据上述思路，下面以图 11-6（a）所示的一次超静定梁为例，按力法求解思路和步骤，用图示表达可从中掌握力法的基本原理。

一、力法的基本结构

图 11-6（a）是一端固定一端铰支的单跨超静定梁，该梁有一个多余的约束，是一次超静定结构。若将支座 B 作为多余约束去掉，代之竖向的约束反力 X_1，此时变成了在已知荷载 q 和未知反力 X_1 共同作用下的静定结构，如图 11-6（d）所示。这种去掉多余约束，代以相应的未知力的静定结构称为力法的基本结构。基本结构是力法解题的“桥梁”，力法的计算都在基本结构上进行。

二、力法的基本未知量

如图 11-6（d）所示的基本结构中，若反力 X_1 已知，便可应用平衡条件求出结构反力和所有内力，超静定问题转化为静定问题。所以解此类问题是如何求出多余约束的未知反力 X_1，把多余未知力 X_1 称为力法的基本未知量，这也是力法得名的由来。

三、力法的基本方程

对于图 11-6（d）所示的基本结构，求出多余未知力 X_1 是解题的关键，需要建立求力法基本未知量的方程，称为力法的基本方程。力法的基本方程是基本结构与原结构的等效条件，即基本结构的受力和变形状态与原结构保持一致，并且解答是唯一的。先从受力状态保持一致入手，原结构在荷载 q 作用下支座 B 处的反力，具有固定的数值；而对基本结构来说，X_1 已成为主动力，其大小暂属未知，如果只考虑基本结构的平衡条件，则不论 X_1 取何值，基本结构恒满足平衡条件，解答不是唯一的，无法确定。因此，建立力法的基本方程只能从位移状态保持一致入

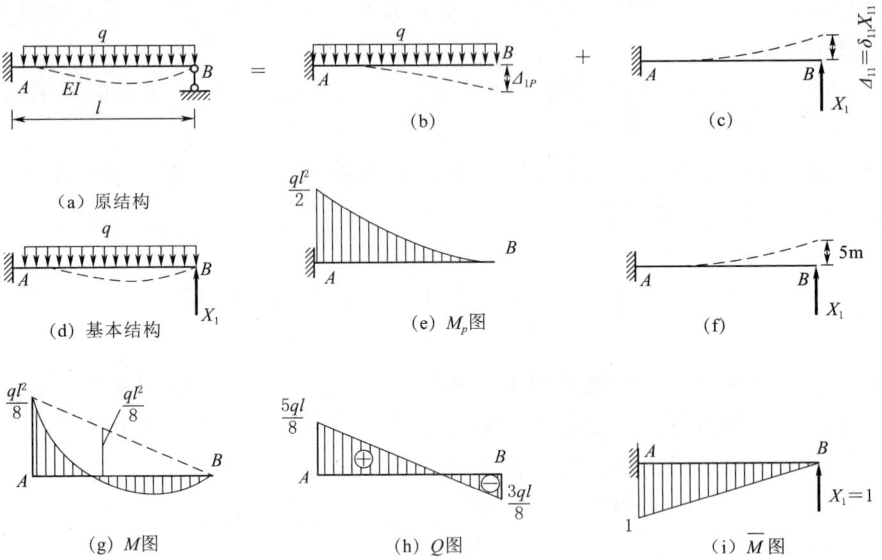

图 11 - 6

手。由于力状态未知，要使两种结构同一位置的位移处处相等是办不到的，也只能从解除多余约束处的位移相等入手。原结构中支座 B 的竖向位移等于零（$\Delta_1=0$）；基本结构中对应不同的 X_1，B 点的竖向位移则会有不同值，为了使位移相等，应使基本结构中沿未知反力 X_1 方向的位移 $\Delta_1'=0$。基本结构中荷载 q 与未知反力 X_1 共同作用下在 B 点产生的竖向位移 Δ_1'应用叠加法即可求得，叠加结果也应等于零，如图 11 - 6（b）、（c）所示，即得

$$\Delta_1=\Delta_{11}+\Delta_{1P}=0 \tag{11-1}$$

式中：Δ_1 为基本结构沿 X_1 方向的总位移；Δ_{11} 为基本结构在未知力 X_1 作用下沿 X_1 方向上产生的位移；Δ_{1P} 为基本结构在外荷载作用下沿 X_1 方向上产生的位移。

这个等效条件就是 B 点竖向位移的协调条件。利用它便可求出基本未知量 X_1。

这里我们引用了两个脚标，第一个脚标表示产生位移的位置和方向，第二个脚标表示引起位移的原因。由于 X_1 是未知量，故 Δ_{11} 也是未知量，但它与 X_1 成正比。在弹性限度内，为了方便计算，设 δ_{11} 表示 $X_1=1$ 单独作用在基本结构上沿 X_1 方向的单位位移，如图 11 - 6（f）所示，则 $\Delta_{11}=\delta_{11}X_1$。于是式（11 - 1）可写成：

$$\delta_{11}X_1+\Delta_{1P}=0 \tag{11-2}$$

式中：δ_{11} 为 $X_1=1$ 单独作用在基本结构上沿 X_1 方向的单位位移；X_1 为多余未知力；Δ_{1P} 为基本结构在外荷载作用下沿 X_1 方向上产生的位移。

式（11 - 2）称为力法的典型方程。

式中的系数 δ_{11} 项和自由项 Δ_{1P} 均为基本结构 X_1 方向的位移，可按静定结构单位荷载法计算位移。求得 δ_{11} 和 Δ_{1P} 之后，代入式（11 - 1）即可求得 X_1。

现用图乘法计算上述位移 δ_{11} 和 Δ_{1P}。分别绘出荷载 q 及 $X_1=1$ 单独作用于基本结构时的 M_P 图和 $\overline{M_1}$ 图，如图 11-6（e）、（i）所示，然后由图乘法求得

$$\delta_{11}=\frac{1}{EI}\left(\frac{1}{2}l\times l\right)\times\left(\frac{2}{3}l\right)=\frac{l^3}{3EI}$$

$$\Delta_{1P}=-\frac{1}{EI}\left(\frac{1}{3}\times\frac{1}{2}ql^2\times l\right)\times\left(\frac{3}{4}l\right)=-\frac{ql^4}{8EI}$$

将所求 δ_{11} 和 Δ_{1P} 代入式（11-1），求得

$$X_1=-\frac{\Delta_1}{\delta_{11}}=\frac{ql^4}{8EI}\times\frac{3EI}{l^3}=\frac{3}{8}ql$$

求出 X_1 之后，即可按静定结构方法计算其余反力和内力，并作内力图。通常，作弯矩图时可利用已绘出的 $\overline{M_1}$ 图和 M_P 图相叠加。叠加公式为

$$M=\overline{M_1}X_1+M_P \tag{11-3}$$

例如：$M_A=\overline{M_1}X_1+M_P=l\times\frac{3}{8}ql-\frac{1}{2}ql^2=-\frac{1}{8}ql^2$（上部受拉）

$M_{中}=\overline{M_1}X_1+M_P=\frac{1}{2}l\times\frac{3}{8}ql-\frac{1}{8}ql^2=\frac{1}{16}ql^2$（下部受拉）

从而作弯矩图如图 11-6（g）所示，根据弯矩图及原结构所作用的对应荷载作剪力图，如图 11-6（h）所示。

综上所述，力法的基本原理是以多余未知力作为基本未知量，去掉多余约束后的静定结构为基本结构，并根据基本结构去掉多余约束处的位移与原结构已知位移相等的条件，建立以多余未知力表示的力法典型方程，解出多余未知力，将超静定结构的计算转化为对其静定的基本结构的计算。

应注意：解除的多余约束不同基本结构就不同，对应的基本未知量也不同。解除的是外部多余约束，对应的位移是绝对线位移和绝对角位移；解除的是内部多余约束，对应的位移是相对线位移和相对角位移。

【例 11-2】 用力法计算图 11-7（a）超静定平面刚架，并求作弯矩图。

解：（1）此刚架为一次超静定结构，选取力法的基本结构去掉 C 支座支杆，代之以多余未知力 X_1，得到如图 11-7（b）的基本结构。

（2）建立力法典型方程，基本结构在 C 点处无竖向位移（X_1 方向位移 $\Delta_1=0$）为条件，则力法典型方程为

$$\delta_{11}X_1+\Delta_{1P}=0$$

（3）计算系数项和自由项分别绘出基本结构在荷载 q 及 $X_1=1$ 单独作用下的 M_P 图和 $\overline{M_1}$ 图，如图 11-7（c）、（d）所示。由图乘法求得

$$\delta_{11}=\frac{1}{2EI}\left(\frac{1}{2}l\times l\right)\times\left(\frac{2}{3}l\right)+\frac{1}{EI}(l\times l)\times l=\frac{7l^3}{6EI}$$

$$\Delta_{1P}=\frac{1}{2EI}\left(\frac{1}{3}\times\frac{1}{2}ql^2\times l\right)\times\left(-\frac{3}{4}l\right)+\frac{1}{EI}\left(\frac{ql^2}{2}\times l\right)\times(-l)=-\frac{9ql^4}{16EI}$$

（4）求解多余未知力 X_1 将所求的 δ_{11} 和 Δ_{1P} 代入力法典型方程，得

$$\frac{7l^3}{6EI}X_1-\frac{9ql^4}{16EI}=0$$

求得
$$X_1=\frac{27}{56}ql$$

力法典型方程中系数项和自由项都含有 EI，故可消去。所以，荷载作用下超静定结构的多余未知力 X_1 和最后内力与各杆 EI 的绝对值无关，只与相对值有关。

(5) 用叠加法求作弯矩图 $M=\overline{M_1}X_1+M_P$，求得各控制截面的弯矩为

$$M_{AB}=M_{BA}=M_{BC}=\overline{M_1}X_1+M_P=-l\times\frac{27}{56}ql+\frac{ql^2}{2}=\frac{ql^2}{56}\text{(外侧受拉)}$$

BC 梁跨中截面的弯矩为

$$M_{中}=\frac{l}{2}\times\frac{27ql^2}{56}-\frac{ql^2}{8}=\frac{13}{112}ql^2\text{(下侧受拉)}$$

作出该刚架结构的弯矩图如图 11-7 (e) 所示。

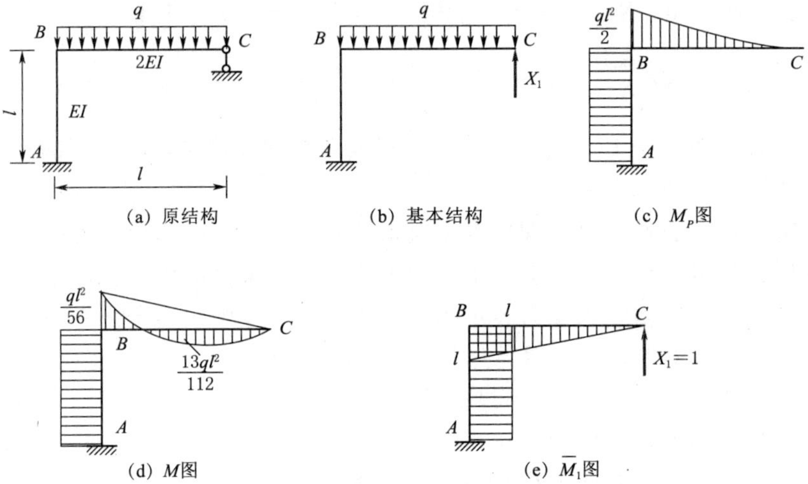

图 11-7

【例 11-3】 试作图 11-8 (a) 所示超静定梁的弯矩图，设 EI 为常数。

解：(1) 此梁具有一个多余约束，为一次超静定结构，解除 B 处转动约束用一对力偶 X_1 代替其作用，基本结构如图 11-8 (b) 所示，根据支座 B 处相对角位移等于零的位移条件。

(2) 建立力法方程

$$\delta_{11}X_1+\Delta_{1P}=0$$

(3) 作基本结构在单位力 $X_1=1$ 及荷载作用下的弯矩图 $\overline{M_1}$、M_P，如图 11-8 (c)、(d) 所示。

(4) 计算系数项和自由项，设 $EI=1$，采用图乘法，得

$$\delta_{11}=\frac{1}{EI}\times\frac{1}{2}\times l\times l\times l\times\frac{2}{3}=\frac{l^3}{3EI}$$

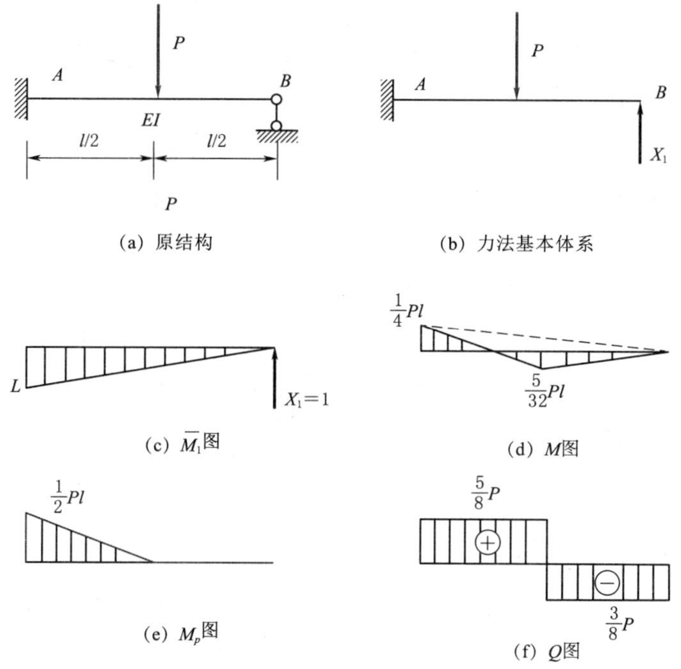

图 11－8

$$\Delta_{1P}=-\frac{1}{EI}\times\frac{1}{2}\times\frac{l}{2}\times\frac{5}{6}\times l\times\frac{Pl}{2}=-\frac{5Pl^3}{48EI}$$

代入力法方程得 $\frac{l^3}{3EI}X_1-\frac{5l^3}{48EI}=0$ 解得 $X_1=\frac{5P}{16}$

（5）多余力 X_1 求出后，利用平衡条件求原结构的支座反力，作弯矩图和剪力图如图 11－8（d）、（f）所示。或者由叠加法 $M=\overline{M}_1X_1+M_P$ 绘出最后弯矩图，根据弯矩图与荷载求控制截面的剪力作剪力图。

任务三　力法的典型方程

一、力法的典型方程

通过上节讨论可知，用力法求解超静定问题的基本方法是：

（1）将超静定结构的多余约束去掉，代以相应的未知约束反力（力法基本未知量），这个静定结构，称为力法的基本结构。

（2）考虑基本结构与原结构的位移相同的“协调条件”，建立求力法基本未知量的补充方程式（力法的典型方程）。

（3）解方程求出多余未知力，超静定结构就转化为静定结构。

（4）根据平衡条件就可以求出结构的全部反力和内力。

用力法解算超静定结构的关键在于根据位移协调条件建立力法典型方程以求解多余未知力。下面以图 11－9（a）所示刚架来说明如何建立力法典型方程。

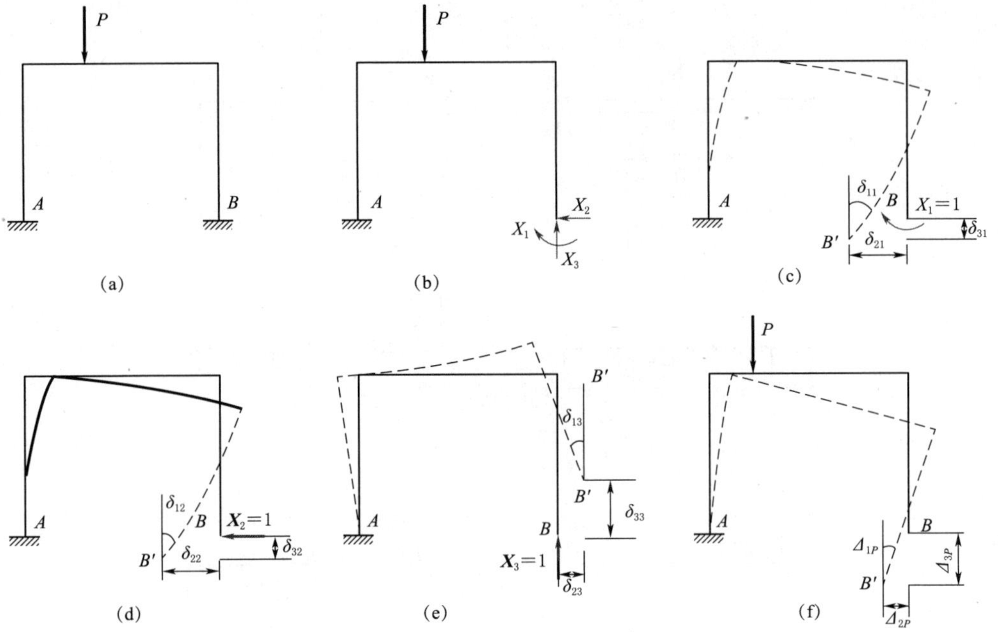

图 11-9

图 11-9（a）所示刚架有 3 个多余约束，此结构为 3 次超静定结构。基本结构的型式可以有多种选择，现选择去掉 B 支座的 3 个约束，分别用多余未知力 X_1、X_2 和 X_3 代替其作用，得到图 11-9（b）所示的基本结构。考虑基本结构与原结构在解除多余约束处位移相等的协调条件，建立力法典型方程。

由于原结构支座 B 是固定端，不可能有任何位移，因此，基本结构在给定的荷载 P 和多余未知力 X_1、X_2 和 X_3 共同作用下，在 B 点也必须满足这个位移条件，即 B 点沿 X_1 方向的角位移 Δ_1、沿 X_2 方向的水平位移 Δ_2 和沿 X_3 方向的竖向位移 Δ_3 都应分别等于零。也即

$$\begin{cases}\Delta_1=0\\ \Delta_2=0\\ \Delta_3=0\end{cases} \tag{11-4}$$

若单位力 $\overline{X}_1=1$ 单独作用时，引起基本结构 X_1 的作用点沿 X_1、X_2 和 X_3 方向的相应位移分别为 δ_{11}、δ_{21}、δ_{31}，如图 11-9（c）所示，则未知力 X_1 单独作用时相应的位移为 $\delta_{11}X_1$、$\delta_{21}X_1$、$\delta_{31}X_1$。同理，若单位力 $\overline{X}_2=1$ 单独作用时，引起基本结构 X_2 的作用点沿 X_1、X_2 和 X_3 方向相应的位移为 δ_{12}、δ_{22}、δ_{32}，如图 11-9（d）所示，则未知力 X_2 单独作用时，相应的位移为 $\delta_{12}X_2$、$\delta_{22}X_2$、$\delta_{32}X_2$。同理，若单位力 $\overline{X}_3=1$ 单独作用时，引起基本结构 X_3 的作用点沿 X_1、X_2、X_3 方向相应位移为 δ_{13}、δ_{23} 和 δ_{33}，如图 11-9（e）所示，则未知力 X_3 单独作用时，相应的位移为 $\delta_{13}X_3$、$\delta_{23}X_3$、$\delta_{33}X_3$。基本结构在荷载单独作用下，引起基本结构沿 X_1、X_2 和 X_3 方向相应的位移为 Δ_{1P}、Δ_{2P}、Δ_{3P}，如图 11-9（f）所示。

为了清晰可见，现将多余未知力 X_1、X_2、X_3 和荷载 P 单独作用，分别沿 X_1、X_2、X_3 方向产生的位移见表 11－1。

表 11－1

力	基本结构位移		
	X_1 方向位移 Δ_1	X_2 方向位移 Δ_2	X_3 方向位移 Δ_3
X_1	$\Delta_{11}=\delta_{11}X_1$	$\Delta_{21}=\delta_{21}X_1$	$\Delta_{31}=\delta_{31}X_1$
X_2	$\Delta_{12}=\delta_{12}X_2$	$\Delta_{22}=\delta_{22}X_2$	$\Delta_{32}=\delta_{32}X_2$
X_3	$\Delta_{13}=\delta_{13}X_3$	$\Delta_{23}=\delta_{23}X_3$	$\Delta_{33}=\delta_{33}X_3$
P	Δ_{1P}	Δ_{2P}	Δ_{3P}
原结构各方向位移	$\Delta_1=0$	$\Delta_2=0$	$\Delta_3=0$

根据叠加原理，B 点沿 X_1、X_2 和 X_3 方向总的位移条件：

$$\begin{cases}\Delta_1=\Delta_{11}+\Delta_{12}+\Delta_{13}+\Delta_{1P}=0\\ \Delta_2=\Delta_{21}+\Delta_{22}+\Delta_{23}+\Delta_{2P}=0\\ \Delta_3=\Delta_{31}+\Delta_{32}+\Delta_{33}+\Delta_{3P}=0\end{cases}\tag{11-5}$$

将上述位移条件用多余未知力 X_1、X_2 和 X_3 表示为

$$\begin{cases}\delta_{11}X_1+\delta_{12}X_2+\delta_{13}X_3+\Delta_{1P}=0\\ \delta_{21}X_1+\delta_{22}X_2+\delta_{23}X_3+\Delta_{2P}=0\\ \delta_{31}X_1+\delta_{32}X_2+\delta_{33}X_3+\Delta_{3P}=0\end{cases}\tag{11-6}$$

式（11－6）就是求解三次超静定结构所需要建立的力法典型方程。

式中每项位移两个下脚标的意义是：第一个脚标表示位移发生的地点和方向；第二个脚标表示产生该位移的原因。例如：δ_{11}、δ_{12}、Δ_{1P} 分别表示 $X_1=1$、$X_2=1$、荷载 P 单独作用在基本结构上时，沿 X_1 方向的位移，如图 11－9（c）、（d）、（f）所示。

同理，对于 n 次超静定结构，则有 n 个多余未知力，因而对应有 n 个已知的位移条件，按此 n 个位移条件可建立 n 个方程，从而可解出 n 个多余未知力。其 n 个多余未知力表示的力法典型方程为

$$\begin{cases}\delta_{11}X_1+\delta_{12}X_2+\cdots+\delta_{1n}X_n+\Delta_{1P}=\Delta_1\\ \delta_{21}X_1+\delta_{22}X_2+\cdots+\delta_{2n}X_n+\Delta_{2P}=\Delta_2\\ \cdots\\ \delta_{i1}X_1+\delta_{i2}X_2+\cdots+\delta_{in}X_n+\Delta_{iP}=\Delta_i\\ \cdots\\ \delta_{n1}X_1+\delta_{n2}X_2+\cdots+\delta_{nn}X_n+\Delta_{nP}=\Delta_n\end{cases}\tag{11-7}$$

当沿所有多余未知力方向的位移都等于零，则式（11－6）即为

$$\begin{cases}\delta_{11}X_1+\delta_{12}X_2+\cdots+\delta_{1n}X_n+\Delta_{1P}=0\\ \delta_{21}X_1+\delta_{22}X_2+\cdots+\delta_{2n}X_n+\Delta_{2P}=0\\ \cdots\\ \delta_{i1}X_1+\delta_{i2}X_2+\cdots+\delta_{in}X_n+\Delta_{iP}=0\\ \cdots\\ \delta_{n1}X_1+\delta_{n2}X_2+\cdots+\delta_{nn}X_n+\Delta_{nP}=0\end{cases} \tag{11-8}$$

式中：δ_{ii} 为主系数，是位于方程组中主对角线上的系数（元素），δ_{ii} 代表由单位力 $\overline{X}_i=1$ 作用时，在其本身方向引起的位移。δ_{ii} 与单位力 $\overline{X}_i=1$ 的方向一致，所以主系数恒为正数；δ_{ij}、δ_{ji}（$i\neq j$）为副系数，位于主对角线两侧的系数（元素），代表单位力 $\overline{X}_j=1$ 产生的沿 X_i 方向的位移，根据位移互等定理有 $\delta_{ij}=\delta_{ji}$。副系数的值可正、可负、也可能为零；Δ_{iP} 为自由项，位于各方程中的最后一列的元素，代表基本结构在荷载作用沿 X_i 方向产生的位移。自由项 Δ_{iP} 可正、可负、也可为零。

式（11－6）称为 n 次超静定结构的力法典型方程。

因为基本结构是静定的，所以力法方程中的各系数项和自由项都可按项目十中求位移的方法计算。

从力法典型方程中解出多余力 X_i（$i=1$，2，…，n）后，就可用静定结构的计算方法求出余反力和内力。或按下述叠加原理求出最后杆端弯矩：

$$M=\overline{M}_1X_1+\overline{M}_2X_2+\cdots+\overline{M}_nX_n+M_P \tag{11-9}$$

求出弯矩，并绘出弯矩图，再根据弯矩图进而求作剪力图和轴力图。

无论是哪种类型的 n 次超静定结构，也不管基本结构是如何选取的，都可直接使用力法典型方程，计算结果是唯一的。

力法典型方程的物理意义是：基本结构在荷载及多余未知力共同作用下，沿每一个多余未知力方向的位移，等于原结构在荷载作用下相应未知力方向的位移。

虽然方程中的系数项和自由项都是基本结构的位移，但是基本未知量不同，位移是不同的，即位移与基本未知量有对应关系。基本未知量是反力，位移是指线位移；基本未知量是反力矩，位移是指角位移；基本未知量是剪力或轴力，位移是指相对线位移；基本未知量是弯矩，位移是指相对角位移。

利用力法典型方程，总可以求解全部多余未知力。只是超静定次数越高，方程组越难求解，这是力法求解超静定结构的主要缺点。

二、力法典型方程应用

力法可以计算任一种形式、在任何因素影响下的超静定结构。根据以上所述，用力法求解超静定结构的一般步骤可归纳如下：

（1）恰当选取力法基本结构。去掉原结构的多余约束，代之以相应的多余未知

力，得到的静定结构是力法基本结构。对一个超静定结构来说，基本结构可有多种取法，不同的基本结构在计算上有简繁之别，所以力法基本结构存有恰当选取的问题，尽可能选取计算简便的基本结构；优先选择如悬臂梁、悬臂刚架为基本结构，其次选择如简支梁、简支刚架为基本结构。

（2）建立力法典型方程。根据基本结构在多余未知力和荷载共同作用下，在解除多余约束处的位移与原结构中相应的位移相同的条件，列出力法典型方程。注意力法典型方程的个数与超静定次数相等。

（3）求方程中的系数项和自由项。分别作出（或求出）基本结构在单位多余未知力和已知荷载作用下的弯矩图（或列内力表达式），用图乘法（或积分法）求系数项和自由项。

（4）求解各多余未知力。将所求系数项和自由项代入力法典型方程中，联立求解得多余未知力。

（5）求作原结构的内力图。当多余未知力确定后，可按静定结构的内力计算方法绘出原结构的内力图；也可利用已作好的基本结构的单位弯矩图和荷载弯矩图，按叠加法作出超静定结构的弯矩图。

【例 11－4】 单层厂房是一个空间结构，其平面布置如图 11－10（a）所示，它的横向是一个由基础、柱子和屋架组成的排架，排架沿厂房纵向一般按 6m 等间距排列，各排架之间用纵向构件如屋面板、吊车梁、纵向支撑等相联。作用于厂房结构上的恒荷载和风、雪等荷载，一般是沿纵向均匀分布的。因此，可以取图 11－10（a）中阴影线所示部分作为计算单元，并按平面排架进行计算。由于屋架横向变形很微小，通常近似将屋架看作一轴向刚度 EA 为无限大的杆件，其作用类似一条横梁，计算简图如图 11－10（a）所示。铰接排架结构由于柱上常放置吊车梁，因此柱截面按分段直线变化，做成阶梯形。计算图 11－10（b）的排架柱的内力，并作出弯矩图。

解：（1）选取基本结构如图 11－10（b）所示。

（2）建立力法方程。

$$\delta_{11}X_1+\Delta_{1P}=0$$

（3）计算系数和自由项。分别作基本结构的 M_F 图和 M_1 图，如图 11－10（c）、（d）所示。

利用图乘法计算系数和自由项分别如下：

$$\delta_{11}=\frac{2}{EI}\times\left(\frac{1}{2}\times2\times2\times\frac{2}{3}\times2\right)+\frac{2}{3EI}\times\left[\frac{6}{6}\times(2\times2\times2+2\times8\times8+2\times8+2\times8)\right]$$

$$\Delta_{1P}=\frac{1}{EI}\times\left(\frac{1}{2}\times2\times20\times\frac{2}{3}\times2\right)+\frac{1}{3EI}\times\left[\frac{6}{6}\times(2\times20\times2+2\times80\times8+20\times8+2\times80)\right]$$

（4）计算多余未知力。将 δ_{11}、Δ_{1P} 代入力法方程，得：$\frac{352}{3EI}X_1+\frac{1760}{3EI}=0$，得 $X_1=-5\text{kN}$。

（5）作弯矩图。按公式 $M=M_1X_1+M_F$ 作出弯矩图，如图 11－10（e）所示。

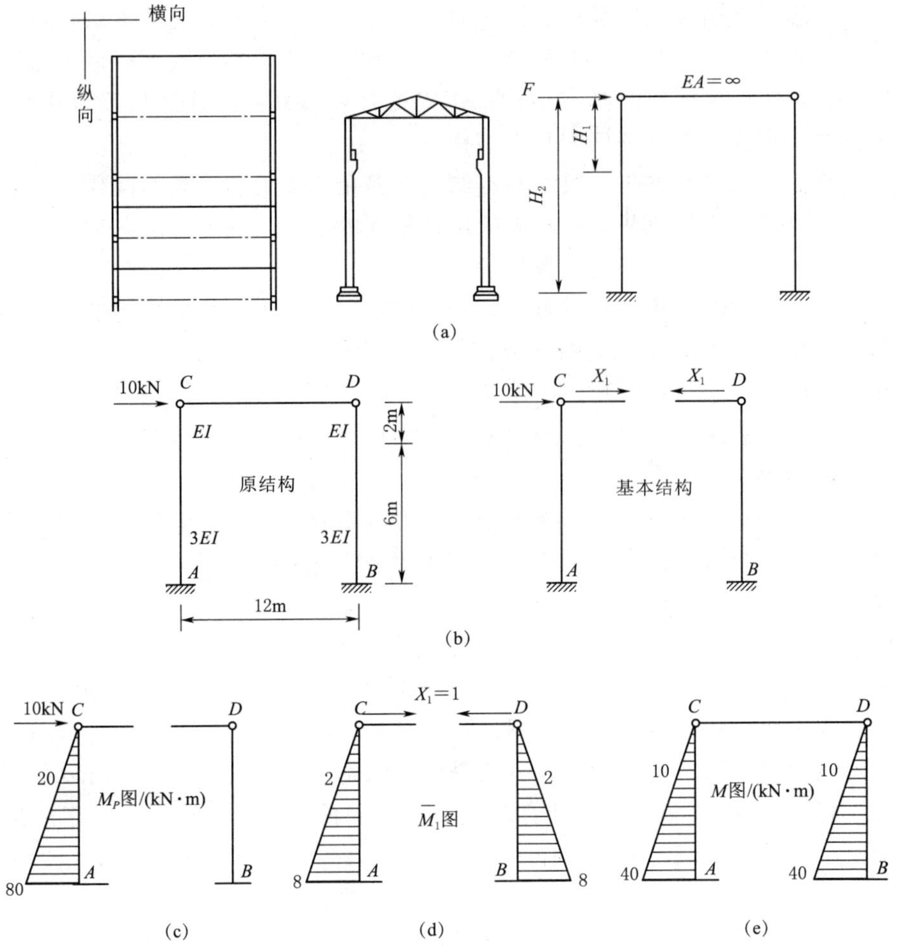

图 11－10

任务四　力 矩 分 配 法

力法是分析超静定结构最基本的方法，在计算超静定结构内力时，基本未知量的数目等于超静定次数，此法在运用于实际工程中发现，超静定次数较多时，计算特别烦琐。为避免解算方程组，对连续梁和无侧移刚架，工程上常用力矩分配法。这种方法的优点是避免了解联立方程，计算中每一步都有明确的物理意义，便于记忆，容易掌握，且适合手算。

一、等截面单跨超静定梁的杆端内力

单跨超静定梁有三种形式：两端固定梁；一端固定一端铰支梁；一端固定一端滑动（定向）梁。用力法可以计算单跨超静定梁在各种因素作用下的内力，现把单跨超静定梁杆端弯矩和杆端剪力成果列入表 11－2 中。这些成果不仅可以供设计时直接查用，而且超静定结构其他计算方法也要查用。习惯上把表中杆端发生单位位移引起的杆端内力（杆端弯矩和杆端剪力），称为形常数；荷载作用或温度变化产生的杆端内力（杆端弯矩和杆端剪力）称为载常数。表中 $i=\dfrac{EI}{l}$ 称为杆件的线刚度。

查用计算成果表时，应注意以下事项：

(1) 表中的符号规定：杆端角位移以顺时针转动为正，反之为负；杆端线位移：使杆件顺时针转动为正，反之为负。

(2) 杆端内力正负号规定：杆端弯矩以顺时针转向为正，逆时针转向为负；杆端剪力正负号规定与前相同，即杆端剪力以使梁产生顺时针转动趋势为正，反之为负。

(3) 当荷载或梁端单位位移与表中情况相反时，查得的杆端弯矩和杆端剪力要改变正负号。

(4) 除两端固定梁外，其余两种单跨超静定梁的支座对调时，形常数不变；载常数变号。在竖向荷载作用下，一端固定一端铰支梁，铰支端不论是可动铰支座还是固定铰支座，其端内力均相同。

表 11－2　　等截面单跨超静定梁计算成果（形常数和载常数）

编号	简图	弯矩图（绘于受拉边）	杆端弯矩值		杆端剪力值	
			M_{AB}	M_{BA}	Q_{AB}	Q_{BA}
1	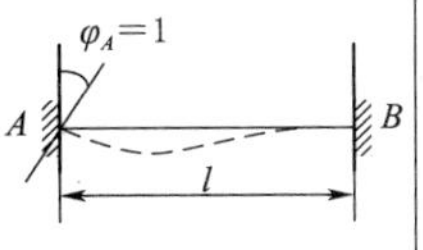	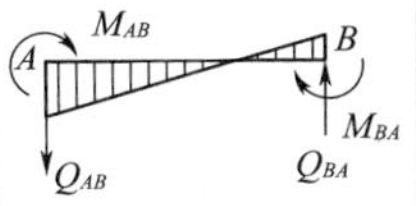	$\dfrac{4EI}{l}=4i$	$\dfrac{2EI}{l}=2i$	$-\dfrac{6EI}{l^2}=-\dfrac{6i}{l}$	$-\dfrac{6EI}{l^2}=-\dfrac{6i}{l}$
2	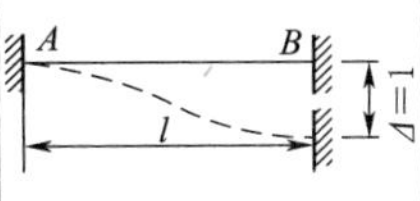	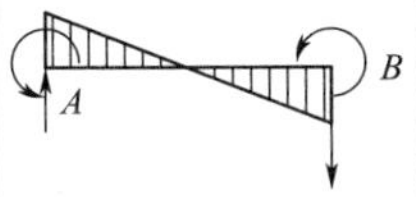	$-\dfrac{6EI}{l^2}=-\dfrac{6i}{l}$	$-\dfrac{6EI}{l^2}=-\dfrac{6i}{l}$	$\dfrac{12EI}{l^3}=\dfrac{12i}{l^2}$	$\dfrac{12EI}{l^3}=\dfrac{12i}{l^2}$
3	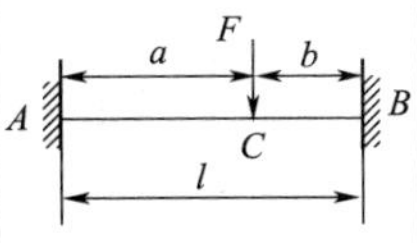	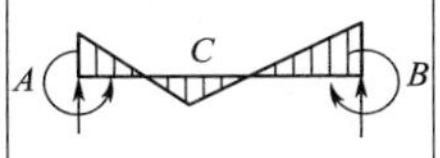	$-\dfrac{Fab^2}{l^2}$	$+\dfrac{Fa^2b}{l^2}$	$\dfrac{Fb^2}{l^2}\left(1+\dfrac{2a}{l}\right)$	$-\dfrac{Fa^2}{l^2}\left(1+\dfrac{2b}{l}\right)$
4	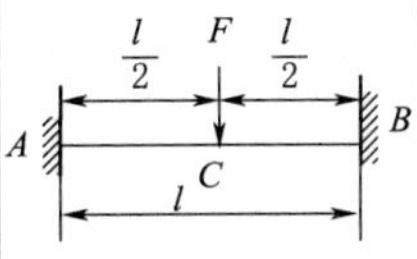	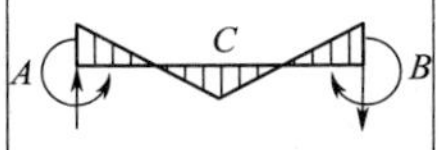	$-\dfrac{Fl}{8}$	$\dfrac{Fl}{8}$	$\dfrac{F}{2}$	$-\dfrac{F}{2}$
5	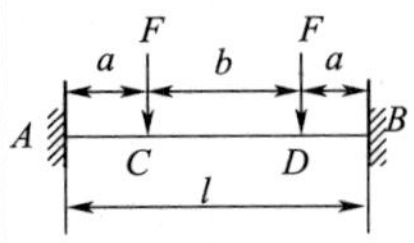	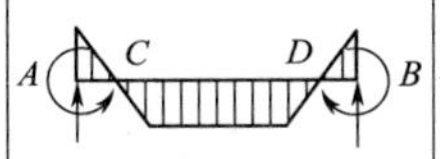	$-Fa\left(1-\dfrac{a}{l}\right)$	$Fa\left(1-\dfrac{a}{l}\right)$	F	$-F$

续表

编号	简 图	弯矩图（绘于受拉边）	杆端弯矩值		杆端剪力值	
			M_{AB}	M_{BA}	Q_{AB}	Q_{BA}
6	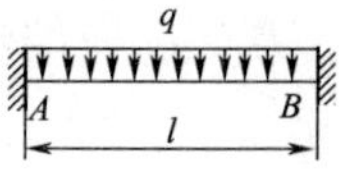		$-\frac{ql^2}{12}$	$\frac{ql^2}{12}$	$\frac{ql}{2}$	$-\frac{ql}{2}$
7	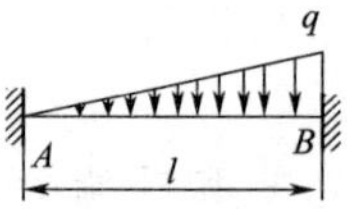		$-\frac{ql^2}{30}$	$\frac{ql^2}{20}$	$\frac{3ql}{20}$	$-\frac{7ql}{20}$
8	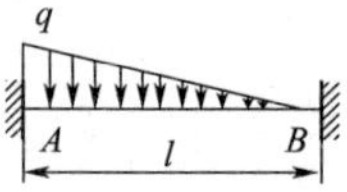	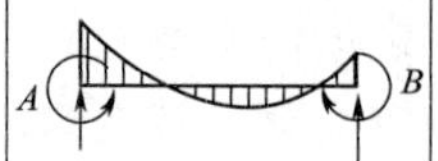	$-\frac{ql^2}{20}$	$\frac{ql^2}{30}$	$\frac{7ql}{20}$	$-\frac{3ql}{20}$
9	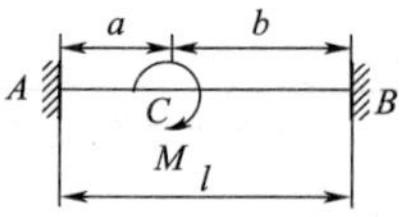	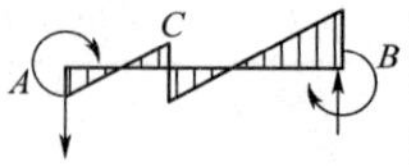	$\frac{Mb}{l^2}(2l-3b)$	$\frac{Ma}{l^2}(2l-3a)$	$-\frac{6ab}{l^3}M$	$-\frac{6ab}{l^3}M$
10	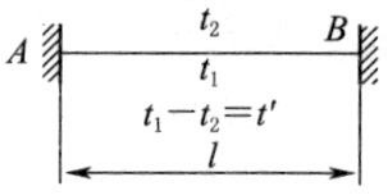	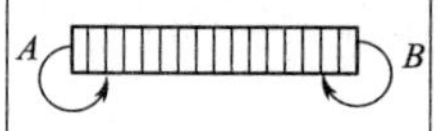	$-\frac{EI\alpha t'}{h}$ h 为横截面高度 α 为线膨胀系数	$\frac{EI\alpha t'}{h}$	0	0
11	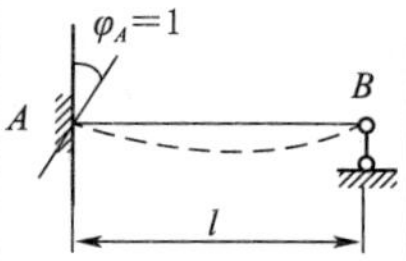	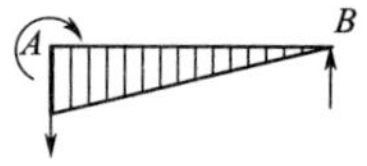	$\frac{3EI}{l}=3i$	0	$-\frac{3EI}{l^2}=-\frac{3i}{l}$	$-\frac{3EI}{l^2}=-\frac{3i}{l}$
12	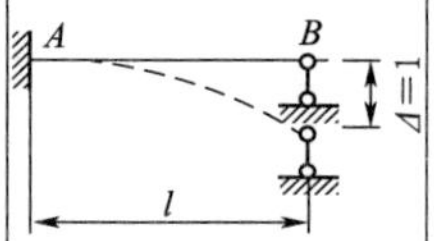	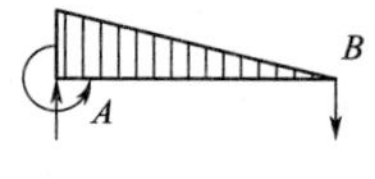	$-\frac{3EI}{l^2}=-\frac{3i}{l}$	0	$\frac{3EI}{l^3}=\frac{3i}{l^2}$	$\frac{3EI}{l^3}=\frac{3i}{l^2}$
13	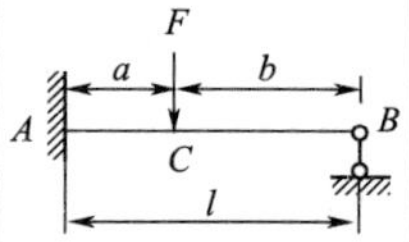	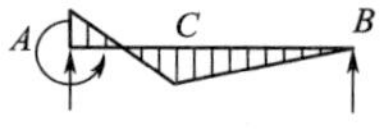	$-\frac{Fb(l^2-b^2)}{2l^2}$	0	$\frac{Fb(3l^2-b^2)}{2l^3}$	$-\frac{Fa^2(3l-a)}{2l^3}$
14	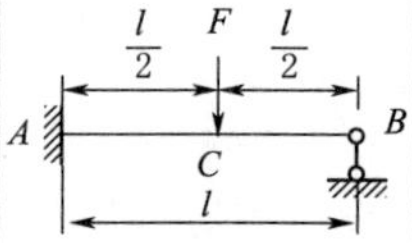	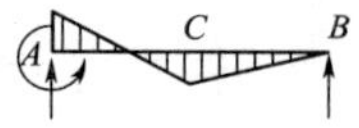	$-\frac{3Fl}{16}$	0	$\frac{11}{16}F$	$-\frac{5}{16}F$

续表

编号	简　图	弯矩图 （绘于受拉边）	杆端弯矩值		杆端剪力值	
			M_{AB}	M_{BA}	Q_{AB}	Q_{BA}
15	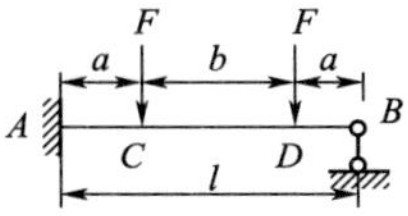	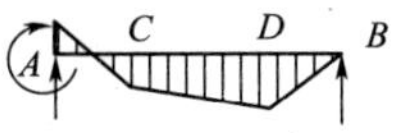	$-\frac{3Fa}{2}\left(1-\frac{a}{l}\right)$	0	$F+\frac{3Fa(l-a)}{2l^2}$	$-F+\frac{3Fa(l-a)}{2l^2}$
16	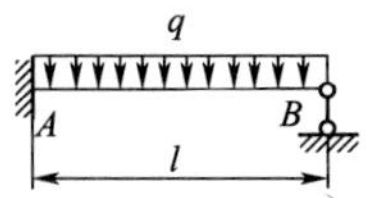	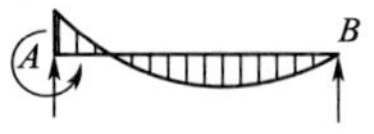	$-\frac{ql^2}{8}$	0	$\frac{5}{8}ql$	$-\frac{3}{8}ql$
17	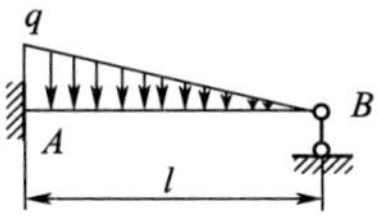	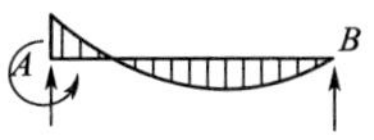	$-\frac{ql^2}{15}$	0	$\frac{2}{5}ql$	$-\frac{1}{10}ql$
18	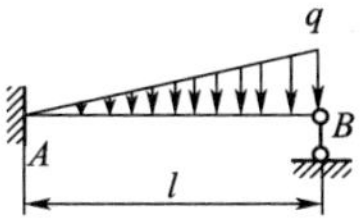		$-\frac{7ql^2}{120}$	0	$\frac{9}{40}ql$	$-\frac{11}{40}ql$
19	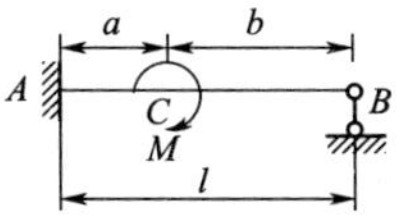	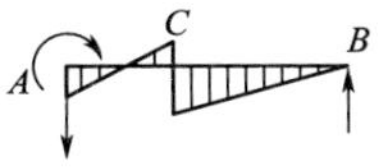	$\frac{M(l^2-3b^2)}{2l^2}$	0	$-\frac{3M(l^2-b^2)}{2l^3}$	$-\frac{3M(l^2-b^2)}{2l^3}$
20	温度变化 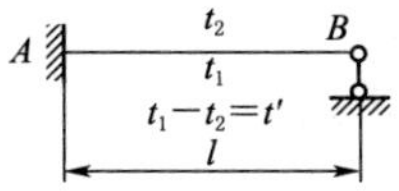	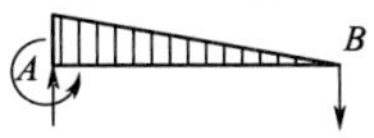	$-\frac{3EI\alpha t'}{2h}$ h 为横截面高度 α 为线膨胀系数	0	$\frac{3EI\alpha t'}{2hl}$	$\frac{3EI\alpha t'}{2hl}$
21	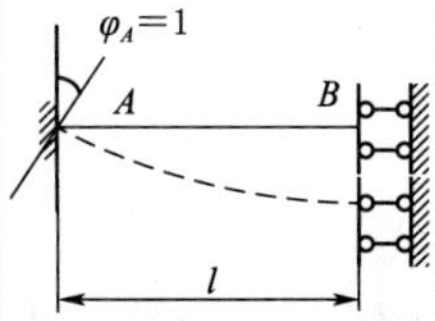	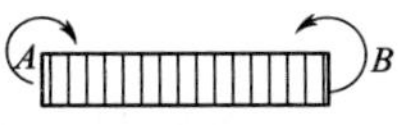	$\frac{EI}{l}=i$	$-\frac{EI}{l}=-i$	0	0
22	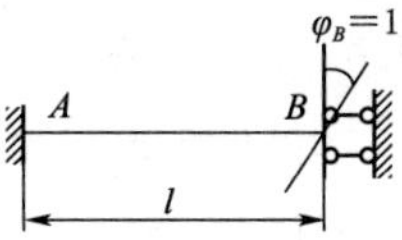	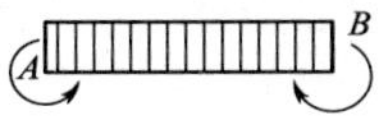	$-\frac{EI}{l}=-i$	$\frac{EI}{l}=i$	0	0

续表

编号	简　图	弯矩图（绘于受拉边）	杆端弯矩值		杆端剪力值	
			M_{AB}	M_{BA}	Q_{AB}	Q_{BA}
23	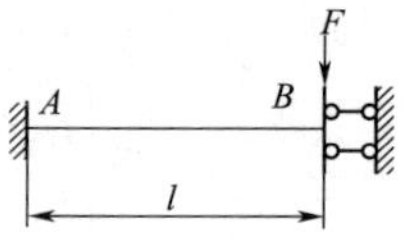	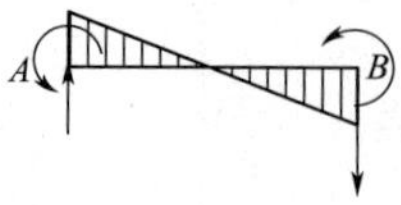	$-\frac{Fl}{2}$	$-\frac{Fl}{2}$	F	F
24	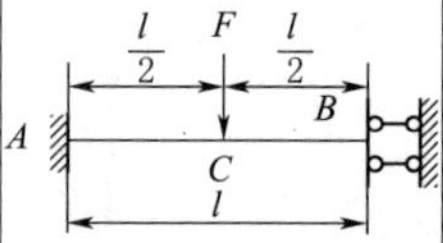	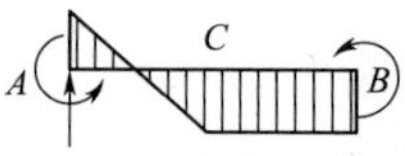	$-\frac{3Fl}{8}$	$-\frac{Fl}{8}$	F	0
25	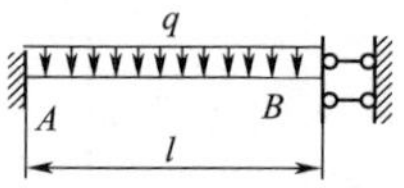	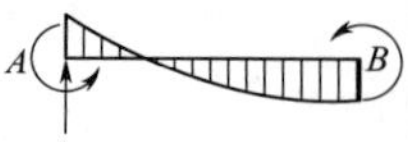	$-\frac{ql^2}{3}$	$-\frac{ql^2}{6}$	ql	0
26	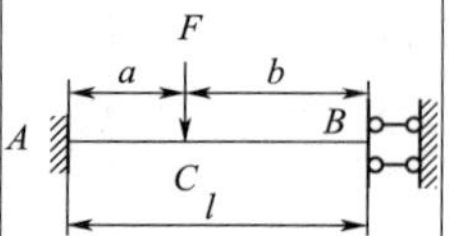	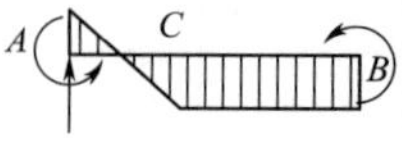	$-\frac{Fa(l+b)}{2l}$	$-\frac{Fa^2}{2l}$	F	0
27	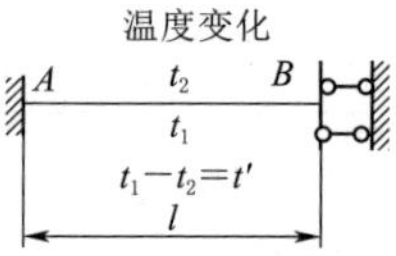	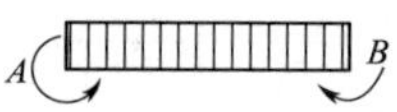	$-\frac{EI\alpha t'}{h}$ h 为横截面高度 α 为线膨胀系数	$\frac{EI\alpha t'}{h}$	0	0
28	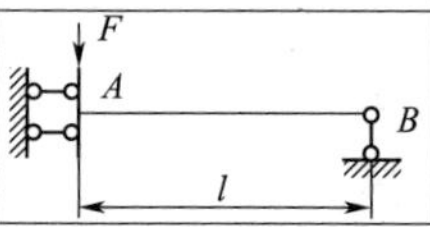	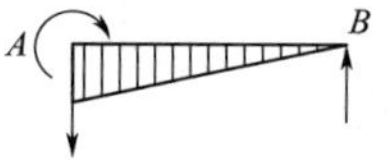	Fl	0	$-F$	$-F$
29	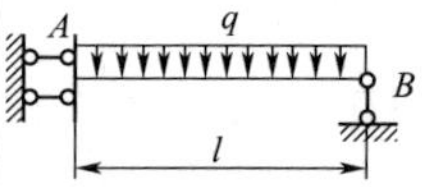	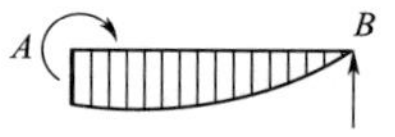	$\frac{ql^2}{2}$	0	0	$-ql$

二、力矩分配法的基本要素

力矩分配法的基本要素：转动刚度、传递系数、分配系数、分配弯矩、传递弯矩。杆端位移和杆端内力的正负号规定与表 11－1 相同。

（一）转动刚度

使杆端产生单位角位移时需要在杆端施加的力矩值，称为转动刚度，以 S 表示。它表示杆端抵抗转动的能力，数值等于杆端发生单位角位移时在杆端产生的弯矩。任一杆件 AB，其 A 端是截面被转动的施力端，称为近端，B 端称为远端，则 A 端转动刚度为 S_{AB}。转动刚度 S_{AB} 的数值与远端支承有关。图 11－11 所示四种等截面单跨超静定梁在 A 端的转动刚度 S_{AB} 的数值分别为：远端固定 $S_{AB}=4i$；远端铰支 $S_{AB}=3i$；远端滑动 $S_{AB}=i$；远端自由 $S_{AB}=0$。

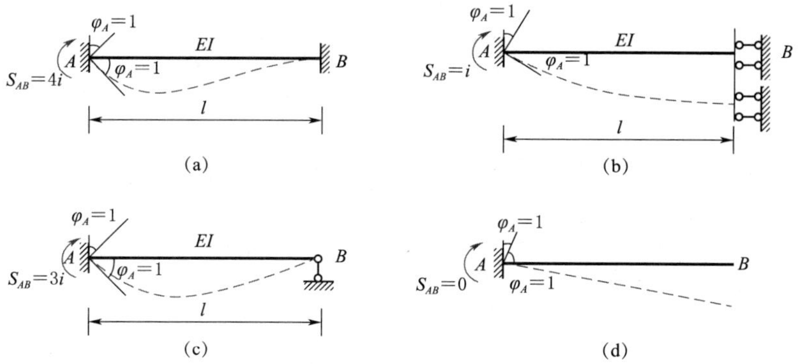

图 11-11

(二) 传递系数

杆端近端产生单位角位移时，远端弯矩与近端弯矩之比，称为传递系数，用 C 表示。传递系数与远端支承情况有关。

远端固定：$C=\frac{1}{2}$；远端铰支：$C=0$；远端滑动：$C=-1$。

(三) 分配系数、分配弯矩、传递弯矩

以图 11-12（a）所示刚架为例，介绍分配系数、分配弯矩、传递弯矩概念和计算。图 11-12（a）所刚架在结点力矩 M 作用下发生图中虚线的变形，根据变形协调条件知，汇交于刚结点 A 的各杆端均发生相同的角位移 θ_A。将刚结点 A 看作固定端，每个杆都是单跨超静定梁，它们的 A 端发生顺时针转动的角位移 θ_A。根据表 11-2 和转动刚度的定义可得各杆近端弯矩为

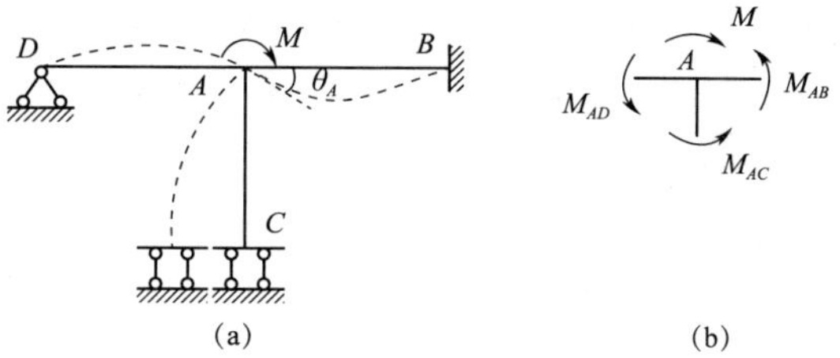

图 11-12

$$\begin{cases} M_{AB}=4i_{AB}\theta_A=S_{AB}\theta_A \\ M_{AC}=i_{AC}\theta_A=S_{AC}\theta_A \\ M_{AD}=3i_{AD}\theta_A=S_{AD}\theta_A \end{cases} \tag{11-10}$$

截取刚结点 A，由于各杆端角位移 θ_A 是正的，各杆端弯矩也是正的，作用于结点 A 上的所有力矩，如图 11-12（b）所示。由力矩平衡条件 $\sum m_A=0$

$$-M+M_{AB}+M_{AC}+M_{AD}=0$$

即 $M=S_{AB}\theta_A+S_{AD}\theta_A+S_{AD}\theta_A=\theta_A(S_{AB}+S_{AC}+S_{AD})=\theta_A\sum_A S$　　(11-11)

式中：$\sum_A S$ 为各杆 A 端转动刚度之和。

解式（11-11）得：

$$\theta_A=\frac{M}{\sum_A S}$$

将 θ_A 代入式（11－10）得

$$M_{AB}=\frac{S_{AB}}{\sum\limits_{A} S}\cdot M \tag{11-12}$$

$$M_{AC}=\frac{S_{AC}}{\sum\limits_{A} S}\cdot M$$

$$M_{AD}=\frac{S_{AD}}{\sum\limits_{A} S}\cdot M$$

若令

$$\mu_{Aj}=\frac{S_{Aj}}{\sum\limits_{A} S} \tag{11-13}$$

式中：μ_{Aj} 为分配系数。A 表示杆的近端，j 表示杆的远端。

式（11－13）表明，杆端 Aj 在结点 A 的分配系数 μ_{Aj} 等于杆件 Aj 的转动刚度与汇交于 A 结点各杆转动刚度之和的比值。同一结点各杆分配系数之间存在下列关系：

$$\mu_{AB}+\mu_{AD}+\mu_{AC}=1$$

则

$$M_{Aj}=\mu_{Aj}M \tag{11-14}$$

式中：M^{μ}_{Aj} 为分配弯矩。分配弯矩＝分配系数×结点力矩。

在图 11－12（a）中力矩 M 加于刚结点 A 上，使结点 A 产生转角 θ_A，各杆近端产生分配弯矩，同时也使杆件的远端获得一个弯矩。由表 11－2 可得远端弯矩为

AB 杆远端固定：

$$M^{\mu}_{AB}=4i_{AB}\theta_A,\ M^{c}_{BA}=2i_{AB}\theta_A=\frac{1}{2}M^{\mu}_{AB}=C_{AB}\cdot M^{\mu}_{AB};$$

AC 杆远端滑动：

$$M^{\mu}_{AC}=i_{AC}\theta_A,\quad M^{c}_{CA}=-i_{AC}\theta_A=-M^{\mu}_{AC}=C_{AC}\cdot M^{\mu}_{AC};$$

AD 杆远端铰支：$M^{\mu}_{AD}=3i_{AD}\theta_A,\ M^{c}_{DA}=0=C_{AD}\cdot M^{\mu}_{AD}$

以上各杆远端弯矩计算的通式为

$$M^{c}_{jA}=C_{Aj}\cdot M^{\mu}_{Aj} \tag{11-15}$$

式中：M^{c}_{jA} 为传递弯矩。传递弯矩＝传递系数×分配弯矩。

以上所述就是力矩法的基本原理。下面再举例说明力矩分配法的基本运算步骤。

【例 11－5】 两跨连续梁受结点力矩如图 11－13（a）所示，试计算其分配弯矩、传递弯矩，并绘出弯矩图。

解：（1）计算各杆线刚度：设 $EI=6$，则 $i_{BA}=1$，$i_{BC}=22$. 计算各杆 B 端的转动刚度：$S_{BA}=4i_{BA}=4, S_{BC}=3i_{BC}=6$，$\sum\limits_{B} S=S_{BA}+S_{BC}=10$。

（2）计算各杆 B 端的分配系数：

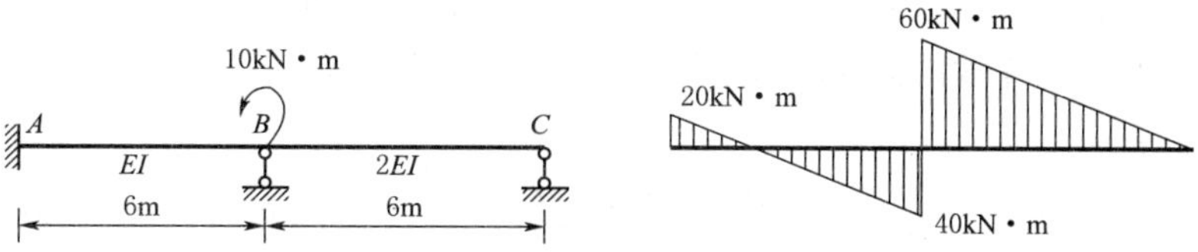

(a) (b) M图

图 11 - 13

$$\mu_{BA}=S_{BA}/\sum_{B}S=4/10=0.4$$

$$\mu_{BC}=S_{BC}/\sum_{B}S=6/10=0.6$$

（3）计算各杆 B 端的分配弯矩：

$$M_{BA}^{\mu}=\mu_{BA}\cdot M_{B}=0.4\times(-100)=-40(\mathrm{kN\cdot m})$$

$$M_{BC}^{\mu}=\mu_{BC}\cdot M_{B}=0.6\times(-100)=-60(\mathrm{kN\cdot m})$$

（4）计算各杆远端的传递弯矩：

$$M_{AB}^{C}=C_{BA}\cdot M_{BA}^{\mu}=0.5\times(-40)=-20(\mathrm{kN\cdot m})$$

$$M_{CB}^{C}=C_{BC}\cdot M_{BC}^{\mu}=0\times(-60)=0$$

（5）作弯矩图：根据各杆端弯矩，作出弯矩图如图 11 - 13（b）所示。需强调一点，结点力矩以顺时针转动为正，所以本例中 $M_B=-100\mathrm{kN\cdot m}$。

力矩分配法

三、力矩分配法的步骤

由前所知，力矩分配法是直接求解杆端弯矩的一种方法，求出结构各杆的杆端弯矩，则结构中任何部分的内力就不难由平衡条件求得。因此，求结构各杆的杆端弯矩是计算超静定结构的关键，它适用于无侧移刚架和连续梁。

力矩分配法的具体解题步骤是：

（1）未知数分析：首先确定结构转角位移个数；力矩分配法只能计算无线位移的结构，若有线位移则不能利用常规力矩分配法进行计算。

（2）计算转动刚度：施加刚臂约束，得到位移法基本体系；利用形常数得到各个杆端的转动刚度。

（3）计算分配系数：每个可转动结点杆端的分配系数，由该结点各个杆端的转动刚度所占的比例求得。

（4）计算固端弯矩：利用位移法的基本体系，作荷载弯矩图，杆端弯矩即是所求的固端弯矩，固端弯矩以顺时针方向为正，逆时针方向为负。

（5）计算不平衡力矩：施加刚臂的结点存在不平衡力矩，其值等于刚臂所连结点的各杆端固端弯矩之和。

（6）计算被分配力矩：不平衡力矩的负值，外力矩可以直接分配，即外力矩按照顺时针方向为正直接加入被分配力矩。

（7）计算分配弯矩和传递弯矩：某个杆端的分配弯矩等于该杆端的分配系数乘以被分配力矩；该分配弯矩乘以传递系数就等于远端的传递弯矩。

（8）计算最终弯矩：利用叠加原理将同一杆端的固端弯矩与分配弯矩（或传递弯矩）相加即得到杆端的最终弯矩。

求解注意：

单点分配：只有一个转角位移未知数的结构，经过一轮分配、传递完成求解，即所求结果为精确解。

多点分配：当有两个或两个以上转角位移未知数。需要逐个放松刚臂约束分配每个结点，先分配不平衡力矩大的结点，且相邻结点不能同时分配，经过多轮分配与传递可以得到所需要精度的解，结果为近似解。

【例 11-6】 如图 11-14（a）所示连续梁，试用力矩分配法作该梁弯矩图。

解：（1）计算分配系数　杆 AB 和 BC 的线刚度相等，如令 $EI=6$，

则杆 AB 和 BC 的线刚度 $i=\frac{EI}{l}=\frac{6}{6}=1$

$$\mu_{BA}=\frac{S_{BA}}{S_{BA}+S_{BC}}=\frac{4i}{4i+3i}=0.571;\quad \mu_{BC}=\frac{S_{BC}}{S_{BA}+S_{BC}}=\frac{3i}{4i+3i}=0.429$$

（2）计算固端弯矩由表 11-2 可得

$$M_{AB}^{P}=-\frac{180\times 6}{8}=-135(\text{kN}\cdot\text{m})$$

$$M_{BA}^{P}=\frac{180\times 6}{8}=135(\text{kN}\cdot\text{m})$$

$$M_{BC}^{P}=-\frac{20\times 6^{2}}{8}=-90(\text{kN}\cdot\text{m})$$

(a)

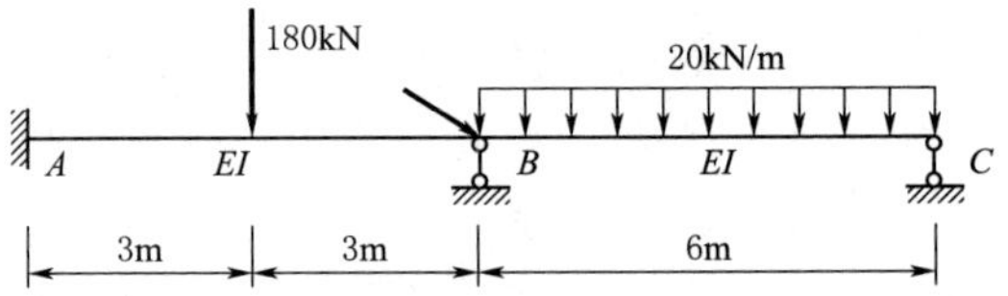

分配系数		0.571	0.429	
固端弯矩	−135	+135	−90	0
分配弯矩传递弯矩	−12.85 ←	−25.70	−19.31 →	0
杆端弯矩	−147.85	+109.30	−109.31	0

弯矩单位kN·m

(b)

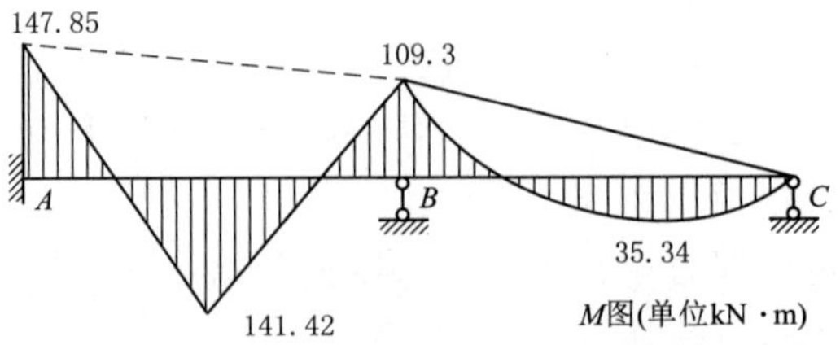

图 11-14

（3）放松结点进行力矩分配与传递。这部分计算一般可在表格内进行。结点 B 处的不平衡力矩为

$$M_B^P = M_{BA}^P + M_{BC}^P = 135 - 90 = 45(\text{kN} \cdot \text{m})$$

两杆端的分配弯矩分别为

$$M_{BA}^{\mu} = \mu_{BA}(-M_B^P) = 0.571 \times (-45) = -25.7(\text{kN} \cdot \text{m})$$

$$M_{BC}^{\mu} = \mu_{BC}(-M_B^P) = 0.429 \times (-45) = -19.3(\text{kN} \cdot \text{m})$$

分配弯矩应向各自的远端传递，传递弯矩为

$$M_{AB}^C = C_{BA} \cdot M_{BA}^{\mu} = \frac{1}{2} \times (-25.7) = -12.85(\text{kN} \cdot \text{m})$$

$$M_{CB}^C = C_{BC} \cdot M_{BC}^{\mu} = 0 \times (-19.3) = 0$$

（4）计算杆端弯矩。将同一杆端的固端弯矩，分配弯矩和传递弯矩叠加后得到最终弯矩。由最终弯矩绘出弯矩图如图 11－14（b）所示。

由上例的解题过程可以总结出用力矩分配法求解连续梁或无结点线位移刚架的一般步骤：

（1）确定刚结点数，刚结点均视为固定端，各杆为单跨超静定梁（基本结构）。

（2）查表计算各杆端的固端弯矩，各结点的约束力矩。

（3）计算各杆的线刚度、转动刚度、分配系数，确定传递系数。

（4）计算分配弯矩及传递弯矩。

（5）将同一杆端的固端弯矩，分配弯矩和传递弯矩叠加后得最终弯矩并作 M 图。

任务五　用力矩分配法计算连续梁和无侧移刚架

本节通过连续梁和无侧移钢架的例题来说明多节点的力矩分配具体的计算程序和表格。

【例 11－7】 试用力矩分配法作出图 11－15（a）所示连续梁的弯矩图。

解：（1）取基本结构：在结点 B 和 C 附加刚臂，取基本结构如图 11－15（b）所示。

（2）计算固端弯矩：

（3）

$$M_{CB}^P = -M_{BC}^P = \frac{ql^2}{12} = \frac{20 \times 4^2}{12} = 26.7(\text{kN} \cdot \text{m})$$

$$M_{DC}^P = -M_{CD}^P = \frac{Pl}{8} = \frac{40 \times 3}{8} = 15(\text{kN} \cdot \text{m})$$

结点 B 的不平衡力矩：

$$M_B^P = M_{BA}^P + M_{BC}^P = -26.7(\text{kN} \cdot \text{m})$$

结点 C 的不平衡力矩：

$$M_C^P = M_{CB}^P + M_{CD}^P = 26.7 - 15 = 11.7(\text{kN} \cdot \text{m})$$

（4）计算分配系数 μ：由于计算时，每次是放松一个结点进行分配和传递，因

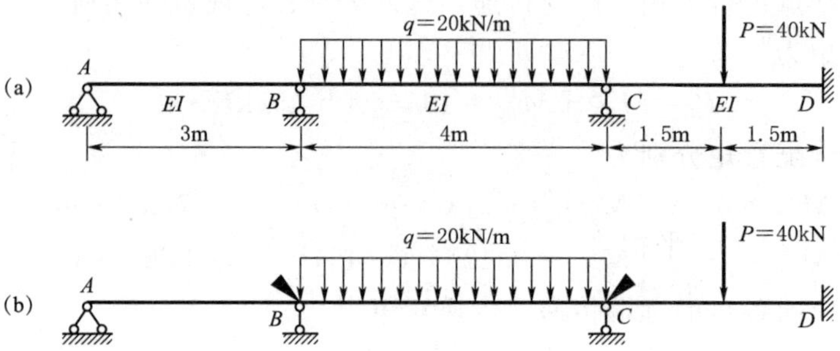

	A	BA	BC	CB	CD	D
分配系数		0.5	0.5	0.429	0.571	
固端弯矩	0	0	−26.7	26.7	−15	15
B点分配与传递	0 ← C=0	13.4	13.4 C=1/2 →	6.7		
C点分配与传递			−4 ←	−7.9	−10.5 C=1/2 →	−5.3
B点分配与传递	0 ←	2	2 →	1		
C点分配与传递			−0.2 ←	−0.4	−0.6 →	−0.3
B点分配	0 ←	0.1	0.1			
杆端弯矩	0	15.5	−15.4	26.1	−26.1	9.4

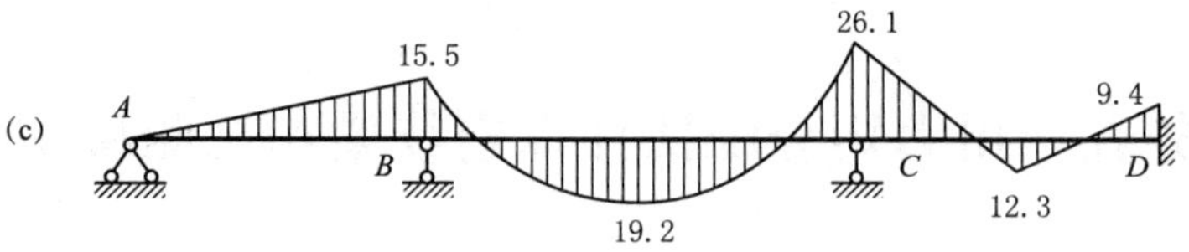

M图(kN·m)

图 11-15

此要分别计算出每个结点的分配系数。

转动刚度：

BA 杆
$$S_{BA}=3i_{BA}=3\cdot\frac{EI}{3}=EI$$

BC 杆
$$S_{BC}=S_{CB}=4i_{BC}=4\cdot\frac{EI}{4}=EI$$

CD 杆
$$S_{CD}=S_{DC}=4i_{CD}=4\cdot\frac{EI}{3}=1.333EI$$

分配系数：

结点 B
$$\mu_{BA}=\frac{S_{BA}}{S_{BA}+S_{BC}}=\frac{EI}{EI+EI}=0.5$$
$$\mu_{BC}=\frac{S_{BC}}{S_{BA}+S_{BC}}=\frac{EI}{EI+EI}=0.5$$

结点 C $\qquad \mu_{CB}=\dfrac{S_{CB}}{S_{CB}+S_{CD}}=\dfrac{EI}{EI+0.333EI}=0.429$

$$\mu_{CD}=\frac{S_{CD}}{S_{CB}+S_{CD}}=\frac{0.333EI}{EI+0.333EI}=0.571$$

（5）进行分配和传递。

1）因为结点 B 的不平衡力矩大于结点 C 的，所以先放松结点 B，固定结点 C，按单结点力矩分配法在结点 B 进行力矩分配和传递。放松结点 B 等于在结点 B 处加不平衡力矩的负值（+26.7kN·m），因此对杆端 BA 和 BC 的分配弯矩为

$$M_{BA}^{\mu}=\mu_{BA}(-M_B^P)=0.5\times26.7=13.4(\text{kN}\cdot\text{m})$$

$$M_{BC}^{\mu}=\mu_{BC}(-M_B^P)=0.5\times26.7=13.4(\text{kN}\cdot\text{m})$$

对杆端 BA 和 CB 的传递弯矩为

$$M_{AB}^{C}=C_{BA}M_{BA}^{\mu}=0\times13.4=0$$

$$M_{CB}^{C1}=C_{BC}M_{BC}^{\mu}=\frac{1}{2}\times13.4=6.7(\text{kN}\cdot\text{m})$$

经过分配和传递，结点 B 的力矩已经平衡，可以在表格中分配弯矩的数字下面画一横线，表示在该结点处的附加约束力矩已经被取消。带箭头的短线表示传递方向。

2）重新固定结点 B，放松结点 C，同样按单结点力矩分配法在点 C 进行分配和传递。此时，在结点 C 的不平衡力矩，除了杆端 CB 和 CD 的固端弯矩外，还要加上由结点 B 传来的传递弯矩 M_{CB}^{μ}，因此

$$M_C^P=M_{CB}^P+M_{CD}^P+M_{CB}^{C1}=26.7-15+6.7=18.4(\text{kN}\cdot\text{m})$$

放松结点 C 等于在结点 C 处加不平衡力矩的负值（−18.4kN·m），因此对杆端 CB 和 CD 的分配弯矩为

$$M_{CB}^{\mu}=\mu_{CB}(-M_C^P)=0.429\times(-18.4)=-7.9(\text{kN}\cdot\text{m})$$

$$M_{CD}^{\mu}=\mu_{CD}(-M_C^P)=0.571\times(-18.4)=-10.5(\text{kN}\cdot\text{m})$$

对杆端 BC 和 DC 的传递弯矩为

$$M_{BC}^{C2}=C_{CB}M_{CB}^{\mu}=\frac{1}{2}\times(-7.9)=-4(\text{kN}\cdot\text{m})$$

$$M_{DC}^{C2}=C_{CD}M_{CD}^{\mu}=\frac{1}{2}\times(-10.5)=-5.3(\text{kN}\cdot\text{m})$$

同样，经过分配和传递，结点 C 的力矩已经平衡，可以在表格中分配弯矩的数字下面画一横线，表示在该结点处的附加约束力矩已经被取消。

由于结点 B 接受了由结点 C 传来的传递弯矩 M_{BC}^{C2}，在这个结点的力矩又不平衡了，也就是说附加刚臂对结点 B 又产生了新的约束力矩，需要再次地加以消除。

3）再固定结点 C，第二轮放松结点 B。（略）

4）再固定结点 B，放松结点 C。（略）

5）再固定结点 C，放松结点 B。此时在结点 B 处的约束力矩已减小到−0.2kN·m。在结点 B 进行分配和传递。为了使邻近的结点不再产生新的不平衡力矩，终止计

算时不能向下一个可动结点传递弯矩，否则下一个可动结点力矩就不平衡了。

（6）计算最后的杆端弯矩值。将各杆端的固端弯矩和各次得到的分配弯矩、传递弯矩相加，就可以求得最后的杆端弯矩值。有了最后的杆端弯矩，利用区段叠加作弯矩图，进而求出其他内力。

（7）作弯矩图。根据求得的杆端弯矩作弯矩图，如图 11－15（c）所示。

上面的全部计算过程，可概括于图 11－15 的表中，计算时只需在表中进行分配与传递即可，不必列写出上述详细计算过程。

【例 11－8】 试用力矩分配法绘制图 11－16（a）所示刚架的弯矩图。

解：（1）结点 B、C 为分配结点，在加约束后其固端弯矩为

$$M_{AB}^{P}=-\frac{pl}{8}=-\frac{20\times4}{8}=-10(\text{kN}\cdot\text{m})$$

$$M_{BA}^{P}=+10\text{kN}\cdot\text{m}$$

$$M_{BC}^{P}=-\frac{ql^{2}}{12}=-16\text{kN}\cdot\text{m}$$

$$M_{CB}^{P}=\frac{ql^{2}}{12}=+16\text{kN}\cdot\text{m}$$

（2）计算转动刚度、分配系数。

$$S_{BA}=4i=4 \qquad S_{BC}=4i=4 \qquad S_{BE}=4i=4$$

$$S_{CD}=3i=3 \qquad S_{CF}=3i=3$$

分配系数 $\mu_{BA}=\mu_{BC}=\mu_{BE}=\frac{1}{3}$；

$$\mu_{CB}=0.4，\mu_{CD}=0.3，\mu_{CE}=0.3$$

（3）杆端弯矩计算过程见表 11－3，绘制弯矩图 11－16（b）。

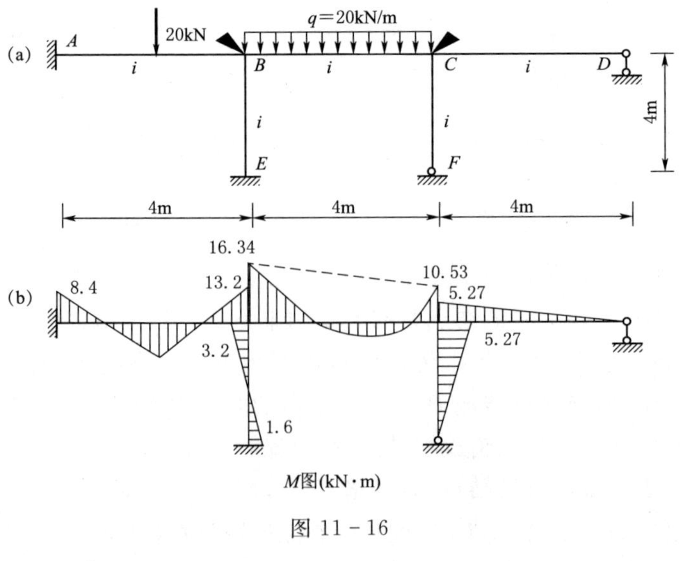

图 11－16

表 11-3　　杆端弯矩计算过程

杆端		AB	BA	BE	BC	CB	CF	CD
分配系数			1/3	1/3	1/3	0.4	0.3	0.3
固端弯矩		−10	10	0	−16	16	0	0
分配传递	结点 C				−3.2 ←	−6.4	−4.8	−4.8
	结点 B	1.53 ←	3.06	3.07	3.07 →	1.53		
	结点 C				−0.31 ←	−0.62	−0.47	−0.47
	结点 B	0.05 ←	0.1	0.1	0.11			
杆端弯矩 M		−8.42	13.16	3.17	−16.33	10.51	−5.27	

小　结

实际工程中，大部分的实际工程构件都是属于超静定结构。举世瞩目的港珠澳大桥就是属于复杂的超静定结构，港珠澳大桥是中国建设史上里程最长、投资最多、施工难度最大的跨海超级工程，被英国《卫报》评为“新世界七大奇迹”之一！同时也创造了七项世界之最。港珠澳大桥彰显了“中国精神”的强大感召力，展现出“中国智慧”和“中国力量”，引领我们齐心共圆中华民族伟大复兴的中国梦。

力法和位移法是解算超静定结构的两种基本方法，力矩分配法是一种以位移法为基础的渐近法。本章以介绍力法和力矩分配法为主。这两种计算方法有其共同之处，都是利用结构的平衡条件和变形谐调条件来解决问题；分析的基本思路都是以“基本结构”作为“桥梁”，即由已知向未知过渡，充分体现了认识的辩证法。而不同之处在于各自所取的“基本未知量”不同，则由“基本结构”还原于“原结构”的过程也就不同。为加深对两种计算方法的理解和掌握，现总结如下：

1. 两种计算方法的比较

基本未知量：力法是多余未知力；位移法是结点位移；力矩分配法是杆端弯矩 M。

基本结构：力法是去掉多余约束后的静定结构；力矩分配法是在超静定结构上附加约束，成为单跨超静定梁的组合体。

典型法方程及其含意：力法方程 $\sum\delta_{ij}X_i+\Delta_{iP}=0$，含意为每个未知力方向的位移条件。力矩分配法无须建立方程

计算特点：力法是从力法典型方程中求出多余未知力后，将超静定结构的问题转化为静定结构问题。力矩分配法是按汇交于结点各杆的转动刚度的比例对结点不平力矩的负值进行分配与传递，渐近推求杆端弯矩。

2. 计算方法的选用

采用手算超静定结构的内力时，选用适当的计算方法尤为重要。一般遵循下列原则选用：

（1）对连续梁和无侧移的刚架，应首选力矩分配法。

(2) 对超静定次数较少，结点位移多的超静定结构，应首选力法；对超静定次数多，而结点位移少，且有结点线位移的超静定结构，应首选位移法。

3. 相关名词

(1) 超静定次数：超静定结构中多余约束的个数称为超静定次数。

(2) 力法：是以多余未知力为基本未知量，以多余未知力作用点处沿其方向的位移协调条件为补充方程来求解多余未知力的方法。

(3) 自由项 Δ_{iP}：沿 X_i 方向由荷载产生的位移。

(4) 系数 δ_{ij}：沿 X_i 方向由单位力 $\overline{X}_j=1$ 产生的位移，常称为系数。

(5) 线刚度：表示单位长度的刚度为线刚度，即 $i=EI/l$。

(6) 转动刚度：转动刚度表示杆端抵抗转动的能力，它在数值上等于使杆端产生单位转角时需要施加的力矩。

(7) 传递系数：远端传递弯矩与近端分配弯矩的比值。

(8) 分配系数：杆端的转动刚度与汇交于该结点各杆转动刚度之和的比值汇交于同一结点各杆分配系数之和等于 1.0。

(9) 形常数和载常数：单跨超静定梁在杆端发生单位位移时产生的杆端力，称为形常数；荷载作用产生的杆端力载常数 。

4. 力法计算步骤

(1) 确定原结构的超静定次数，选择合适的基本结构。

(2) 根据基本结构建立力法典型方程。

(3) 作基本结构在单位力和荷载作用下产生的弯矩图。

(4) 计算系数项和自由项。

(5) 将计算出的系数项和自由项代入力法典型方程，求解各多余未知力。

(6) 利用叠加法绘出原结构的弯矩图。

(7) 根据弯矩图及原结构相应的荷载利用平衡方程求作剪力图和轴力图。

(8) 内力图校核，既要满足平衡条件，又要满足位移条件。

5. 用力矩分配法求解连续梁或无结点线位移刚架的计算步骤

(1) 确定分配结点的数目及位置，引用刚臂将结点固定，不使其产生转动变形。

(2) 计算各杆端的分配系数。

(3) 查表计算各杆端的固端弯矩。

(4) 松开刚臂，使结点在不平衡力矩作用下发生转角。

(5) 计算分配弯矩及传递弯矩。

(6) 将同一杆端的固端弯矩，分配弯矩和传递弯矩叠加后得到最终弯矩。

(7) 由最终弯矩绘出弯矩图。

项目十一专业知识技能素养训练

项目十一参考答案

项目十一课堂（读书）学习笔记（20学时）

学号________ 姓名________ 时间：________ 年________月________日

课题学习内容（2学时）____________________	
课堂（读书）学习笔记及学习心得	
课题学习内容（2学时）____________________	
课堂（读书）学习笔记及学习心得	

课题学习内容（2 学时）______________	
课堂 （读书）学习 笔记及学 习心得	

课题学习内容（2 学时）______________	
课堂 （读书）学习 笔记及学 习心得	

课题学习内容（2学时）______________	
课堂（读书）学习笔记及学习心得	
课题学习内容（2学时）______________	
课堂（读书）学习笔记及学习心得	

课题学习内容（2 学时）______________	
课堂 （读书）学习 笔记及学 习心得	
课题学习内容（2 学时）______________	
课堂 （读书）学习 笔记及学 习心得	

课题学习内容（2学时）＿＿＿＿＿＿＿＿＿＿	
课堂（读书）学习笔记及学习心得	

课题学习内容（2学时）＿＿＿＿＿＿＿＿＿＿	
课堂（读书）学习笔记及学习心得	

附录 型钢规格表

表 1

热轧等边角钢（GB 9787—88）

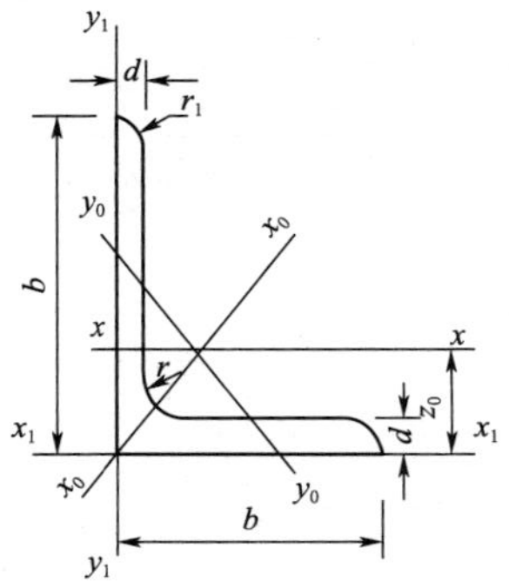

符号意义：b——边宽度；　I——惯性矩；
d——边厚度；　i——惯性半径；
r——内圆弧半径；　W——截面系数；
r_1——边端内圆弧半径；　z_0——重心距离。

角钢号数	尺寸/mm			截面面积/cm^2	理论重量/(kg/m)	外表面积/(m^2/m)	参考数值										z_0/cm
							$x-x$			x_0-x_0			y_0-y_0			x_1-x_1	
	b	d	r				I_x/cm^4	i_x/cm	W_x/cm^3	I_{x_0}/cm^4	i_{x_0}/cm	W_{x_0}/cm^3	I_{y_0}/cm^4	i_{y_0}/cm	W_{y_0}/cm^3	I_{x_1}/cm^4	
2	20	3	3.5	1.132	0.889	0.078	0.40	0.59	0.29	0.63	0.75	0.45	0.17	0.39	0.20	0.81	0.60
		4		1.459	1.145	0.077	0.50	0.58	0.36	0.78	0.73	0.55	0.22	0.38	0.24	1.09	0.64
2.5	25	3		1.432	1.124	0.098	0.82	1.76	0.46	1.29	0.95	0.73	0.34	0.49	0.33	1.57	0.73
		4		1.859	1.459	0.097	1.03	0.74	0.59	1.62	0.93	0.92	0.43	0.48	0.40	2.11	0.76

续表

角钢号数	尺寸/mm			截面面积/cm^2	理论重量/(kg/m)	外表面积/(m^2/m)	参考数值											
							$x-x$			x_0-x_0			y_0-y_0			x_1-x_1	z_0/cm
	b	d	r				I_x/cm^4	i_x/cm	W_x/cm^3	I_{x_0}/cm^4	i_{x_0}/cm	W_{x_0}/cm^3	I_{y_0}/cm^4	i_{y_0}/cm	W_{y_0}/cm^3	I_{x_1}/cm^4	
3.0	30	3	4.5	1.749	1.373	0.117	1.46	0.91	0.68	2.31	1.15	1.09	0.61	0.59	0.51	2.71	0.85
		4		2.276	1.786	0.117	1.84	0.90	0.87	2.92	1.13	1.37	0.77	0.58	0.62	3.63	0.89
3.6	36	3		2.109	1.656	0.141	2.58	1.11	0.99	4.09	1.39	1.61	1.07	0.71	0.76	4.68	1.00
		4		2.756	2.163	0.141	3.29	1.09	1.28	5.22	1.38	2.05	1.37	0.70	0.93	6.25	1.04
		5		3.382	2.654	0.141	3.95	1.08	1.56	6.24	1.36	2.45	1.65	0.70	1.09	7.84	1.07
4.0	40	3	5	2.359	1.852	0.157	3.59	1.23	1.23	5.69	1.55	2.01	1.49	0.79	0.96	6.41	1.09
		4		3.086	2.422	0.157	4.60	1.22	1.60	7.29	1.54	2.58	1.91	0.79	1.19	8.56	1.13
		5		3.791	2.976	0.156	5.53	1.21	1.96	8.76	1.52	3.10	2.30	0.78	1.39	10.74	1.17
4.5	45	3		2.659	2.088	0.177	5.17	1.40	1.58	8.20	1.76	2.58	2.14	0.89	1.24	9.12	1.22
		4		3.486	2.736	0.177	6.65	1.38	2.05	10.56	1.74	3.32	2.75	0.89	1.54	12.18	1.26
		5		4.292	3.369	0.176	8.04	1.37	2.51	12.74	1.72	4.00	3.33	0.88	1.81	15.25	1.30
		6		5.076	3.985	0.176	9.33	1.36	2.95	14.76	1.70	4.64	3.89	0.88	2.06	18.36	1.33
5	50	3	5.5	2.971	2.332	0.197	7.18	1.55	1.96	11.37	1.96	3.22	2.98	1.00	1.57	12.50	1.34
		4		3.897	3.059	0.197	9.26	1.54	2.56	14.70	1.94	4.16	3.82	0.99	1.96	16.69	1.38
		5		4.803	3.770	0.196	11.21	1.53	3.13	17.79	1.92	5.03	4.64	0.98	2.31	20.90	1.42
		6		5.688	4.465	0.196	13.05	1.52	3.68	20.68	1.91	5.85	5.42	0.98	2.63	25.14	1.46
5.6	56	3	6	3.343	2.624	0.221	10.19	1.75	2.48	16.14	2.20	4.08	4.24	1.13	2.02	17.56	1.48
		4		4.390	3.446	0.220	13.18	1.73	3.24	20.92	2.18	5.28	5.46	1.11	2.52	23.43	1.53
		5		5.415	4.251	0.220	16.02	1.72	3.97	25.42	2.17	6.42	6.61	1.10	2.98	29.33	1.57
		8		8.367	6.568	0.219	23.63	1.68	6.03	37.37	2.11	9.44	9.89	1.09	4.16	47.24	1.68

续表

角钢号数	尺寸/mm			截面面积/cm^2	理论重量/(kg/m)	外表面积/(m^2/m)	参考数值										
							$x-x$			x_0-x_0			y_0-y_0			x_1-x_1	z_0/cm
	b	d	r				I_x/cm^4	i_x/cm	W_x/cm^3	I_{x_0}/cm^4	i_{x_0}/cm	W_{x_0}/cm^3	I_{y_0}/cm^4	I_{y_0}/cm	W_{y_0}/cm^3	I_{x_1}/cm^4	
6.3	63	4	7	4.978	3.907	0.248	19.03	1.96	4.13	30.17	2.46	6.78	7.89	1.26	3.29	33.35	1.70
		5		6.143	4.822	0.248	23.17	1.94	5.08	36.77	2.45	8.25	9.57	1.25	3.90	41.73	1.74
		6		7.288	5.721	0.247	27.12	1.93	6.00	43.03	2.43	9.66	11.20	1.24	4.46	50.14	1.78
		8		9.515	7.469	0.247	34.46	1.90	7.75	54.56	2.40	12.25	14.33	1.23	5.47	67.11	1.85
		10		11.657	9.151	0.246	41.09	1.88	9.39	64.85	2.36	14.56	17.33	1.22	6.36	84.31	1.93
7	70	4	8	5.570	4.372	0.275	26.39	2.18	5.14	41.80	2.74	8.44	10.99	1.40	4.17	45.74	1.86
		5		6.875	5.397	0.275	32.21	2.16	6.32	51.08	2.73	10.32	13.34	1.39	4.95	57.21	1.91
		6		8.160	6.406	0.275	37.77	2.15	7.48	59.93	2.71	12.11	15.61	1.38	5.67	68.73	1.95
		7		9.424	7.398	0.275	43.09	2.14	8.59	68.35	2.69	13.81	17.82	1.38	6.34	80.29	1.99
		8		10.667	8.373	0.274	48.17	2.12	9.68	76.37	2.68	15.43	19.98	1.37	6.98	91.92	2.03
7.5	75	5	9	7.412	5.818	0.295	39.97	2.33	7.32	63.30	2.92	11.94	16.63	1.50	5.77	70.56	2.04
		6		8.797	6.905	0.294	46.95	2.31	8.64	74.38	2.90	14.02	19.51	1.49	6.67	84.55	2.07
		7		10.160	7.976	0.294	53.57	2.30	9.93	84.96	2.89	16.02	22.18	1.48	7.44	98.71	2.11
		8		11.503	9.030	0.294	59.96	2.28	11.20	95.07	2.88	17.93	24.86	1.47	8.19	112.97	2.15
		10		14.126	11.089	0.293	71.98	2.26	13.64	113.92	2.84	21.48	30.05	1.46	9.56	141.71	2.22
8	80	5	9	7.912	6.211	0.315	48.79	2.48	8.34	77.33	3.13	13.67	20.25	1.60	6.66	85.36	2.15
		6		9.397	7.376	0.314	57.35	2.47	9.87	90.98	3.11	16.08	23.72	1.59	7.65	102.50	2.19
		7		10.860	8.525	0.314	65.58	2.46	11.37	104.07	3.10	18.40	27.09	1.58	8.58	119.70	2.23
		8		12.303	9.658	0.314	73.49	2.44	12.83	116.60	3.08	20.61	30.39	1.57	9.46	136.97	2.27
		10		15.126	11.874	0.313	88.43	2.42	15.64	140.09	3.04	24.76	36.77	1.56	11.08	171.74	2.35

续表

角钢号数	尺寸/mm			截面面积/cm^2	理论重量/(kg/m)	外表面积/(m^2/m)	参考数值										z_0/cm
							$x-x$			x_0-x_0			y_0-y_0			x_1-x_1	
	b	d	r				I_x/cm^4	i_x/cm	W_x/cm^3	I_{x_0}/cm^4	i_{x_0}/cm	W_{x_0}/cm^3	I_{y_0}/cm^4	I_{y_0}/cm	W_{y_0}/cm^3	I_{x_1}/cm^4	
9	90	6	10	10.637	8.350	0.354	82.77	2.79	12.61	131.26	3.51	20.63	34.28	1.80	9.95	145.87	2.44
		7		12.301	9.656	0.354	94.83	2.78	14.54	150.47	3.50	23.64	39.18	1.78	11.19	170.30	2.48
		8		13.944	10.946	0.353	106.47	2.76	16.42	168.97	3.48	26.55	43.97	1.78	12.35	194.80	2.52
		10		17.167	13.476	0.353	128.58	2.74	20.07	203.90	3.45	32.04	53.26	1.76	14.52	244.07	2.59
		12		20.306	15.940	0.352	149.22	2.71	23.57	236.21	3.41	37.12	62.22	1.75	16.49	293.76	2.67
10	100	6	12	11.932	9.366	0.393	114.95	3.01	15.68	181.98	3.90	25.74	47.92	2.00	12.69	200.07	2.67
		7		13.796	10.830	0.393	131.86	3.09	18.10	208.97	3.89	29.55	54.74	1.99	14.26	233.54	2.71
		8		15.638	12.276	0.393	148.24	3.08	20.47	235.07	3.88	33.24	61.41	1.98	15.75	267.09	2.76
		10		19.261	15.120	0.392	179.51	3.05	25.06	284.68	3.84	40.26	74.35	1.96	18.54	334.48	2.84
		12		22.800	17.898	0.391	208.90	3.03	29.48	330.95	3.81	46.80	86.84	1.95	21.08	402.34	2.91
		14		26.256	20.611	0.391	236.53	3.00	33.73	374.06	3.77	52.90	99.00	1.94	23.44	470.75	2.99
		16		29.627	23.257	0.390	262.53	2.98	37.82	414.16	3.74	58.57	110.89	1.94	25.63	539.80	3.06
11	110	7	12	15.196	11.928	0.433	177.16	3.41	22.05	280.94	4.30	36.12	73.38	2.20	17.51	310.64	2.96
		8		17.238	13.532	0.433	199.46	3.40	24.95	316.49	4.28	40.69	82.42	2.19	19.39	355.20	3.01
		10		21.261	16.690	0.432	242.19	3.38	30.60	384.39	4.25	49.42	99.98	2.17	22.91	444.65	3.09
		12		25.200	19.782	0.431	282.55	3.35	36.05	448.17	4.22	57.62	116.93	2.15	26.15	534.60	3.16
		14		29.056	22.809	0.431	320.71	3.32	41.31	508.01	4.18	65.31	133.40	2.14	29.14	625.16	3.24

续表

角钢号数	尺寸/mm			截面面积/cm^2	理论重量/(kg/m)	外表面积/(m^2/m)	参考数值										z_0/cm
							$x-x$			x_0-x_0			y_0-y_0			x_1-x_1	
	b	d	r				I_x/cm^4	i_x/cm	W_x/cm^3	I_{x_0}/cm^4	i_{x_0}/cm	W_{x_0}/cm^3	I_{y_0}/cm^4	I_{y_0}/cm	W_{y_0}/cm^3	I_{x_1}/cm^4	
12.5	125	8	14	19.750	15.504	0.492	297.03	3.88	32.52	470.89	4.88	53.28	123.16	2.50	25.86	521.01	3.37
		10		24.373	19.133	0.491	361.67	3.85	39.97	573.89	4.85	64.93	149.46	2.48	30.62	651.93	3.45
		12		28.912	22.696	0.491	423.16	3.83	41.17	671.44	4.82	75.96	174.88	2.46	35.03	783.42	3.53
		14		33.367	26.193	0.490	481.65	3.80	54.16	763.73	4.78	86.41	199.57	2.45	39.13	915.61	3.61
14	140	10		27.373	21.488	0.551	514.65	4.34	50.58	817.27	5.46	82.56	212.04	2.78	39.20	915.11	3.82
		12		32.512	25.522	0.551	603.68	4.31	59.80	958.79	5.43	96.85	248.57	2.76	45.02	1099.28	3.90
		14		37.567	29.490	0.550	688.81	4.28	68.75	1093.56	5.40	110.47	284.06	2.75	50.45	1284.22	3.98
		16		42.539	33.393	0.549	770.24	4.26	77.46	1221.81	5.36	123.42	318.67	2.74	55.55	1470.07	4.06
16	160	10	16	31.502	24.729	0.630	779.53	4.98	66.70	1237.30	6.27	109.36	321.76	3.20	52.76	1365.33	4.31
		12		37.441	29.391	0.630	916.58	4.95	78.98	1455.68	6.24	128.67	377.49	3.18	60.74	1639.57	4.39
		14		43.296	33.987	0.629	1048.36	4.92	90.95	1665.02	6.02	147.17	431.70	3.16	68.24	1914.68	4.47
		16		49.067	38.518	0.629	1175.08	4.89	102.63	1865.57	6.17	164.89	484.59	3.14	75.31	2190.82	4.55
18	180	12		42.241	33.159	0.710	1321.35	5.59	100.82	2100.10	7.05	165.00	542.61	3.58	78.41	2332.80	4.89
		14		48.896	38.383	0.709	1514.48	5.56	116.25	2407.42	7.02	189.14	625.53	3.56	88.38	2723.48	4.97
		16		55.467	43.542	0.709	1700.99	5.54	131.13	2703.37	6.98	212.40	698.60	3.55	97.83	3115.29	5.05
		18		61.955	48.634	0.708	1875.12	5.50	145.64	2988.24	6.94	234.78	762.01	3.51	105.14	3502.43	5.13
20	200	14	18	54.642	42.894	0.788	2103.55	6.20	144.70	3343.26	7.82	236.40	863.83	3.98	111.82	3734.10	5.46
		16		62.013	48.680	0.788	2366.15	6.18	163.65	3760.89	7.79	265.93	971.41	3.96	123.96	4270.39	5.54
		18		69.301	54.401	0.787	2620.64	6.15	182.22	4164.54	7.75	294.48	1076.74	3.94	135.52	4808.13	5.62
		20		76.505	60.056	0.787	2867.30	6.12	200.42	4554.55	7.72	322.06	1180.04	3.93	146.55	5347.51	5.69
		24		90.661	71.168	0.785	3338.25	6.07	236.17	5294.97	7.64	374.41	1381.53	3.90	166.65	6457.16	5.87

注 截面图中的 $r_1=1/3d$ 及表中 r 值的数据用于孔型设计，不做交货条件。

表 2

热轧不等边角钢（GB 9788—88）

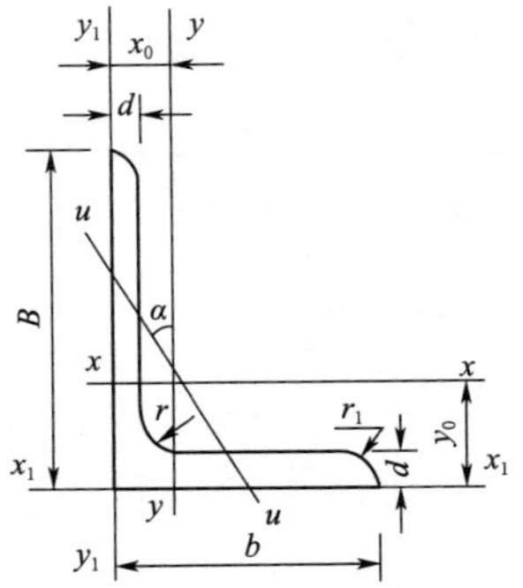

符号意义：B——长边宽度；　b——短边宽度；
d——边厚度；　r——内圆弧半径；
r_1——边端内圆弧半径；　I——惯性矩；
i——惯性半径；　W——截面系数；
x_0——重心距离；　y_0——重心距离。

角钢号数	尺寸/mm				截面面积/cm^2	理论重量/(kg/m)	外表面积/(m^2/m)	参考数值														
								$x-x$			$y-y$			x_1-x_1		y_1-y_1		$u-u$				
	B	b	d	r				I_x/cm^4	i_x/cm	W_x/cm^3	I_y/cm^4	i_y/cm	W_y/cm^3	I_{x_1}/cm^4	y_0/cm	I_{y_1}/cm^4	x_0/cm	I_M/cm^4	i_m/cm	W_u/cm^3	tan α
2.5/1.6	25	16	3	3.5	1.162	0.912	0.080	0.70	0.78	0.43	0.22	0.44	0.19	1.56	0.86	0.43	0.42	0.14	0.34	0.16	0.392
			4		1.499	1.176	0.079	0.88	0.77	0.55	0.27	0.43	0.24	2.09	0.90	0.59	0.46	0.17	0.34	0.20	0.381
3.2/2	32	20	3		1.492	1.171	0.102	1.53	1.01	0.72	0.46	0.55	0.30	3.27	1.08	0.82	0.49	0.28	0.43	0.25	0.382
			4		1.939	1.522	0.101	1.93	1.00	0.93	0.57	0.54	0.39	4.37	1.12	1.12	0.53	0.35	0.42	0.32	0.374
4/2.5	40	25	3	4	1.890	1.484	0.127	3.08	1.28	1.15	0.93	0.70	0.49	5.39	1.32	1.59	0.59	0.56	0.54	0.40	0.385
			4		2.467	1.936	0.127	3.93	1.26	1.49	1.18	0.69	0.63	8.53	1.37	2.14	0.63	0.71	0.54	0.52	0.381
4.5/2.8	45	28	3	5	2.149	1.687	0.143	4.45	1.44	1.47	1.34	0.79	0.62	9.10	1.47	2.23	0.64	0.80	0.61	0.51	0.383
			4		2.806	2.203	0.143	5.69	1.42	1.91	1.70	0.78	0.80	12.13	1.51	3.00	0.68	1.02	0.60	0.66	0.380

续表

角钢号数	尺寸/mm				截面面积/cm²	理论重量/(kg/m)	外表面积/(m²/m)	参考数值														
								$x-x$			$y-y$			x_1-x_1		y_1-y_1		$u-u$				
	B	b	d	r				I_x/cm⁴	i_x/cm	W_x/cm³	I_y/cm⁴	i_y/cm	W_y/cm³	I_{x_1}/cm⁴	y_0/cm	I_{y_1}/cm⁴	x_0/cm	I_M/cm⁴	i_m/cm	W_u/cm³	tan α
5/3.2	50	32	3	5.5	2.431	1.908	0.161	6.24	1.60	1.84	2.02	0.91	0.82	12.49	1.60	3.31	0.73	1.20	0.70	0.68	0.404
			4		3.177	2.494	0.160	8.02	1.59	2.39	2.58	0.90	1.06	16.65	1.65	4.45	0.77	1.53	0.69	0.87	0.402
5.6/3.6	56	36	3	6	2.743	2.153	0.181	8.88	1.80	2.32	2.92	1.03	1.05	17.54	1.78	4.70	0.80	1.73	0.79	0.87	0.408
			4		3.590	2.818	0.180	11.45	1.79	3.03	3.76	1.02	1.37	23.39	1.82	6.33	0.85	2.23	0.79	1.13	0.408
			5		4.415	3.466	0.180	13.86	1.77	3.71	4.49	1.01	1.65	29.25	1.87	7.94	0.88	2.67	0.78	1.36	0.404
6.3/4	63	40	4	7	4.058	3.185	0.202	16.49	2.02	3.87	5.23	1.14	1.70	33.30	2.04	8.63	0.92	3.12	0.88	1.40	0.398
			5		4.993	3.920	0.202	20.02	2.00	4.74	6.31	1.12	2.71	41.63	2.08	10.86	0.95	3.76	0.87	1.71	0.396
			6		5.908	4.638	0.201	23.36	1.96	5.59	7.29	1.11	2.43	49.98	2.12	13.12	0.99	4.34	0.86	1.99	0.393
			7		6.802	5.339	0.201	26.53	1.98	6.40	8.24	1.10	2.78	58.07	2.15	15.47	1.03	4.97	0.86	2.29	0.389
7/4.5	70	45	4	7.5	4.547	3.570	0.226	23.17	2.26	4.86	7.55	1.29	2.17	45.92	2.24	12.26	1.02	4.40	0.98	1.77	0.410
			5		5.609	4.403	0.225	27.95	2.23	5.92	9.13	1.28	2.65	57.10	2.28	15.39	1.06	5.40	0.98	2.19	0.407
			6		6.647	5.218	0.225	32.54	2.21	6.95	10.62	1.26	3.12	68.35	2.32	18.58	1.09	6.35	0.98	2.59	0.404
			7		7.657	6.011	0.225	37.22	2.20	8.03	12.01	1.25	3.57	79.99	2.36	21.84	1.13	7.16	0.97	2.94	0.402
(7.5/5)	75	50	5	8	6.125	4.808	0.245	34.86	2.39	6.83	12.61	1.44	3.30	70.00	2.40	21.04	1.17	7.41	1.10	2.74	0.435
			6		7.260	5.699	0.245	41.12	2.38	8.12	14.70	1.42	3.88	84.30	2.44	25.37	1.21	8.54	1.08	3.19	0.435
			8		9.467	7.431	0.244	52.39	2.35	10.52	18.53	1.40	4.99	112.50	2.52	34.23	1.29	10.87	1.07	4.10	0.429
			10		11.590	9.098	0.244	62.71	2.33	12.79	21.96	1.38	6.04	140.80	2.60	43.43	1.36	13.10	1.06	4.99	0.423
8/5	80	50	5		6.375	5.005	0.255	41.96	2.56	7.78	12.82	1.42	3.32	85.21	2.60	21.06	1.14	7.66	1.10	2.74	0.388
			6		7.560	5.935	0.255	49.49	2.56	9.25	14.95	1.41	3.91	102.53	2.65	25.41	1.18	8.85	1.08	3.20	0.387
			7		8.724	6.848	0.255	56.16	2.54	10.58	16.96	1.39	4.48	119.33	2.69	29.82	1.21	10.18	1.08	3.70	0.384
			8		9.867	7.745	0.254	62.83	2.52	11.92	18.85	1.38	5.03	136.41	2.73	34.32	1.25	11.38	1.07	4.16	0.381

续表

角钢号数	尺寸/mm				截面面积/cm^2	理论重量/(kg/m)	外表面积/(m^2/m)	参考数值													
								$x-x$			$y-y$			x_1-x_1		y_1-y_1		$u-u$			
	B	b	d	r				I_x/cm^4	i_x/cm	W_x/cm^3	I_y/cm^4	i_y/cm	W_y/cm^3	I_{x_1}/cm^4	y_0/cm	I_{y_1}/cm^4	x_0/cm	I_M/cm^4	i_m/cm	W_u/cm^3	tan α
9/5.6	90	56	5	9	7.212	5.661	0.287	60.45	2.90	9.92	18.32	1.59	4.21	121.32	2.91	29.53	1.25	10.98	1.23	3.49	0.385
			6		8.557	6.717	0.286	71.03	2.88	11.74	21.42	1.58	4.96	145.59	2.95	35.58	1.29	12.90	1.23	4.13	0.384
			7		9.880	7.756	0.286	81.01	2.86	13.49	24.36	1.57	5.70	169.60	3.00	41.71	1.33	14.67	1.22	4.72	0.382
			8		11.183	8.779	0.286	91.03	2.85	15.27	27.15	1.56	6.41	194.17	3.04	47.93	1.36	16.34	1.21	5.29	0.380
10/6.3	100	63	6	10	9.617	7.550	0.320	99.06	3.21	14.64	30.94	1.79	6.35	199.71	3.24	50.50	1.43	18.42	1.38	5.25	0.394
			7		11.111	8.722	0.320	113.45	3.20	16.88	35.26	1.78	7.29	233.00	3.28	59.14	1.47	21.00	1.38	6.02	0.394
			8		12.584	9.878	0.319	127.37	3.18	19.08	39.39	1.77	8.21	266.32	3.32	67.88	1.50	23.50	1.37	6.78	0.391
			10		15.467	12.142	0.319	153.81	3.15	23.32	47.12	1.74	9.98	333.06	3.40	85.73	1.58	28.33	1.35	8.24	0.387
10/8	100	80	6		10.637	8.350	0.354	107.04	3.17	15.19	61.24	2.40	10.16	199.83	2.95	102.68	1.97	31.65	1.72	8.37	0.627
			7		12.301	9.656	0.354	122.73	3.16	17.52	70.08	2.39	11.71	233.20	3.00	119.98	2.01	36.17	1.72	9.60	0.626
			8		13.944	10.946	0.353	137.92	3.14	19.81	78.58	2.37	13.21	266.61	3.04	137.37	2.05	40.58	1.71	10.80	0.625
			10		17.167	13.476	0.353	166.87	3.12	24.24	94.65	2.35	16.12	33.63	3.12	172.48	2.13	49.10	1.69	13.12	0.622
11/7	110	70	6		10.637	8.350	0.354	133.37	3.54	17.85	42.92	2.01	7.90	265.78	3.53	69.08	1.57	25.36	1.54	6.53	0.403
			7		12.301	9.656	0.354	153.00	3.53	20.60	49.01	2.00	9.09	310.07	3.57	80.82	1.61	28.95	1.53	7.50	0.402
			8		13.944	10.946	0.353	172.04	3.51	23.30	54.87	1.98	10.25	354.39	3.62	92.70	1.65	32.45	1.53	8.45	0.401
			10		17.167	13.476	0.353	208.39	3.48	28.54	65.88	1.96	12.48	443.13	3.70	116.83	1.72	39.20	1.51	10.29	0.397
12.5/8	125	80	7	11	14.096	11.066	0.403	227.98	4.02	26.86	74.42	2.30	12.01	454.99	4.01	120.32	1.80	43.81	1.76	9.92	0.408
			8		15.989	12.551	0.403	256.77	4.01	30.41	83.49	2.28	13.56	519.99	4.06	137.85	1.84	49.15	1.75	11.18	0.407
			10		19.712	15.474	0.402	312.04	3.98	37.33	100.67	2.26	16.56	650.09	4.14	173.40	1.92	59.45	1.74	13.64	0.404
			12		23.351	18.330	0.402	364.41	3.95	44.01	116.67	2.24	19.43	780.39	4.22	209.67	2.00	69.35	1.72	16.01	0.400

续表

角钢号数	尺寸/mm				截面面积/cm^2	理论重量/(kg/m)	外表面积/(m^2/m)	参考数值													
								x—x			y—y			x_1—x_1		y_1—y_1		u—u			
	B	b	d	r				I_x/cm^4	i_x/cm	W_x/cm^3	I_y/cm^4	i_y/cm	W_y/cm^3	I_{x_1}/cm^4	y_0/cm	I_{y_1}/cm^4	x_0/cm	I_M/cm^4	i_m/cm	W_u/cm^3	tan α
14/9	140	90	8	12	18.038	14.160	0.453	365.64	4.50	38.48	120.69	2.59	17.34	730.53	4.50	195.79	2.04	70.83	1.98	14.31	0.411
			10		22.261	17.475	0.452	445.50	4.47	47.31	140.03	2.56	21.22	913.20	4.58	245.92	2.12	85.82	1.96	17.48	0.409
			12		26.400	20.724	0.451	521.59	4.44	55.87	169.79	2.54	24.95	1096.09	4.66	296.89	2.19	100.21	1.95	20.54	0.406
			14		30.456	23.908	0.451	594.10	4.42	64.18	192.10	2.51	28.54	1279.26	4.74	348.82	2.27	114.13	1.94	23.52	0.403
16/10	160	100	10	13	25.315	19.872	0.512	668.69	5.14	62.13	205.03	2.85	26.56	1362.89	5.24	336.59	2.28	121.74	2.19	21.92	0.390
			12		30.054	23.592	0.511	784.91	5.11	73.49	239.06	2.82	31.28	1635.56	5.32	405.94	2.36	142.33	2.17	25.79	0.388
			14		34.709	27.247	0.510	896.30	5.08	84.56	271.20	2.80	35.83	1908.50	5.40	476.42	2.43	162.23	2.16	29.56	0.385
			16		39.281	30.835	0.510	1003.04	5.05	95.33	301.60	2.77	40.24	2181.79	5.48	548.22	2.51	182.57	2.16	33.44	0.382
18/11	180	110	10	14	28.373	22.273	0.571	956.25	5.80	78.96	278.11	3.13	32.49	1940.40	5.89	447.22	2.44	166.50	2.42	26.88	0.376
			12		33.712	26.464	0.571	1124.72	5.78	93.53	325.03	3.10	38.32	2328.38	5.98	538.94	2.52	194.87	2.40	31.66	0.374
			14		38.967	30.589	0.570	1286.91	5.75	107.76	369.55	3.08	43.97	2716.60	6.06	631.95	2.59	222.30	2.39	36.32	0.372
			16		44.139	34.649	0.569	1443.06	5.72	121.64	411.85	3.06	49.44	3105.15	6.14	726.46	2.67	248.94	2.38	40.87	0.369
20/12.5	200	125	12		37.912	29.761	0.641	1570.90	6.44	116.73	483.16	3.57	49.99	3193.85	6.54	787.74	2.83	285.79	2.74	41.23	0.392
			14		43.867	34.436	0.640	1800.97	6.41	134.65	550.83	3.54	57.44	3726.17	6.02	922.47	2.91	326.58	2.73	47.34	0.390
			16		49.739	39.045	0.639	2023.35	6.38	152.18	615.44	3.52	64.69	4258.86	6.70	1058.86	2.99	366.21	2.71	53.32	0.388
			18		55.526	43.588	0.639	2238.30	6.35	169.33	677.19	3.49	71.74	4792.00	6.78	1197.13	3.06	404.83	2.70	59.18	0.385

注 1. 括号内型号不推荐使用。

2. 截面图中的 $r_1=1/3d$ 及表中 r 的数据用于孔型设计，不做交货条件。

表 3

热轧槽钢（GB 707—88）

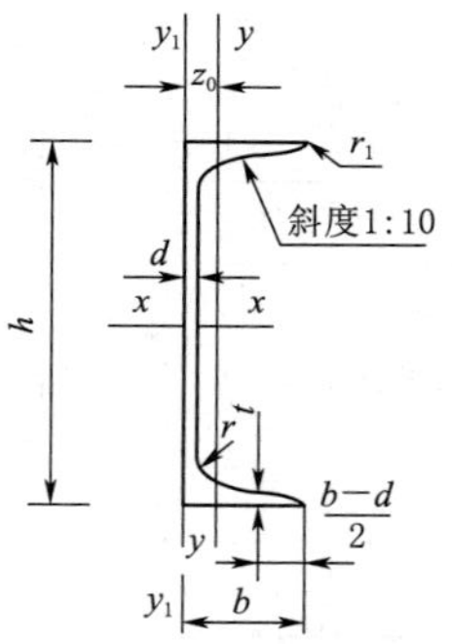

符号意义：h——高度；
b——腿宽度；
d——腰厚度；
t——平均腿厚度；
r——内圆弧半径；
r_1——腿端圆弧半径；
I——惯性矩；
W——截面系数；
i——惯性半径；
z_0——$y-y$ 轴与 y_1-y_1 轴间距。

型号	尺寸/mm						截面面积/cm^2	理论重量/(kg/m)	参考数值							
									$x-x$			$y-y$			y_1-y_2	z_0/cm
	h	b	d	t	r	r_1			W_x/cm^3	I_x/cm^4	i_x/cm	W_y/cm^3	I_y/cm^4	i_y/cm	I_{y1}/cm^4	
5	50	37	4.5	7	7.0	3.5	6.928	5.438	10.4	26.0	1.94	3.55	8.30	1.10	20.9	1.35
6.3	63	40	4.8	7.5	7.5	3.8	8.451	6.634	16.1	50.8	2.45	4.50	11.9	1.19	28.4	1.36
8	80	43	5.0	8	8.0	4.0	10.248	8.045	25.3	101	3.15	5.79	16.6	1.27	37.4	1.43
10	100	48	5.3	8.5	8.5	4.2	12.748	10.007	39.7	198	3.95	7.8	25.6	1.41	54.9	1.52
12.6	126	53	5.5	9	9.0	4.5	15.692	12.318	62.1	391	4.95	10.2	38.0	1.57	77.1	1.59
14a	140	58	6.0	9.5	9.5	4.8	18.516	14.535	80.5	564	5.52	13.0	53.2	1.70	107	1.71
14b	140	60	8.0	9.5	9.5	4.8	21.316	16.733	87.1	609	5.35	14.1	61.1	1.69	121	1.67
16a	160	63	6.5	10	10.0	5.0	21.962	17.240	108	866	6.28	16.3	73.3	1.83	144	1.80
16	160	65	8.5	10	10.0	5.0	25.162	19.752	117	935	6.10	17.6	83.4	1.82	161	1.75

续表

型号	尺寸/mm						截面面积/cm^2	理论重量/(kg/m)	参考数值							
									$x-x$			$y-y$			y_1-y_2	
	h	b	d	t	r	r_1			W_x/cm^3	I_x/cm^4	i_x/cm	W_y/cm^3	I_y/cm^4	i_y/cm	I_{y1}/cm^4	z_0/cm
18a	180	68	7.0	10.5	10.5	5.2	25.699	20.174	141	1270	7.04	20.0	98.6	1.96	190	1.88
18	180	70	9.0	10.5	10.5	5.2	29.299	23.000	152	1370	6.84	21.5	111	1.95	210	1.84
20a	200	73	7.0	11	11.0	5.5	28.837	22.637	178	1780	7.86	24.2	128	2.11	244	2.01
20	200	75	9.0	11	11.0	5.5	32.837	25.777	191	1910	7.46	25.9	144	2.09	268	1.95
22a	220	77	7.0	11.5	11.5	5.8	31.846	24.999	218	2390	8.67	28.2	158	2.23	298	2.10
22	220	79	9.0	11.5	11.5	5.8	36.246	28.453	234	2570	8.42	30.1	176	2.21	326	2.03
a	250	78	7.0	12	12.0	6.0	34.917	27.410	270	3370	9.82	30.6	176	2.24	322	2.07
25b	250	80	9.0	12	12.0	6.0	39.917	31.335	282	3530	9.41	32.7	196	2.22	353	1.98
c	250	82	11.0	12	12.0	6.0	44.917	35.260	295	3690	9.07	35.9	218	2.21	384	1.92
a	280	82	7.5	12.5	12.5	6.2	40.034	31.427	340	4760	10.9	35.7	218	2.33	388	2.10
28b	280	84	9.5	12.5	12.5	6.2	45.634	35.823	366	5130	10.6	37.9	242	2.30	428	2.02
c	280	86	11.5	12.5	12.5	6.2	51.234	40.219	393	5500	10.4	40.3	268	2.29	463	1.95
a	320	88	8.0	14	14.0	7.0	48.513	38.083	475	7600	12.5	46.5	305	2.50	552	2.24
32b	320	90	10.0	14	14.0	7.0	54.913	43.107	509	8140	12.2	49.2	336	2.47	593	2.16
c	320	92	12.0	14	14.0	7.0	61.313	48.131	543	8690	11.9	52.6	374	2.47	643	2.09
a	360	96	9.0	16	16.0	8.0	60.910	47.814	660	11900	14.0	63.5	455	2.73	818	2.44
36b	360	98	11.0	16	16.0	8.0	68.110	53.466	703	12700	13.6	66.9	497	2.70	880	2.37
c	360	100	13.0	16	16.0	8.0	75.310	59.118	746	13400	13.4	70.0	536	2.67	948	2.34
a	400	100	10.5	18	18.0	9.0	75.068	58.928	879	17600	15.3	78.8	592	2.81	1070	2.49
40b	400	102	12.5	18	18.0	9.0	83.068	65.208	932	18600	15.0	82.5	640	2.78	1140	2.44
c	400	104	14.5	18	18.0	9.0	91.068	71.488	986	19700	14.7	86.2	688	2.75	1220	2.42

注 截面图和表中标注的圆弧半径 r、r_1 的数据用于孔型设计，不做交货条件。

表 4 **热轧工字钢（GB 706—88）**

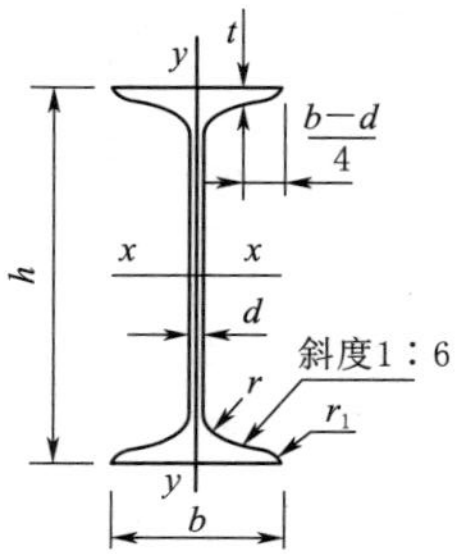

符号意义：h——高度；
b——腿宽度；
d——腰厚度；
t——平均腿厚度；
r——内圆弧半径；
r_1——腿端圆弧半径；
I——惯性矩；
W——截面系数；
i——惯性半径；
S——半截面的静矩。

型号	尺寸/mm						截面面积/cm^2	理论重量/(kg/m)	参考数值						
									$x-x$				$y-y$		
	h	b	d	t	r	r_1			I_x/cm^4	W_x/cm^3	i_x/cm	$I_x:S_x$/cm	I_y/cm^4	W_y/cm^3	i_y/cm
10	100	68	4.5	7.6	6.5	3.3	14.345	11.261	245	49.0	4.14	8.59	33.0	9.72	1.52
12.6	126	74	5.0	8.4	7.0	3.5	18.118	14.223	488	77.5	5.20	10.8	46.9	12.7	1.61
14	140	80	5.5	9.1	7.5	3.8	21.516	16.890	712	102	5.76	12.0	64.4	16.1	1.73
16	160	88	6.0	9.9	8.0	4.0	26.131	20.513	1130	141	6.58	13.8	93.1	21.2	1.89
18	180	94	6.5	10.7	8.5	4.3	30.756	24.143	1660	185	7.36	15.4	122	26.0	2.00
20a	200	100	7.0	11.4	9.0	4.5	35.578	27.929	2370	237	8.15	17.2	158	31.5	2.12
20b	200	102	9.0	11.4	9.0	4.5	39.578	31.069	2500	250	7.96	16.9	169	33.1	2.06
22a	220	110	7.5	12.3	9.5	4.8	42.128	33.070	3400	309	8.99	18.9	225	40.9	2.31
22b	220	112	9.5	12.3	9.5	4.8	46.528	36.524	3570	325	8.78	18.7	239	42.7	2.27
25a	250	116	8.0	13.0	10.0	5.0	48.541	38.105	5020	402	10.2	21.6	280	48.3	2.40
25b	250	118	10.0	13.0	10.0	5.0	53.541	42.030	5280	423	9.94	21.3	309	52.4	2.40

续表

型号	尺寸/mm						截面面积/cm²	理论重量/(kg/m)	参考数值						
									x—x				y—y		
	h	b	d	t	r	r_1			I_x/cm⁴	W_x/cm³	i_x/cm	$I_x:S_x$/cm	I_y/cm⁴	W_y/cm³	i_y/cm
28a	280	122	8.5	13.7	10.5	5.3	55.404	43.492	7110	508	11.3	24.6	345	56.6	2.50
28b	280	124	10.5	13.7	10.5	5.3	61.004	47.888	7480	534	11.1	24.2	379	61.2	2.49
32a	320	130	9.5	15.0	11.5	5.8	67.156	52.717	11100	692	12.8	27.5	460	70.8	2.62
32b	320	132	11.5	15.0	11.5	5.8	73.556	57.741	11600	726	12.6	27.1	502	76.0	2.61
32c	320	134	13.5	15.0	11.5	5.8	79.956	62.765	12200	760	12.3	26.8	544	81.2	2.61
36a	360	136	10.0	15.8	12.0	6.0	76.480	60.037	15800	875	14.4	30.7	552	81.2	2.69
36b	360	138	12.0	15.8	12.0	6.0	83.680	65.689	16500	919	14.1	30.3	582	84.3	2.64
36c	360	140	14.0	15.8	12.0	6.0	90.880	71.341	17300	962	13.8	29.9	612	87.4	2.60
40a	400	142	10.5	16.5	12.5	6.3	86.112	67.598	21700	1090	15.9	34.1	660	93.2	2.77
40b	400	144	12.5	16.5	12.5	6.3	94.112	73.878	22800	1140	15.6	33.6	692	96.2	2.71
40c	400	146	14.5	16.5	12.5	6.3	102.112	80.158	23900	1190	15.2	33.2	727	99.6	2.65
45a	450	150	11.5	18.0	13.5	6.8	102.446	80.420	32200	1430	17.7	38.6	855	114	2.89
45b	450	152	13.5	18.0	13.5	6.8	111.446	87.485	33800	1500	17.4	38.0	894	118	2.84
45c	450	154	15.5	18.0	13.5	6.8	120.446	94.550	35300	1570	17.1	37.6	938	122	2.79
50a	500	158	12.0	20.0	14.0	7.0	119.304	93.654	46500	1860	19.7	42.8	1120	142	3.07
50b	500	160	14.0	20.0	14.0	7.0	129.304	101.504	48600	1940	19.4	42.4	1170	146	3.01
50c	500	162	16.0	20.0	14.0	7.0	139.304	109.354	50600	2080	19.0	41.8	1220	151	2.96
56a	560	166	12.5	21.0	14.5	7.3	135.435	106.316	65600	2340	22.0	47.7	1370	165	3.18
56b	560	168	14.5	21.0	14.5	7.3	146.635	115.108	68500	2450	21.6	47.2	1490	174	3.16
56c	560	170	16.5	21.0	14.5	7.3	157.835	123.900	71400	2550	21.3	46.7	1560	183	3.16
63a	630	176	13.0	22.0	15.0	7.5	154.658	121.407	93900	2980	24.5	54.2	1700	193	3.31
63b	630	178	15.0	22.0	15.0	7.5	167.258	131.298	98100	3160	24.2	53.5	1810	204	3.29
63c	630	180	17.0	22.0	15.0	7.5	179.858	141.189	102000	3300	23.8	52.9	1920	214	3.27

注 截面图和表中标注的圆弧半径 r、r_1 的数据用于孔型设计，不做交货条件。

2016—2023 年工程力学专科组 B 级竞赛试题（课赛证）

2016 年　　2017 年　　2018 年　　2019 年

2021 年　　2022 年　　2023 年

《工程力学基础》课程形成性考核

参考文献

［1］ 丁学所．工程力学基础［M］．北京：高等教育出版社，2015.
［2］ 丁学所，佟新，宋艳清，毕守一．建筑工程力学［M］．2版．郑州：黄河水利出版社，2021.
［3］ 龙驭球，包世华．结构力学［M］．北京：高等教育出版社，1999.
［4］ 贺良．结构力学［M］．北京：水利电力出版社，1991.
［5］ 陈松筠，解爱国．工程力学［M］．南京：河海大学出版社，1996.
［6］ 陈永龙．建筑力学［M］．北京：高等教育出版社，2002.
［7］ 吴大伟．结构力学［M］．武汉：武汉工业大学出版社，2000.
［8］ 李前程，安学敏．建筑力学［M］．北京：中国建筑工业出版社，2000.
［9］ 杜庆华．工程力学手册［M］．北京：高等教育出版社，1994.
［10］ 李舒瑶，赵云翔．工程力学［M］．郑州：黄河水利出版社，2002.
［11］ 陈送财，史怀飚，丁学所．工程力学［M］．合肥：中国科学技术大学出版社，2006.
［12］ 凌卫宁，梁秋生．建筑力学［M］．北京：中国水利水电出版社，2009.
［13］ 杨恩福，徐玉华．工程力学［M］．北京：中国水利水电出版社，2005.
［14］ 雷克昌．结构力学［M］．北京：中国水利水电出版社，2002.